U0267821

建设工程监理概论
（第2版）

主　编	刘　涛　　王友国
副主编	王钦强　　温晓慧
	李伟丽　　聂振军
参　编	王言文
主　审	纪现利　　张建虎

北京理工大学出版社
BEIJING INSTITUTE OF TECHNOLOGY PRESS

内 容 提 要

本书依据《中华人民共和国民法典》《建筑法》《建设工程监理规范》及最新的有关建设工程监理的法规、政策编写，同时结合建设工程监理工作的实际，吸收了国家注册监理工程师考试内容和工程监理领域前沿知识。本书主要内容包括：建设工程监理概述，建设工程监理相关法律、法规和规范，工程监理企业与监理合同管理，建设工程监理组织，监理规划与监理实施细则，建设工程监理工作内容与主要方式，建设工程风险管理，相关服务，建设工程监理文件资料管理，国外工程项目管理简介及附录。本书在编排上注重理论与实践相结合，突出实践环节，每章课后配有针对性的实训案例与习题，每章附有相关的知识拓展，方便读者了解相关的知识背景，同时也增加了本书的可读性。

本书可作为高等院校工程监理及相关专业的教材，也可作为工程管理人员特别是监理从业者的参考书。

图书在版编目（CIP）数据

建设工程监理概论 / 刘涛, 王友国主编. -- 2版
. -- 北京：北京理工大学出版社, 2024.4
　　ISBN 978-7-5763-3789-1

Ⅰ.①建… Ⅱ.①刘… ②王… Ⅲ.①建筑工程－监
理工作－概论 Ⅳ.①TU712

中国国家版本馆CIP数据核字（2024）第073460号

责任编辑：陆世立　　　　　文案编辑：李　硕
责任校对：刘亚男　　　　　责任印制：李志强

出版发行 / 北京理工大学出版社有限责任公司
社　　址 / 北京市丰台区四合庄路6号
邮　　编 / 100070
电　　话 / (010) 68914026（教材售后服务热线）
　　　　　（010) 68944437（课件资源服务热线）
网　　址 / http：//www.bitpress.com.cn
版 印 次 / 2024 年 4 月第 2 版第 1 次印刷
印　　刷 / 北京紫瑞利印刷有限公司
开　　本 / 787 mm×1092 mm　1/16
印　　张 / 15
字　　数 / 382 千字
定　　价 / 88.00 元

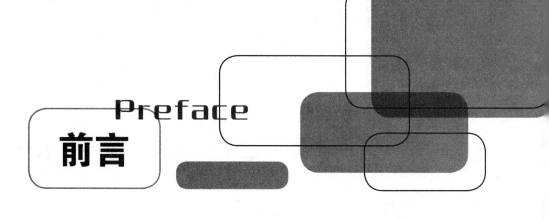

Preface

前言

　　建设工程监理概论(第2版)是在第1版基础上,以党的二十大报告提出的"加强教材建设和管理"为指导精神,结合本学科特点编写而成的,融合了最新的法律、法规要求,吸纳了行业的最新研究成果。教材内容的选取更能体现针对性、实用性、理论性、实践性。本书编写时仍然突出"概论"及"实用性"的特点,在前版重视监理知识系统性、全面性的基础上,更加突出重点,将适于自学的知识以"知识拓展"的方式呈现,有利于体现立体化的教学特色。

　　本书共分为10章,包括:建设工程监理概述,建设工程监理相关法律、法规和规范,工程监理企业与监理合同管理,建设工程监理组织,监理规划与监理实施细则,建设工程监理工作内容与主要方式,建设工程风险管理,相关服务,建设工程监理文件资料管理,国外工程项目管理简介。教材内容丰富、案例翔实,并附有多种类型的习题供读者练习。本书可作为高等院校及高职院校土建、工程管理类相关专业的教材和指导书籍,也可供相关专业的技术人员参考。

　　本书编者均具有一线监理工作经验:青岛理工大学刘涛、王友国担任主编,青岛理工大学王钦强、温晓慧、李伟丽、聂振军担任副主编,莒南县建设安全工程质量服务中心高级工程师王言文参与了本书的编写工作。具体编写分工为:第一章、第二章、第六章由刘涛编写;第四章、第五章由王友国编写;第三章、第十章由王钦强、王言文共同编写;第七章由温晓慧编写;第八章由李伟丽编写;第九章由聂振军编写。全书由刘涛负责统稿及定稿工作,由临沂市建筑研究设计院高级工程

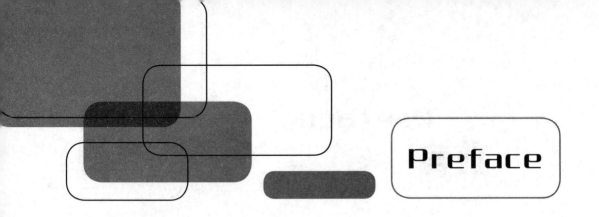

师、注册监理工程师纪现利和临沂市建筑研究设计院高级工程师、注册监理工程师张建虎主审。

本书编写过程中参阅和借鉴了许多优秀教材、专著，以及与专业有关的规范、标准等，在此向原编著者致以崇高的敬意！

由于编者水平有限，书中疏漏之处在所难免，敬请广大读者批评指正。

编 者

目录

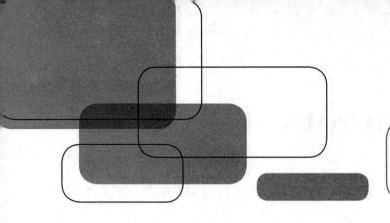

Contents

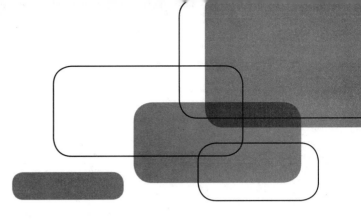

Contents

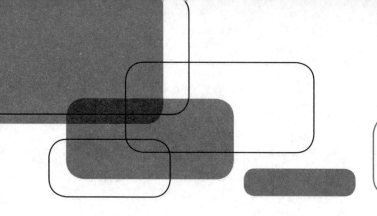

Contents

第一章

建设工程监理概述

1988 年实施的建设工程监理制度，对于加快我国工程建设管理方式向社会化、专业化方向发展，促进工程建设管理水平和投资效益的提高发挥了重要作用。建设工程监理制度与项目法人责任制、工程招投标制、合同管理制等均为我国工程建设领域的重要管理制度。

建设工程监理制度的制定和实施是我国工程建设管理体制的重大改革，对我国建设工程的管理产生了深远的影响。

第一节　我国建设工程监理制度的含义与性质

一、建设工程监理的含义

1. 建设工程监理基本概念

建设工程监理是指工程监理单位受建设单位委托，根据法律法规、工程建设标准、勘察设计文件及合同，在施工阶段对建设工程质量、造价、进度进行控制，对合同、信息进行管理，对工程建设相关方的关系进行协调，并履行建设工程安全生产管理法定职责的服务活动。

相关服务是指工程监理单位受建设单位委托，按照建设工程监理合同约定，在建设工程勘察、设计、保修阶段提供的服务活动。

工程监理单位是指依法成立并取得建设主管部门颁发的工程监理企业资质证书，从事建设工程监理与相关服务活动的服务机构。

建设单位（又称业主、项目法人或甲方）是建设工程监理任务的委托方，建设单位在工程建设中拥有确定建设工程规模、标准、功能，以及选择勘察、设计、施工、监理企业等工程建设重大问题的决定权。工程监理单位是监理任务的受托方，工程监理单位在建设单位的委托授权范围内从事专业化服务活动。

2. 建设工程监理概念的内涵

（1）建设工程监理行为主体。《中华人民共和国建筑法》（2019 年修订，以下简称《建筑法》）规定，实行监理的工程，由建设单位委托具有相应资质条件的工程监理单位实施监理。因此，建设工程监理应当由具有相应资质的工程监理单位实施，实施工程监理的行为主体是工程监理单位。

建设工程监理不同于政府主管部门的监督管理。后者属于行政性监督管理，其行为主体是政府主管部门。同样，建设单位的管理、施工单位的自行管理、工程总承包单位或施工总承包单位对分包单位的监督管理都不是工程监理。前文所提到的相关服务也不是工程监理。

（2）建设工程监理实施前提。《建筑法》规定："建设单位与其委托的工程监理单位应当订立书面委托监理合同"。《中华人民共和国的民法典》（以下简称《民法典》）规定，建设工程实行监理的，发包人应当与监理人采用书面形式订立委托监理合同。发包人与监理人的权利和义务，以及法律责任，应当依照本编委托合同，以及其他有关法律、行政法规的规定。

也就是说，建设工程监理的实施需要建设单位的委托和授权。工程监理单位只有与建设单位以书面形式订立建设工程监理合同，明确监理工作的范围、内容、服务期限和酬金，以及双方的义务、违约责任后，才能在规定的范围内实施监理。工程监理单位在被委托监理的工程中拥有一定管理权限，是建设单位授权的结果。

承包单位应当依据法律、法规和建设工程施工合同的规定，接受工程监理单位对其建设行为进行监理。

（3）建设工程监理实施依据。建设工程监理实施依据包括法律、法规，工程建设标准，勘察设计文件及合同。

1）法律、法规。法律、法规包括：《民法典》《建筑法》《中华人民共和国招标投标法》《建设工程质量管理条例》《建设工程安全生产管理条例》《中华人民共和国招标投标法实施条例》（以下简称《招标投标法实施条例》）等法律、法规；《工程监理企业资质管理规定》《注册监理工程师管理规定》《建设工程监理范围和规模标准规定》等部门规章，以及地方性法规等。

2）工程建设标准。包括有关工程技术标准、规范、规程，以及《建设工程监理规范》（GB/T 50319—2013）、《建设工程监理与相关服务收费标准》等。

3）勘察设计文件及合同。包括批准的初步设计文件、施工图设计文件、建设工程监理合同，以及与所监理工程相关的施工合同、材料设备采购合同等。

（4）建设工程监理实施范围。目前，建设工程监理定位于工程施工阶段。工程监理单位受建设单位委托，按照建设工程监理合同约定，在工程勘察、设计、保修等阶段提供的服务活动均为相关服务。工程监理单位还可以拓展自身的经营范围，为建设单位提供包括建设工程项目策划和建设实施全过程的项目管理服务。

（5）建设工程监理基本职责。建设工程监理是一项具有中国特色的工程建设管理制度。工程监理单位的基本职责是在建设单位委托授权范围内，通过合同管理和信息管理，以及协调工程建设相关方的关系，控制建设工程质量、造价和进度三大目标，此外，还需履行建设工程安全生产管理的法定职责，这是《建设工程安全生产管理条例》赋予工程监理单位的社会责任。即"三控两管一协调一履职"。

二、建设工程监理的性质

建设工程监理的性质可概括为服务性、科学性、独立性和公平性四个方面。

1. 服务性

在工程建设中，工程监理人员利用自己的知识、技能和经验，以及必要的试验、检测手段，为建设单位提供管理和技术服务。工程监理单位既不直接进行工程设计，也不直接进行工程施工；既不向建设单位承包工程造价，也不参与施工单位的利润分成。

工程监理单位的服务对象是建设单位，但不能完全取代建设单位的管理活动。工程监理单位不具有工程建设重大问题的决策权，只能在建设单位授权范围内采用规划、控制、协调等方法，控制建设工程质量、造价和进度，并履行建设工程安全生产管理的监理职责，协助建设单位在计划目标内完成工程建设任务。

2. 科学性

科学性是由建设工程监理的基本任务决定的。工程监理单位以协助建设单位实现其投资目的为己任，力求在计划目标内完成工程建设任务。由于建设工程规模日趋庞大，建设环境日益复杂，功能需求及建设标准越来越高，新技术、新工艺、新材料、新设备不断涌现，工程参与单位越来越多，工程风险日渐增加，工程监理单位只有采用科学的思想、理论、方法和手段，才能驾驭工程建设。

科学性主要表现在：工程监理单位应由组织管理能力强、工程建设经验丰富的人员担任领导；应由足够数量的、有丰富管理经验和较强应变能力的注册监理工程师组成骨干队伍；应有健全的管理制度、科学的管理方法和手段；应积累丰富的技术、经济资料和数据；应有科学的工作态度和严谨的工作作风，能够创造性地开展工作。

3. 独立性

《建设工程监理规范》（GB/T 50319—2013）明确要求，工程监理单位应公平、独立、诚信、科学地开展建设工程监理与相关服务活动。独立是工程监理单位公平地实施监理的基本前提。为此，《建筑法》第三十四条规定："工程监理单位与被监理工程的承包单位以及建筑材料、建筑构配件和设备供应单位不得有隶属关系或其他利害关系。"

按照独立性要求，工程监理单位应严格按照法律法规、工程建设标准、勘察设计文件、建设工程监理合同及有关建设工程合同等实施监理。在建设工程监理工作过程中，必须建立项目监理机构，按照自己的工作计划和程序，根据自己的判断，采用科学的方法和手段，独立地开展工作。

4. 公平性

国际咨询工程师联合会（FIDIC）《土木工程施工合同条件》（红皮书）自 1957 年第一版发布以来，一直都保持着一个重要原则，要求（咨询）工程师"公正"（Impartiality），即不偏不倚地处理施工合同中的有关问题。该原则也成为我国建设工程监理制度建立初期的一个重要性质。然而，在 FIDIC《土木工程施工合同条件》（1999 年第一版）中，（咨询）工程师的公正性要求不复存在，而只要求"公平"（Fair）。（咨询）工程师不充当调解人或仲裁人的角色，只是接受业主报酬负责进行施工合同管理的受托人。

与 FIDIC《土木工程施工合同条件》中的（咨询）工程师类似，我国工程监理单位受建设单位委托实施建设工程监理，也无法成为公正或不偏不倚的第三方，但需要公平地对待建设单位和施工单位。公平性是建设工程监理行业能够长期生存和发展的基本职业道德准则。特别是当建设单位与施工单位发生利益冲突或者矛盾时，工程监理单位应以事实为依据，以法律法规和有关合同为准绳，在维护建设单位合法权益的同时，不能损害施工单位的合法权益。例如，在调解建设单位与施工单位之间争议、处理费用索赔和工程延期、进行工程款支付控制及结算时，应尽量客观、公平地对待建设单位和施工单位。

三、现阶段我国建设工程监理的特点

我国的建设工程监理活动，借鉴了国外建设项目的管理理论和方法、业务内容和工作程序，取得了一些成绩。同时，经过多年的发展，也形成了自己的一些特点。

1. 建设工程监理的服务对象具有单一性

在国际上，建设项目管理按服务对象主要可分为建设单位服务的项目管理和为承建单位服务的项目管理。而我国的建设工程监理规定，工程监理企业只接受建设单位的委托，不能接受承建单位的委托为其提供管理服务。

2. 建设工程监理仍然属于强制推行的制度

我国的建设工程监理从一开始就是作为对计划经济条件下所形成的建设工程管理体制改革的一项新制度提出来的，也是依靠行政手段和法律手段在全国范围推行的。为此，不仅在各级政府部门中设立了主管建设工程监理有关工作的专门机构，而且还制定了有关的法律、法规和规章，明确提出由国家推行建设工程监理制度，并明确规定了必须实行建设工程监理的工程范围。强制推行监理制度在实行初期确实起到了推动发展的作用，但随着建筑市场的发展，强制监理制度越来越成为争议的焦点。

2018 年，住房和城乡建设部关于修改《建筑工程施工许可管理办法》（以下简称《办法》）的决定，将《办法》中唯一涉及"监理"的内容——第 4 条第 1 款第 7 项"按照规定应当委托监理的工程已委托监理"删去。目前已经有广州、北京、成都、天津、上海、厦门、山西等多地针对中小型工程项目建设，明确不再强制监理。目前有 3 种替代方案。

（1）建设单位自管、委托咨询。例如：上海，建设单位可以自主决策选择监理或全过程工程咨询服务等其他管理模式，鼓励有条件的建设单位实行自管模式。广州，建设单位可通过聘请具有建筑学、工程学或者建设工程管理类专业大学本科及以上学历的专业技术人员担任内部工程师，履行监理职责。

（2）以"保险"代替监理。例如：北京，对可不聘用工程监理的项目，建设单位不具备管理能力时，可通过购买工程质量潜在缺陷保险、由保险公司委托风险管理机构的方式对工程建设实施管理。雄安，2019 年《雄安新区工程建设项目招标投标管理办法（试行）》第四十四条提出，结合 BIM、CIM 等技术应用，逐步推行工程质量保险制度代替工程监理制度。

（3）政府购买监理巡查服务。2020 年 5 月 26 日，住房和城乡建设部发布了《关于征求政府购买监理巡查服务试点方案（征求意见稿）意见的函》探索工程监理服务转型，试点地区通过开展政府购买监理巡查服务试点，培育一批具备巡查服务能力的工程监理企业。

3. 建设工程监理具有部分法定职责

我国的工程监理单位有一定的特殊地位，它与建设单位构成委托与被委托关系，与承建单位虽然无任何经济关系，但根据建设单位授权及相关法律规定，有权对其不当建设行为进行监督、预先防范、指令及时改正，或者向有关部门反映，请求纠正。不仅如此，相关法律、法规将工程质量控制、安全生产管理的责任赋予工程监理单位。

我们国家的监理工程师在质量控制方面的工作上所达到的深度已经远超过国际项目管理人员的工作深度和仔细程度。

4. 市场准入的双重控制

我国对建设工程监理的市场准入采取了企业资质和人员资格的双重控制。要求从事监理工作的人员要取得相应资格，不同资质等级的工程监理企业只能在相应资质等级许可范围内开展监理工作。

第二节　建设工程监理的法律地位和责任

一、建设工程监理的法律地位

自建设工程监理制度实施以来，相关法律、行政法规、部门规章等逐步明确了建设工程监理的法律地位。

1. 明确了强制实施监理的工程范围

《建筑法》规定："国家推行建筑工程监理制度。国务院可以规定实行强制监理的建筑工程范围。"《建设工程质量管理条例》第十二条规定，下列五类工程必须实行监理，即：①国家重点建设工程；②大中型公用事业工程；③成片开发建设的住宅小区工程；④利用外国政府或国际组织贷款、援助资金的工程；⑤国家规定必须实行监理的其他工程。

《建设工程监理范围和规模标准规定》（建设部令第86号）又进一步细化了必须实行监理的工程范围和规模标准：

（1）国家重点建设工程。国家重点建设工程是指依据《国家重点建设项目管理办法》所确定的对国民经济和社会发展有重大影响的骨干项目。

（2）大中型公用事业工程。大中型公用事业工程是指项目总投资额在3000万元以上的下列工程项目：

1）供水、供电、供气、供热等市政工程项目；

2）科技、教育、文化等项目；

3）体育、旅游、商业等项目；

4）卫生、社会福利等项目；

5）其他公用事业项目。

（3）成片开发建设的住宅小区工程。建筑面积在5万 m^2 以上的住宅建设工程必须实行监理；5万 m^2 以下的住宅建设工程，可以实行监理，具体范围和规模标准，由省、自治区、直辖市人民政府建设行政主管部门规定。

为了保证住宅质量，对高层住宅及地基、结构复杂的多层住宅应当实行监理。

（4）利用外国政府或者国际组织贷款、援助资金的工程。包括：

1）使用世界银行、亚洲开发银行等国际组织贷款资金的项目；

2）使用国外政府及其机构贷款资金的项目；

3）使用国际组织或者国外政府援助资金的项目。

（5）国家规定必须实行监理的其他工程。国家规定必须实行监理的其他工程是指：

1）项目总投资额在3000万元以上关系到社会公共利益、公众安全的下列基础设施项目：

①煤炭、石油、化工、天然气、电力、新能源等项目；

②铁路、公路、管道、水运、民航以及其他交通运输业等项目；

③邮政、电信枢纽、通信、信息网络等项目；

④防洪、灌溉、排涝、发电、引（供）水、滩涂治理、水资源保护、水土保持等水利建设项目；

⑤道路、桥梁、地铁和轻轨交通、污水排放及处理、垃圾处理、地下管道、公共停车场等

城市基础设施项目；

　　⑥生态环境保护项目；

　　⑦其他基础设施项目。

　　2）学校、影剧院、体育场馆项目。

2. 明确了建设单位委托工程监理单位的职责

《建筑法》第三十一条规定："实行监理的建筑工程，由建设单位委托具有相应资质条件的工程监理单位监理。建设单位与其委托的工程监理单位应当订立书面委托监理合同。"

《建设工程质量管理条例》第十二条也规定："实行监理的建设工程，建设单位应当委托具有相应资质等级的工程监理单位进行监理，也可以委托具有工程监理相应资质等级并与被监理工程的施工承包单位没有隶属关系或者其他利害关系的该工程的设计单位进行监理。"

3. 明确了工程监理单位的职责

《建筑法》第三十四条规定："工程监理单位应当在其资质等级许可的监理范围内，承担工程监理业务。"《建设工程质量管理条例》第三十七条规定："工程监理单位应当选派具备相应资格的总监理工程师和监理工程师进驻施工现场。""未经监理工程师签字，建筑材料、建筑构配件和设备不得在工程上使用或者安装，施工单位不得进行下一道工序的施工。未经总监理工程师签字，建设单位不拨付工程款，不进行竣工验收。"

《建设工程安全生产管理条例》第十四条规定："工程监理单位应当审查施工组织设计中的安全技术措施或者专项施工方案是否符合工程建设强制性标准。""工程监理单位在实施监理过程中，发现存在安全事故隐患的，应当要求施工单位整改；情况严重的，应当要求施工单位暂时停止施工，并及时报告建设单位。施工单位拒不整改或者不停止施工的，工程监理单位应当及时向有关主管部门报告。"

4. 明确了工程监理人员的职责

《建筑法》第三十二条规定："工程监理人员认为工程施工不符合工程设计要求、施工技术标准和合同约定的，有权要求建筑施工企业改正。""工程监理人员发现工程设计不符合建筑工程质量标准或合同约定的质量要求的，应当报告建设单位要求设计单位改正。"

《建设工程质量管理条例》第三十八条规定："监理工程师应当按照工程监理规范的要求，采取旁站、巡视和平行检验等形式，对建设工程实施监理。"

二、工程监理单位及监理工程师的法律责任

1. 工程监理单位的法律责任

（1）《建筑法》第三十五条规定："工程监理单位不按照委托监理合同的约定履行监理义务，对应当监督检查的项目不检查或者不按照规定检查，给建设单位造成损失的，应当承担相应的赔偿责任。"《建筑法》第六十九条规定："工程监理单位与建设单位或者建筑施工企业串通，弄虚作假，降低工程质量，责令改正，处以罚款，降低资质等级或者吊销资质证书；有违法所得的，予以没收；造成损失的，承担连带赔偿责任；构成犯罪的，依法追究刑事责任。""工程监理单位转让监理业务的，责令改正，没收违法所得，可以责令停业整顿，降低资质等级；情节严重的，吊销资质证书。"

（2）《建设工程质量管理条例》第六十条和第六十一条规定："工程监理单位有下列行为的，责令停止违法行为或改正，处以合同约定的监理酬金 1 倍以上 2 倍以下的罚款，可以责令停业

整顿，降低资质等级；情节严重的，吊销资质证书：

　　1）超越本单位资质等级承揽工程的；

　　2）允许其他单位或个人以本单位名义承揽工程的。"

　　《建设工程质量管理条例》第六十二条规定："工程监理单位转让工程监理业务的，责令改正，没收违法所得，处以合同约定的监理酬金25％以上50％以下的罚款，可以责令停业整顿，降低资质等级；情节严重的，吊销资质证书。"

　　《建设工程质量管理条例》第六十七条规定："工程监理单位有下列行为之一的，责令改正，处50万元以上100万元以下的罚款，降低资质等级或者吊销资质证书；有违法所得的，予以没收；造成损失的，承担连带赔偿责任：

　　1）与建设单位或者施工单位串通，弄虚作假、降低工程质量的；

　　2）将不合格的建设工程、建筑材料、建筑构配件和设备按照合格签字的。"

　　《建设工程质量管理条例》第六十八条规定："工程监理单位与被监理工程的施工承包单位以及建筑材料、建筑构配件和设备供应单位有隶属关系或者其他利害关系承担该项建设工程的监理业务的，责令改正，处以5万元以上10万元以下的罚款，降低资质等级或者吊销资质证书；有违法所得，予以没收。"

　　(3)《建设工程安全生产管理条例》第五十七条规定："工程监理单位有下列行为之一的，责令限期改正；逾期未改正的，责令停业整顿，并处以10万元以上30万元以下的罚款；情节严重的，降低资质等级，直至吊销资质证书；造成重大安全事故，构成犯罪的，对直接责任人员，依照刑法有关规定追究刑事责任；造成损失的，依法承担赔偿责任：

　　1）未对施工组织设计中的安全技术措施或者专项施工方案进行审查的；

　　2）发现安全事故隐患未及时要求施工单位整改或者暂时停止施工的；

　　3）施工单位拒不整改或者不停止施工，未及时向有关主管部门报告的；

　　4）未依照法律、法规和工程建设强制性标准实施监理的。"

　　(4)《中华人民共和国刑法》第一百三十七条【工程重大安全事故罪】规定："建设单位、设计单位、施工单位、工程监理单位违反国家规定，降低工程质量标准，造成重大安全事故的，对直接责任人员，处五年以下有期徒刑或者拘役，并处罚金；后果特别严重的，处五年以上十年以下有期徒刑，并处罚金。"

2. 监理工程师的法律责任

　　工程监理单位是订立工程监理合同的当事人。监理工程师一般要受聘于工程监理单位，代表工程监理单位从事建设工程监理工作。工程监理单位在履行工程监理合同时，是由具体的监理工程师来实现的，因此，如果监理工程师出现工作过错，其行为将被视为工程监理单位违约，应承担相应的违约责任。工程监理单位在承担违约赔偿责任后，有权在企业内部向有过错行为的监理工程师追偿损失。因此，由监理工程师个人过失引发的合同违约行为，监理工程师必然要与工程监理单位承担一定的连带责任。

　　《建设工程质量管理条例》第七十二条规定，监理工程师因过错造成质量事故的，责令停止执业1年；造成重大质量事故的，吊销执业资格证书，5年内不予注册；情节特别恶劣的，终身不予注册。《建设工程质量管理条例》第七十四条规定，工程监理单位违反国家规定，降低工程质量标准，造成重大安全事故，构成犯罪的，对直接责任人员依法追究刑事责任。

　　《建设工程安全生产管理条例》第五十八条规定，注册监理工程师未执行法律、法规和工程建设强制性标准的，责令停止执业3个月以上1年以下；情节严重的，吊销执业资格证书，5年内不予注册；造成重大安全事故的，终身不予注册；构成犯罪的，依照刑法有关规定追究刑事责任。

第三节　建设工程监理相关制度

按照有关规定，我国工程建设应实行项目法人责任制、工程监理制、工程招标投标制和合同管理制，这些制度相互关联、相互支持，共同构成了我国工程建设管理的基本制度。

一、项目法人责任制

为了建立投资约束机制，规范建设单位行为，国家计划委员会颁发的《国家重点建设项目管理办法》（2011 年 1 月 8 日修订）要求"国家重点建设项目，实行建设项目法人责任制；国家另有规定的，从其规定"，"建设项目法人负责国家重点建设项目的筹划、筹资、建设、生产经营、偿还债务和资产的保值增值，依照国家有关规定对国家重点建设项目的建设资金、建设工期、工程质量、生产安全等进行严格管理。""建设项目法人的组织形式、组织机构，依照《中华人民共和国公司法》和国家有关规定执行"。项目法人责任制的核心内容是明确由项目法人承担投资风险，项目法人要对工程项目的建设及建成后的生产经营实行一条龙管理和全面负责。

1. 项目法人的设立

新上项目在项目建议书被批准后，应由项目的投资方派代表组成项目法人筹备组，具体负责项目法人的筹建工作。有关单位在申报项目可行性研究报告时，须同时提出项目法人的组建方案，否则，其可行性研究报告将不予审批。在项目可行性研究报告被批准后，应正式成立项目法人。按有关规定确保资本金按时到位，并及时办理公司设立登记。项目公司可以是有限责任公司（包括国有独资公司），也可以是股份有限公司。

由原有企业负责建设的大中型基建项目，需新设立子公司的，要重新设立项目法人；只设分公司或分厂的，原企业法人即是项目法人，原企业法人应向分公司或分厂派遣专职管理人员，并实行专项考核。

2. 项目法人的职权

（1）项目董事会的职权。建设项目董事会的职权有：负责筹措建设资金；审核、上报项目初步设计和概算文件；审核、上报年度投资计划并落实年度资金；提出项目开工报告；研究解决建设过程中出现的重大问题；负责提出项目竣工验收申请报告；审定偿还债务计划和生产经营方针，并负责按时偿还债务；聘任或解聘项目总经理，并根据总经理的提名，聘任或解聘其他高级管理人员。

（2）项目总经理的职权。项目总经理的职权有：组织编制项目初步设计文件，对项目工艺流程、设备选型、建设标准、总图布置提出意见，提交董事会审查；组织工程设计、施工监理、施工队伍和设备材料采购的招标工作，编制和确定招标方案、标底和评标标准，评选和确定投标、中标单位；编制并组织实施项目年度投资计划、用款计划、建设进度计划；编制项目财务预算、决算；编制并组织实施归还贷款和其他债务计划；组织工程建设实施，负责控制工程投资、工期和质量；在项目建设过程中，在批准的概算范围内对单项工程的设计进行局部调整（凡引起生产性质、能力、产品品种和标准变化的设计调整以及概算调整，需经董事会决定并报原审批单位批准）；根据董事会授权处理项目实施中的重大紧急事件，并及时向董事会报告；负责生产准备工作和培训有关人员；负责组织项目试生产和单项工程预验收；拟定生产经营计划、企业内部机构设置、劳动定员定额方案及工资福利方案；组织项目后评价，提出项目后评价报告；按时向有关部门报送项目建设、生产信息和统计资料；提请董事会聘任或解聘项目高级管理人员。

3. 项目法人责任制与工程监理制的关系

（1）项目法人责任制是实行工程监理制的必要条件。项目法人责任制的核心是要落实"谁投资、谁决策，谁承担风险"的基本原则。实行项目法人责任制，必然使项目法人面临如何做好投资决策和风险承担工作这样一个重要的问题。项目法人为了切实承担其职责，必然需要社会化、专业化机构为其提供服务。这种需求为建设工程监理的发展提供了坚实基础。

（2）工程监理制是实行项目法人责任制的基本保证。实行工程监理制，项目法人可以依据自身需求和有关规定委托监理，在工程监理单位协助下，进行对建设工程质量、造价、进度目标有效控制，从而为在计划目标内完成工程建设提供了基本保证。

二、工程招标投标制

建设工程招标投标是建设单位对拟建的建设工程项目通过法定的程序和方式吸引承包单位进行公平竞争，并从中选择条件优越者来完成建设工程任务的行为。这是在市场经济条件下常用的一种建设工程项目交易方式。

1. 必须招标的工程项目

2017年12月，经修改后公布的《中华人民共和国招标投标法》（以下简称《招标投标法》）规定："在中华人民共和国境内进行下列工程建设项目包括项目的勘察、设计、施工、监理以及与工程建设有关的重要设备、材料等的采购，必须进行招标：

（1）大型基础设施、公用事业等关系社会公共利益、公众安全的项目；

（2）全部或者部分使用国有资金投资或者国家融资的项目；

（3）使用国际组织或者外国政府贷款、援助资金的项目。"

2019年3月2日，经修改后公布的《中华人民共和国招标投标法实施条例》（以下简称《招标投标法实施条例》）指出："依法必须进行招标的工程建设项目的具体范围和规模标准，由国务院发展改革部门会同国务院有关部门制订，报国务院批准后公布施行。"

2018年国家发展和改革委员会先后发布《必须招标的工程项目规定》（中华人民共和国国家发展和改革委员会令第16号）、《必须招标的基础设施和公用事业项目范围规定》（发改法规〔2018〕843号），2020年10月19日国家发展和改革委员会办公厅发布《关于进一步做好〈必须招标的工程项目规定〉和〈必须招标的基础设施和公用事业项目范围规定〉实施工作的通知》（发改办法规〔2020〕770号），上述文件对必须进行招标的项目进行了详细规定，下列工程必须招标。

（1）全部或者部分使用国有资金投资或者国家融资的项目。包括：

1）使用预算资金200万元人民币以上，并且该资金占投资额10%以上的项目。"预算资金"，是指《中华人民共和国预算法》规定的预算资金，包括一般公共预算资金、政府性基金预算资金、国有资本经营预算资金、社会保险基金预算资金。

2）使用国有企业事业单位资金，并且该资金占控股或者主导地位的项目。"占控股或者主导地位"，参照《中华人民共和国公司法》第二百一十六条关于控股股东和实际控制人的理解执行，即"其出资额占有限责任公司资本总额50%以上或者其持有的股份占股份有限公司股本总额50%以上的股东；出资额或者持有股份的比例虽然不足50%，但依其出资额或者持有的股份所享有的表决权已足以对股东会、股东大会的决议产生重大影响的股东"；国有企业事业单位通过投资关系、协议或者其他安排，能够实际支配项目建设的，也属于占控股或者主导地位。项目中国有资金的比例，应当按照项目资金来源中所有国有资金之和计算。

（2）使用国际组织或者外国政府贷款、援助资金的项目。包括：

1）使用世界银行、亚洲开发银行等国际组织贷款、援助资金的项目；

2）使用外国政府及其机构贷款、援助资金的项目。

（3）不属于以上规定情形的大型基础设施、公用事业等关系社会公共利益、公众安全的项目，必须招标的具体范围。包括：

1）煤炭、石油、天然气、电力、新能源等能源基础设施项目；

2）铁路、公路、管道、水运，以及公共航空和 A1 级通用机场等交通运输基础设施项目；

3）电信枢纽、通信信息网络等通信基础设施项目；

4）防洪、灌溉、排涝、引（供）水等水利基础设施项目；

5）城市轨道交通等城建项目。

（4）勘察、设计、施工、监理及与工程建设有关的重要设备、材料等的采购达到下列标准之一的，必须招标：

1）施工单项合同估算价在 400 万元以上；

2）重要设备、材料等货物的采购，单项合同估算价在 200 万元以上；

3）勘察、设计、监理等服务的采购，单项合同估算价在 100 万元以上。

同一项目中可以合并进行的勘察、设计、施工、监理及与工程建设有关的重要设备、材料等的采购，合同估算价合计达到前款规定标准的，必须招标。

关于同一项目中的合并采购。《必须招标的工程项目规定》（中华人民共和国国家发展和改革委员会令第 16 号）规定的"同一项目中可以合并进行的勘察、设计、施工、监理以及与工程建设有关的重要设备、材料等的采购，合同估算价合计达到前款规定标准的，必须招标"，目的是防止发包方通过化整为零的方式规避招标。其中"同一项目中可以合并进行"，是指根据项目实际，以及行业标准或行业惯例，符合科学性、经济性、可操作性要求，同一项目中适宜放在一起进行采购的同类采购项目。

关于总承包招标的规模标准。对于《必须招标的工程项目规定》（中华人民共和国国家发展和改革委员会令第 16 号）规定范围内的项目，发包人依法对工程，以及与工程建设有关的货物、服务全部或者部分实行总承包发包的，总承包中施工、货物、服务等各部分的估算价中，只要有一项达到《必须招标的工程项目规定》（中华人民共和国国家发展和改革委员会令第 16 号）规定相应标准，即施工部分估算价达到 400 万元以上，或者货物部分达到 200 万元以上，或者服务部分达到 100 万元以上，则整个总承包发包应当招标。

《招标投标法》还规定，依法必须进行招标的项目，其招标投标活动不受地区或者部门的限制。任何单位和个人不得违法限制或者排斥本地区、本系统以外的法人或者其他组织参加投标，不得以任何方式非法干涉招标投标活动。

2. 工程招标投标制与工程监理制的关系

（1）工程招标投标制是实行工程监理制的重要保证。对于法律法规规定必须实施监理招标的工程项目，建设单位需要按规定采用招标方式选择工程监理单位。通过工程监理招标，有利于建设单位优选高水平工程监理单位，确保建设工程监理效果。

（2）工程监理制是落实工程招标投标制的重要保障。实行工程监理制，建设单位可以通过委托工程监理单位做好招标工作，更好地优选施工单位和材料设备供应单位。

三、合同管理制

工程建设是一个极为复杂的社会生产过程，由于现代社会化大生产和专业化分工，许多单位会参与到工程建设之中，而各类合同则是维系各参与单位之间关系的纽带。

自 2021 年 1 月 1 日起施行的《民法典》合同编明确了合同订立、效力、履行、变更与转让、终止、违约责任等有关内容，以及包括建设工程合同（建设工程勘察合同、建设工程设计合同、建设工程施工合同等）、委托合同（建设工程监理合同等）在内的 19 类典型合同，为实行合同管理制提供了重要法律依据。

1. 工程项目合同体系

在工程项目合同体系中，建设单位和施工单位是两个最主要的节点。

（1）建设单位的主要合同关系。为实现工程项目总目标，建设单位可以通过签订合同将工程项目有关活动委托给相应的专业承包单位或专业服务机构。相应的合同有工程承包（总承包、施工承包）合同、工程勘察合同、工程设计合同、材料设备采购合同、工程咨询（可行性研究、技术咨询、造价咨询）合同、工程监理合同、工程项目管理服务合同、工程保险合同、贷款合同等。

（2）施工单位的主要合同关系。施工单位作为工程承包合同的履行者，也可以通过签订合同将工程承包合同中所确定的工程设计、施工、材料设备采购等部分任务委托给其他相关单位来完成，相应的合同有工程分包合同、材料设备采购合同、运输合同、加工合同、租赁合同、劳务分包合同、保险合同等。

2. 合同管理制与工程监理制的关系

（1）合同管理制是实行工程监理制的重要保证。建设单位委托监理时，需要与工程监理单位建立合同关系，明确双方的义务和责任。工程监理单位实施监理时，需要通过合同管理控制工程质量、造价和进度目标。合同管理制的实施，为工程监理单位开展合同管理工作提供了法律和制度支持。

（2）工程监理制是落实合同管理制的重要保障。实行工程监理制，建设单位可以通过委托工程监理单位做好合同管理工作，更好地完成建设工程项目。

知识拓展

我国建设工程监理制度的起源

我国工程建设的历史已有数千年，但现代意义上的工程建设监理制度则是从 1988 年开始建立的。

改革开放以前，我国工程建设项目的投资由国家拨付，施工任务由行政部门向施工企业直接下达。当时的建设单位、设计单位和施工单位都是完成国家建设任务的执行者，都对上级行政主管部门负责，相互之间缺少互相监督的职责。政府对工程建设活动采取单向的行政监督管理，在工程建设的实施过程中，对工程质量的保证主要依靠施工单位的自我管理。

改革开放以后，工程建设活动逐步市场化。施工单位开始摆脱行政附属地位，向相对独立的商品生产者转变。随着建设项目参与各方之间的经济利益日益强化，原有的建筑产品生产形式和管理体制越来越暴露出不适应环境变化的各种弱点。其中比较突出的问题是工程质量严重下降。因此，迫切需要建立严格的质量监督机制。为了适应这一形势的需要，从 1983 年开始，我国实行政府对工程质量的监督制度，全国各地及国务院各部门都成立了专业质量监督部门和各级质量检测机构，代表政府对工程建设质量进行监督和检测。从此，我国的工程建设监督由原来的单向监督向政府专业质量监督转变，由仅靠企业自检自评向第三方认证和企业内部保证相结合转变。

20世纪80年代中期，随着我国改革的逐步深入和开放的不断扩大，"三资"（国外独资、合资、合作）企业投资的工程项目在我国逐渐增多，加之国际金融机构向我国贷款的工程建设项目都要求实行招标投标制、承包发包合同制和建设监理制，使得国外专业化、社会化的监理公司、咨询公司、管理公司的专家开始出现在我国"三资"工程项目建设的管理中。他们按照国际惯例，以受建设单位委托与授权的方式，对工程建设进行管理，显示出高速度、高效率、高质量的管理优势。其中，值得一提的是我国建设的鲁布革水电站工程。作为世界银行贷款项目，在招标投标中，日本大成公司以低于概算43%的悬殊标价承包了引水系统工程，仅以30多名管理人员和技术骨干组成的项目管理班子，雇用了400多名中国劳务人员，采用非尖端的设备和技术手段，靠科学管理创造了工程造价、工程进度、工程质量3个高水平纪录。这一工程实例震动了我国建筑界，对我国传统的政府专业监督体制产生了冲击。

我国于1988年开始工程监理工作试点，1996年在建设领域全面推行工程监理制度。自提出推行工程监理制度，经历了试点阶段（1988—1992年）、稳步发展阶段（1993—1995年）、全面推广阶段（1996年至今）3个发展阶段，积累了丰富的经验，也反映出很多问题。

一、试点阶段（1988—1992年）

1988年7月25日，建设部发布《关于开展建设监理工作的通知》，提出建立具有中国特色的建设监理制度；同年11月28日，建设部又发出了《关于开展建设监理试点工作的若干意见》，决定建设监理制先在北京、上海、南京、天津、宁波、沈阳、哈尔滨、深圳八市和能源、交通的水电与公路系统进行试点。截至1991年12月16日，建设监理试点工作已在全国25个省、自治区、直辖市和15个工业、交通部门开展，实施监理的工程在提高质量、缩短工期、降低造价方面取得了显著的效果。

二、稳步发展阶段（1993—1995年）

1992年，我国为工程监理制定了一系列的规章制度，包括《工程建设监理单位资质管理试行办法》《监理工程师资格考试和注册试行办法》《关于发布建设工程监理费有关规定的通知》。到1992年年底，全国有28个省、市、自治区及国务院的20个工业、交通等部门先后开展了建设监理工作，累计对1 636项、投资额2 396亿元的工程项目实施监理。1993年，在全国第五次建设监理工作会议上，建设部全面总结了监理试点的成功经验，根据形势发展的需要和全国监理工作的现状，部署了结束试点、转向稳步发展阶段的各项工作。1995年10月，建设部、国家工商行政管理局印发了《工程建设监理合同》示范文本；同年12月，建设部、国家计委颁发了《工程建设监理规定》。

三、全面推行阶段（1996年至今）

从1996年开始，在全国全面推行建设工程监理制度。1997年11月1日，第八届全国人大常委会第二十八次会议通过了《建筑法》。《建筑法》第三条规定："国家推行建筑工程监理制度。"这是我国第一次以法律的形式对工程监理作出规定。2000年1月30日发布施行的《建设工程质量管理条例》（中华人民共和国国务院令第 279 号），对工程监理单位的质量责任和义务作出了具体的规定。2004 年 2 月 1 日起施行的《建设工程安全生产管理条例》（国务院令第 393 号），对工程监理承担建设工程安全生产的监理责任作出了规定。截至 2021 年 12 月底，全国共有 12 407 个建设工程监理企业参加了统计，其中综合资质企业 283 家，甲级资质企业 4 874 家，乙级资质企业 5 915 家，丙级资质企业 1 334 家，事务所资质企业 1 家；注册执业人员为 51 万人，其中，注册监理工程师为 25.55 万人，其他注册执业人员为 25.46 万人，工程监理从业人员为 86.26 万人。监理工作覆盖了房屋建筑、市政公用工程、冶炼、石油化工、水利水电、电力、公路、港航、通信等众多类别的工程项目。

实训案例

背景：

甲监理公司是本市实力最雄厚的监理企业，承揽并完成了很多大中型工程项目的监理任务，积累了丰富的经验，建立了一定的业务关系。某业主投资建设一栋 28 层综合办公大楼，委托甲监理公司实施监理工作并签订了书面合同。合同的有关条款约定：业主不派工地常驻代表，全权委托总监理工程师处理一切事务。在监理过程中，甲监理公司为了更好地完成监理任务，将部分监理业务转让给乙监理公司；在施工过程中业主与承包人发生争议，总监理工程师以业主的身份与承包人进行协商；为了保证材料质量，甲监理公司要求施工单位使用与其有利害关系的材料供应商的材料。

问题：

指出背景材料中的不妥之处，并说明理由。

案例解析：

背景材料中的不妥之处：

（1）业主不派工地常驻代表，全权委托总监理工程师处理一切事务不妥。

监理的服务性决定"工程监理单位的服务对象是建设单位，但不能完全取代建设单位的管理活动"。

（2）甲监理公司为了更好地完成监理任务，将部分监理业务转让给乙监理公司不妥。

《建筑法》规定："工程监理单位转让监理业务的，责令改正，没收违法所得，可以责令停业整顿，降低资质等级；情节严重的，吊销资质证书。"

（3）在施工过程中业主和承包人发生争议，总监理工程师以业主的身份，与承包人进行协商不妥。

按照独立性的要求，在建设工程监理过程中，项目监理机构必须按照自己的工作计划和程序，根据自己的判断，采用科学的方法和手段，独立地开展工作。

（4）甲监理公司要求施工单位使用与其有利害关系的材料供应商的材料不妥。

《建筑法》第三十四条规定："工程监理单位与被监理工程的承包单位以及建筑材料、建筑构配件和设备供应单位不得有隶属关系或其他利害关系。"

基础练习

一、单项选择题

1. 建设工程监理是指工程监理单位（　　　）。
   A. 在建设单位的委托授权范围内从事专业化服务活动
   B. 代表工程质量监督机构对施工质量进行的监督管理
   C. 代表政府主管部门对施工承包单位进行的监督管理
   D. 代表总承包单位对分包单位进行的监督管理

2. 建设工程监理的行为主体是（　　　）。
   A. 建设单位　　　　　　　　　　　　　　B. 工程监理单位
   C. 住房和城乡建设主管部门　　　　　　　D. 质量监督机构

3. 工程监理单位在委托监理的工程中拥有一定的管理权限，能够开展管理活动，这是
   （　　　）。
   A. 建设单位授权的结果　　　　　　　　　B. 监理单位服务性的体现
   C. 政府部门监督管理的需要　　　　　　　D. 施工单位提升管理的需要

4. 下列关于建设工程监理的说法，错误的是（　　　）。
   A. 建设工程监理的行为主体是工程监理单位
   B. 建设工程监理不同于建设行政主管部门的监督管理
   C. 建设工程监理的依据包括委托监理合同和有关的建设工程合同
   D. 总承包单位对分包单位的监督管理也属建设工程监理行为

5. 下列关于建设工程监理的说法，正确的是（　　　）。
   A. 建设工程监理的行为主体包括监理单位、建设单位和施工单位
   B. 监理单位处理工程变更的权限是建设单位授权的结果
   C. 建设工程监理的实施需要建设单位的委托和施工单位的认可
   D. 建设工程监理的依据包括委托监理合同、工程总承包合同和分包合同

6. 建设工程监理应有一套健全的管理制度和科学的管理方法，这是工程监理（　　　）的具
   体表现。
   A. 服务性　　　　　　B. 独立性　　　　　　C. 科学性　　　　　　D. 公平性

7. 工程监理企业应当由足够数量的有丰富管理经验和应变能力的监理工程师组成骨干队
   伍，这是建设工程监理（　　　）的具体表现。
   A. 服务性　　　　　　B. 科学性　　　　　　C. 独立性　　　　　　D. 公平性

8. 在开展工程监理的过程中，当建设单位与承建单位发生利益冲突时，监理单位应以事实
   为依据，以法律和有关合同为准绳，在维护建设单位的合法权益的同时，不损害承建单
   位的合法权益。这表明建设工程监理具有（　　　）。
   A. 公正性　　　　　　B. 自主性　　　　　　C. 独立性　　　　　　D. 公平性

9. 建设工程监理的性质可以概括为（　　　）。
   A. 服务性、科学性、独立性和公正性　　　　B. 创新性、科学性、独立性和公正性
   C. 服务性、科学性、独立性和公平性　　　　D. 创新性、科学性、独立性和公平性

10. 依据《建筑法》，当施工不符合工程设计要求、施工技术标准和合同约定时，工程监理人员应当（ ）。
    A. 报告建设单位
    B. 要求建筑施工企业改正
    C. 报告建设单位要求建筑施工企业改正
    D. 立即要求建筑施工企业暂时停止施工

11. 下列属于工程监理单位基本职责的是（ ）。
    A. 合同和信息管理　　B. 建设方案比选　　　C. 招标方案策划　　　D. 设计优化

12. 根据《建设工程监理范围和规模标准规定》，下列工程中属于强制实施监理的是（ ）。
    A. 项目总投资额为 2 500 万元的铁路工程
    B. 项目总投资额为 2 000 万元的供水工程
    C. 建筑面积为 4 万 m² 以上的高层住宅
    D. 建筑面积为 3 万 m² 以上的住宅小区

13. 根据《必须招标的工程项目规定》，下列全部使用国家融资的工程，必须进行招标的是（ ）。
    A. 重要设备单项合同估算价在 200 万元的项目
    B. 工程材料单项合同估算价在 150 万元的项目
    C. 设计单项合同估算价在 90 万元的项目
    D. 监理单项合同估算价在 70 万元的项目

14. 根据《建设工程质量管理条例》，未经（ ）签字，建筑材料、建筑构配件和设备不得在工程上使用或者安装。
    A. 监理单位主要负责人
    B. 业主代表
    C. 总监理工程师
    D. 监理工程师

15. 根据《建设工程质量管理条例》，工程监理单位转让工程监理业务的，责令改正，没收违法所得，处合同约定的（ ）罚款。
    A. 监理酬金 25% 以上 50% 以下
    B. 监理酬金 10% 以上 30% 以下
    C. 监理酬金 20% 以上 50% 以下
    D. 监理酬金 10% 以上 20% 以下

16. 下列情形中，体现建设工程监理独立性的是（ ）。
    A. 监理单位应有科学的工作态度和严谨的工作作风，能够创造性地开展工作
    B. 监理单位应严格按照法律、法规，工程建设标准，勘察设计文件及有关合同等实施监理
    C. 监理单位在建设单位授权范围内，协助建设单位在计划目标内完成工程建设任务
    D. 监理单位在维护建设单位合法权益的同时，不能损害施工单位的合法权益

二、多项选择题

1.《建筑法》规定，工程监理单位与被监理工程的（ ）不得有隶属关系或者其他利害关系。
    A. 设计单位
    B. 承包单位
    C. 建筑材料供应单位
    D. 设备供应单位
    E. 工程咨询单位

2. 下列关于项目法人责任制的表述中，正确的有（ ）。
    A. 所有的大型、中型建设工程都必须在建设阶段组建项目法人
    B. 项目法人可设立有限责任公司
    C. 项目可行性研究报告被批准后，正式成立项目法人
    D. 项目法人可设立股份有限公司
    E. 项目法人只对项目的决策和实施负责

3. 下列工作职权中，属于项目董事会职权的有（   ）。

    A. 负责筹措建设资金

    B. 审核、上报年度投资计划并落实年度资金

    C. 评选和确定投标、中标单位

    D. 审定偿还债务计划和生产经营方针，并负责按时偿还债务

    E. 负责提出项目竣工验收申请报告

4. 依据《建设工程监理范围和规模标准规定》，下列选项中必须实行监理的有（   ）。

    A. 使用外国政府援助资金的项目

    B. 投资额为 2 000 万元的公路项目

    C. 建筑面积在 4 万 m^2 住宅小区项目

    D. 投资额为 1 000 万元的学校项目

    E. 投资额为 3 500 万元的医院项目

5. 根据《建设工程安全生产管理条例》，下列关于工程监理单位的安全责任的说法，正确的有（   ）。

    A. 应当审查施工组织设计中的安全技术措施是否符合工程建设强制性标准

    B. 应当建立健全安全生产责任制度，制定安全生产规章制度和操作规程

    C. 应当根据工程的特点组织制定安全施工措施，消除安全事故隐患

    D. 在实施监理过程中，发现存在安全事故隐患的，应当要求施工单位整改

    E. 应当设立安全生产管理机构，配备专职安全生产管理人员

6. 根据《建设工程质量管理条例》，对工程监理单位处 50 万元以上 100 万元以下罚款的情形有（   ）。

    A. 超越本单位资质等级承揽工程的

    B. 与施工单位串通，弄虚作假、降低工程质量的

    C. 将不合格的建筑材料、构配件和设备按照合格签字的

    D. 允许其他单位或者个人以本单位名义承揽工程的

    E. 与被监理工程的施工承包单位有隶属关系的

7. 根据项目法人责任制的有关要求，项目总经理的职权包括（   ）。

    A. 组织编制项目初步设计文件　　　　　B. 编制和确定招标方案

    C. 编制并组织实施项目年度投资计划　　D. 负责控制工程投资、工期和质量

    E. 负责提出项目竣工验收申请报告

三、简答题

1. 何谓建设工程监理？它的含义可从哪些方面理解？

2. 建设工程监理具有哪些性质？

3. 建设工程监理的法律地位从哪些方面体现？

4. 强制实行工程监理的范围是什么？

5. 建设项目法人责任制的基本内容是什么？项目法人的职权有哪些？建设项目法人责任制与工程监理制的关系是什么？

6. 工程招标的范围和规模标准是什么？工程招标投标制与工程监理制的关系是什么？

7. 工程项目合同体系的主要内容有哪些？合同管理制与工程监理制的关系是什么？

第二章

建设工程监理相关法律、法规和规范

　　建设工程监理相关法律、行政法规及标准是建设工程监理的法律依据和工作指南。目前，与工程监理密切相关的法律有：《建筑法》《招标投标法》和《民法典》合同编；与建设工程监理密切相关的行政法规有：《建设工程质量管理条例》《建设工程安全生产管理条例》《生产安全事故报告和调查处理条例》和《中华人民共和国招标投标法实施条例》。建设工程监理标准则包括《建设工程监理规范》（GB/T 50319—2013）和《建设工程监理与相关服务收费标准》。此外，有关工程监理的部门规章和规范性文件，以及地方性法规、地方政府规章及规范性文件，行业标准和地方标准等，也是建设工程监理的法律依据和工作指南。

第一节　建设工程监理相关法律

　　建设工程法律是指由全国人民代表大会及其常务委员会通过的规范工程建设活动的法律规范，以国家主席令的形式予以公布。与建设工程监理密切相关的法律有《建筑法》《招标投标法》《民法典》合同编和《中华人民共和国安全生产法》（以下简称《安全生产法》）。

一、《建筑法》

　　《建筑法》是我国工程建设领域的一部大法，以建筑市场管理为中心，以建筑工程质量和安全管理为重点，主要包括建筑许可、建筑工程发包与承包、建筑工程监理、建筑安全生产管理和建筑工程质量管理等方面内容。

1. 建筑许可

　　建筑许可包括建筑工程施工许可和从业资格两个方面。

　　（1）建筑工程施工许可。建筑工程施工许可是建设行政主管部门根据建设单位的申请，依法对建筑工程所应具备的施工条件进行审查，对符合规定条件者准许其开始施工并颁发施工许可证的一种管理制度。必须申请领取施工许可证的建筑工程未取得施工许可证的，一律不得开工。工程投资在 30 万元以下或者建筑面积在 300 m² 以下的建筑工程，可以不申请办理施工许可证。

　　1）施工许可证的申领。建筑工程开工前，建设单位应当按照国家有关规定向工程所在地县级以上人民政府建设行政主管部门申请领取施工许可证；但是，国务院建设行政主管部门确定的限额以下的小型工程除外。按照国务院规定的权限和程序批准开工报告的建筑工程，不再领取施工许可证。依法核定作为文物保护的纪念建筑物和古建筑等的修缮，依照文物保护的有关法律规定执行。抢险救灾及其他临时性房屋建筑和农民自建低层住宅的建筑活动，不适用《建筑法》。军用房屋建筑工程建筑活动的具体管理办法，由国务院、中央军事委员会依据《建筑法》制定。

根据《住房城乡建设部关于修改〈建筑工程施工许可管理办法〉的决定》（中华人民共和国住房和城乡建设部令第 42 号），建设单位申请领取施工许可证，应当具备下列条件：

①依法应当办理用地批准手续的，已经办理该建筑工程用地批准手续。

②在城市、镇规划区的建筑工程，已经取得建设工程规划许可证。

③施工场地已经基本具备施工条件，需要征收房屋的，其进度符合施工要求。

④已经确定施工企业。按照规定应当招标的工程没有招标，应当公开招标的工程没有公开招标，或者支解发包工程，以及将工程发包给不具备相应资质条件的企业的，所确定的施工企业无效。

⑤有满足施工需要的技术资料，施工图设计文件已按规定审查合格。

⑥有保证工程质量和安全的具体措施。施工企业编制的施工组织设计中有根据建筑工程特点制定的相应质量、安全技术措施。建立工程质量安全责任制并落实到人。专业性较强的工程项目编制了专项质量、安全施工组织设计，并按照规定办理了工程质量、安全监督手续。

⑦建设资金已经落实。建设单位应当提供建设资金已经落实承诺书。

⑧法律、行政法规规定的其他条件。

县级以上地方人民政府住房城乡建设主管部门不得违反法律法规规定，增设办理施工许可证的其他条件。

发证机关在收到建设单位报送的《建筑工程施工许可证申请表》和所附证明文件后，对于符合条件的，应当自收到申请之日起 7 d 内颁发施工许可证。

2）施工许可证的有效期。

①建设单位应当自领取施工许可证之日起 3 个月内开工。因故不能按期开工的，应当向发证机关申请延期；延期以两次为限，每次不超过 3 个月。既不开工又不申请延期或者超过延期时限的，施工许可证自行废止。

②在建的建筑工程因故中止施工的，建设单位应当自中止施工之日起 1 个月内向发证机关报告，并按照规定做好建筑工程的维护管理工作。建筑工程恢复施工时，应当向发证机关报告，报告内容包括中止施工的时间、原因、在施部位、维修管理措施等。中止施工满 1 年的工程恢复施工前，建设单位应当报发证机关核验施工许可证。

（2）从业资格。从业资格包括工程建设参与单位资质和专业技术人员执业资格两个方面。

1）工程建设参与单位资质要求。从事建筑活动的建筑施工企业、勘察单位、设计单位和工程监理单位，应当具备下列条件：

①有符合国家规定的注册资本。

②有与其从事的建筑活动相适应的具有法定执业资格的专业技术人员。

③有从事相关建筑活动所应有的技术装备。

④法律、行政法规规定的其他条件。

从事建筑活动的建筑施工企业、勘察单位、设计单位和工程监理单位，按照其拥有的注册资本、专业技术人员、技术装备和已完成的建筑工程业绩等资质条件，划分为不同的资质等级，经资质审查合格，取得相应等级的资质证书后，方可在其资质等级许可的范围内从事建筑活动。

2）专业技术人员执业资格要求。从事建筑活动的专业技术人员，应当依法取得相应的执业资格证书，并在执业资格证书许可的范围内从事建筑活动。如注册建筑师、注册结构工程师、注册监理工程师、注册造价工程师、注册建造师等。

2. 建筑工程发包与承包

建筑工程的发包单位与承包单位应当依法订立书面合同，明确双方的权利和义务。发包单位和承包单位应当全面履行合同约定的义务。不按照合同约定履行义务的，依法承担违约责任。建筑工程造价应当按照国家有关规定，由发包单位与承包单位在合同中约定。公开招标发包的，其造价的约定，须遵守招标投标法律的规定。发包单位应当按照合同的约定，及时拨付工程款项。

（1）建筑工程发包。建筑工程实行招标发包的，发包单位应当将建筑工程发包给依法中标的承包单位。建筑工程实行直接发包的，发包单位应当将建筑工程发包给具有相应资质条件的承包单位。

提倡对建筑工程实行总承包，禁止将建筑工程支解发包。建筑工程的发包单位可以将建筑工程的勘察、设计、施工、设备采购一并发包给一个工程总承包单位，也可以将建筑工程勘察、设计、施工、设备采购的一项或者多项发包给一个工程总承包单位；但是，不得将应当由一个承包单位完成的建筑工程支解成若干部分发包给几个承包单位。

按照合同约定，建筑材料、建筑构配件和设备由工程承包单位采购的，发包单位不得指定承包单位购入用于工程的建筑材料、建筑构配件和设备或者指定生产厂、供应商。

（2）建筑工程承包。承包建筑工程的单位应当持有依法取得的资质证书，并在其资质等级许可的业务范围内承揽工程。禁止建筑施工企业超越本企业资质等级许可的业务范围或者以任何形式用其他建筑施工企业的名义承揽工程。禁止建筑施工企业以任何形式允许其他单位或者个人使用本企业的资质证书、营业执照，以本企业的名义承揽工程。

1）联合体承包。大型建筑工程或者结构复杂的建筑工程，可以由两个以上的承包单位联合共同承包。共同承包的各方对承包合同的履行承担连带责任。两个以上不同资质等级的单位实行联合共同承包的，应当按照资质等级低的单位的业务许可范围承揽工程。

2）禁止转包。禁止承包单位将其承包的全部建筑工程转包给他人，禁止承包单位将其承包的全部建筑工程支解以后以分包的名义分别转包给他人。

3）分包。建筑工程总承包单位可以将承包工程中的部分工程发包给具有相应资质条件的分包单位；但是，除总承包合同中约定的分包外，必须经建设单位认可。施工总承包的，建筑工程主体结构的施工必须由总承包单位自行完成。建筑工程总承包单位按照总承包合同的约定对建设单位负责；分包单位按照分包合同的约定对总承包单位负责。总承包单位和分包单位就分包工程对建设单位承担连带责任。禁止总承包单位将工程分包给不具备相应资质条件的单位。禁止分包单位将其承包的工程再分包。

3. 建筑安全生产管理

建筑工程安全生产管理必须坚持"安全第一、预防为主"的方针，建立健全安全生产的责任制度和群防群治制度。

（1）建设单位的安全生产管理。建设单位应当向建筑施工企业提供与施工现场相关的地下管线资料，建筑施工企业应当采取措施加以保护。

有下列情形之一的，建设单位应当按照国家有关规定办理申请批准手续：

1）需要临时占用规划批准范围以外场地的；

2）可能损坏道路、管线、电力、邮电通信等公共设施的；

3）需要临时停水、停电、中断道路交通的；

4）需要进行爆破作业的；

5）法律、法规规定需要办理报批手续的其他情形。

（2）建筑施工企业的安全生产管理。建筑施工企业必须依法加强对建筑安全生产的管理，执行安全生产责任制度，采取有效措施，防止伤亡和其他安全生产事故的发生。

1）施工现场安全管理。施工现场安全由建筑施工企业负责。实行施工总承包的，由总承包单位负责。分包单位向总承包单位负责，服从总承包单位对施工现场的安全生产管理。

2）安全生产教育培训。建筑施工企业应当建立健全劳动安全生产教育培训制度，加强对职工安全生产的教育培训；未经安全生产教育培训的人员，不得上岗作业。

3）安全生产防护。建筑施工企业和作业人员在施工过程中，应当遵守有关安全生产的法律、法规和建筑行业安全规章、规程，不得违章指挥或者违章作业。作业人员有权对影响人身健康的作业程序和作业条件提出改进意见，有权获得安全生产所需的防护用品。作业人员对危及生命安全和人身健康的行为有权提出批评、检举和控告。

4）工伤保险和意外伤害保险。建筑施工企业应当依法为职工参加工伤保险，缴纳工伤保险费。鼓励企业为从事危险作业的职工办理意外伤害保险，支付保险费。

5）装修工程施工安全。涉及建筑主体和承重结构变动的装修工程，建设单位应当在施工前委托原设计单位或者具有相应资质条件的设计单位提出设计方案；没有设计方案的，不得施工。

6）房屋拆除安全。房屋拆除应当由具备保证安全条件的建筑施工单位承担，由建筑施工单位负责人对安全负责。

7）施工安全事故处理。施工中发生事故时，建筑施工企业应当采取紧急措施，减少人员伤亡和事故损失，并按照国家有关规定及时向有关部门报告。

4. 建筑工程质量管理

（1）建筑工程勘察、设计、施工的质量必须符合国家有关建筑工程安全标准的要求，具体管理办法由国务院规定。有关建筑工程安全的国家标准不能适应确保建筑安全的要求时，应当及时修订。

（2）国家对从事建筑活动的单位推行质量体系认证制度。从事建筑活动的单位根据自愿原则可以向国务院产品质量监督管理部门或者国务院产品质量监督管理部门授权的部门认可的认证机构申请质量体系认证。经认证合格的，由认证机构颁发质量体系认证证书。

（3）建设单位不得以任何理由，要求建筑设计单位或者建筑施工企业在工程设计或者施工作业中，违反法律、行政法规和建筑工程质量、安全标准，降低工程质量。建筑设计单位和建筑施工企业对建设单位违反前款规定提出的降低工程质量的要求，应当予以拒绝。

（4）建筑工程实行总承包的，工程质量由工程总承包单位负责，总承包单位将建筑工程分包给其他单位的，应当对分包工程的质量与分包单位承担连带责任。分包单位应当接受总承包单位的质量管理。

（5）建筑工程的勘察、设计单位必须对其勘察、设计的质量负责。勘察、设计文件应当符合有关法律、行政法规的规定和建筑工程质量、安全标准、建筑工程勘察、设计技术规范及合同的约定。设计文件选用的建筑材料、建筑构配件和设备，应当注明其规格、型号、性能等技术指标，其质量要求必须符合国家规定的标准。

（6）建筑设计单位对设计文件选用的建筑材料、建筑构配件和设备，不得指定生产厂、供应商。

（7）建筑施工企业对工程的施工质量负责。建筑施工企业必须按照工程设计图纸和施工技术标准施工，不得偷工减料。工程设计的修改由原设计单位负责，建筑施工企业不得擅自修改工程设计。

（8）建筑施工企业必须按照工程设计要求、施工技术标准和合同的约定，对建筑材料、建筑构配件和设备进行检验，不合格的不得使用。

（9）建筑物在合理使用寿命内，必须确保地基基础工程和主体结构的质量。建筑工程竣工时，屋顶、墙面不得留有渗漏、开裂等质量缺陷；对已发现的质量缺陷，建筑施工企业应当修复。

（10）交付竣工验收的建筑工程，必须符合规定的建筑工程质量标准，有完整的工程技术经济资料和经签署的工程保修书，并具备国家规定的其他竣工条件。建筑工程竣工经验收合格后，方可交付使用；未经验收或者验收不合格的，不得交付使用。

（11）建筑工程实行质量保修制度。建筑工程的保修范围应当包括地基基础工程、主体结构工程、屋面防水工程和其他土建工程，以及电气管线、上下水管线的安装工程，供热、供冷系统工程等项目；保修的期限应当按照保证建筑物合理寿命年限内正常使用，维护使用者合法权益的原则确定。具体的保修范围和最低保修期限由国务院规定。

（12）任何单位和个人对建筑工程的质量事故、质量缺陷都有权向建设行政主管部门或者其他有关部门进行检举、控告、投诉。

二、《招标投标法》

《招标投标法》围绕招标和投标活动的各个环节，明确了招标方式、招标投标程序及有关各方的职责和义务，主要包括招标、投标、开标、评标和中标等方面内容。

任何单位和个人不得将依法必须进行招标的项目化整为零或者以其他任何方式规避招标。依法必须进行招标的项目，其招标投标活动不受地区或者部门的限制。任何单位和个人不得违法限制或者排斥本地区、本系统以外的法人或者其他组织参加投标，不得以任何方式非法干涉招标投标活动。

1. 招标

（1）招标方式。招标分为公开招标和邀请招标两种方式。公开招标是指招标人以招标公告的方式邀请不特定的法人或者其他组织投标。邀请招标是指招标人以投标邀请书的方式邀请特定的法人或者其他组织投标。

1）招标人采用公开招标方式的，应当发布招标公告。依法必须进行招标的项目，应当通过国家指定的报刊、信息网络或者媒介发布招标公告。

2）招标人采用邀请招标方式的，应当向3个以上具备承担招标项目的能力、资信良好的特定法人或者其他组织发出投标邀请书。

招标公告或投标邀请书应当载明招标人的名称和地址，招标项目的性质、数量、实施地点和时间以及获取招标文件的办法等事项。招标人不得以不合理的条件限制或者排斥潜在投标人、不得对潜在投标人实行歧视待遇。

（2）招标文件。招标人应当根据招标项目的特点和需要编制招标文件。招标文件应当包括招标项目的技术要求、对投标人资格审查的标准、投标报价要求和评标标准等所有实质性要求和条件，以及拟签订合同的主要条款。招标项目需要划分标段、确定工期的，招标人应当合理划分标段、确定工期，并在招标文件中载明。

招标文件不得要求或者标明特定的生产供应者，以及含有倾向或者排斥潜在投标人的其他内容。招标人不得向他人透露已获取招标文件的潜在投标人的名称、数量及可能影响公平竞争的有关招标投标的其他情况。

招标人对已发出的招标文件进行必要的澄清或者修改的，应当在招标文件要求提交投标文件截止时间至少 15 日前、以书面形式通知所有招标文件收受人。该澄清或者修改的内容为招标文件的组成部分。

（3）其他规定。招标人根据招标项目的具体情况，可以组织潜在投标人踏勘项目现场。招标人设有标底的，标底必须保密。招标人应当确定投标人编制投标文件所需要的合理时间。依法必须进行招标的项目，自招标文件开始发出之日起至投标人提交投标文件截止之日止，最短不得少于 20 日。

2. 投标

投标人应当具备承担招标项目的能力。国家有关规定对投标人资格条件或者招标文件对投标人资格条件有规定的，投标人应当具备规定的资格条件。

（1）投标文件。

1）投标文件的内容。投标人应当按照招标文件的要求编制投标文件。投标文件应当对招标文件提出的实质性要求和条件作出响应。建设施工项目的投标文件应当包括拟派出的项目负责人与主要技术人员的简历、业绩和拟用于完成招标项目的机械设备等内容。

根据招标文件载明的项目实际情况，投标人拟在中标后将中标项目的部分非主体、非关键工程进行分包的，应当在投标文件中载明。投标人在招标文件要求提交投标文件的截止时间前，可以补充、修改或者撤回已提交的投标文件，并书面通知招标人。补充、修改的内容为投标文件的组成部分。

2）投标文件的送达。投标人应当在招标文件要求提交投标文件的截止时间前、将投标文件送达投标地点。招标人收到投标文件后，应当签收保存、不得开启。投标人少于 3 个的，招标人应当依照《招标投标法》重新招标。

在招标文件要求提交投标文件的截止时间后送达的投标文件，招标人应当拒收。

（2）联合投标。两个以上法人或者其他组织可以组成一个联合体，以一个投标人的身份共同投标。联合体各方均应具备承担招标项目的相应能力。国家有关规定或者招标文件对投标人资格条件有规定的，联合体各方均应当具备规定的相应资格条件。由同一专业的单位组成的联合体，按照资质等级较低的单位确定资质等级。

联合体各方应当签订共同投标协议，明确约定各方拟承担的工作和责任，并将共同投标协议连同投标文件一并提交给招标人。联合体中标的，联合体各方应当共同与招标人签订合同，就中标项目向招标人承担连带责任。

招标人不得强制投标人组成联合体共同投标，不得限制投标人之间的竞争。

（3）其他规定。投标人不得相互串通投标报价，不得排挤其他投标人的公平竞争、损害招标人或其他投标人的合法权益。投标人不得与招标人串通投标，损害国家利益、社会公共利益或者他人的合法权益。投标人不得以低于成本的报价竞标，也不得以他人名义投标或者以其他方式弄虚作假，骗取中标。禁止投标人以向招标人或评标委员会成员行贿的手段谋取中标。

3. 开标、评标和中标

（1）开标。开标应当在招标人主持下，在招标文件确定的提交投标文件截止时间的同一时间公开进行。开标地点应当为招标文件中预先确定的地点。开标应邀请所有投标人参加。开标时，由投标人或者其推选的代表检查投标文件的密封情况，也可以由招标人委托的公证机构检查并公证。经确认无误后，由工作人员当众拆封，宣读投标人名称、投标价格和投标文件的其他主要内容。

招标人在招标文件要求提交投标文件的截止时间前收到的所有投标文件，开标时都应当当众予以拆封、宣读。开标过程应当记录，并存档备查。

（2）评标。评标由招标人依法组建的评标委员会负责。

1）评标委员会的组成。依法必须进行招标的项目，其评标委员会由招标人的代表和有关技术、经济等方面的专家组成，成员人数为 5 人以上单数。其中，技术、经济等方面的专家不得少于成员总数的 2/3。评标委员会的专家成员应当从事相关领域工作满 8 年并具有高级职称或者具有同等专业水平，由招标人从国务院有关部门或者省、自治区、直辖市人民政府有关部门提供的专家名册或者招标代理机构的专家库内的相关专业的专家名单中确定。一般招标项目可以采取随机抽取方式，特殊招标项目可以由招标人直接确定。

与投标人有利害关系的人不得进入相关项目的评标委员会，已经进入的应当进行更换。评标委员会成员的名单在中标结果确定前应当保密。

2）投标文件的澄清或者说明。评标委员会可以要求投标人对投标文件中含义不明确的内容作必要的澄清或者说明，但澄清或者说明不得超出投标文件的范围或改变投标文件的实质性内容。

3）评标保密与中标条件。招标人应当采取必要的措施，保证评标在严格保密的情况下进行。评标委员会应当按照招标文件确定的评标标准和方法，对投标文件进行评审和比较。设有标底的，应当参考标底。中标人的投标应当符合下列条件之一：

①能够最大限度地满足招标文件中规定的各项综合评价标准；

②能够满足招标文件的实质性要求，并且经评审的投标价格最低。但是，投标价格低于成本的除外。

评标委员会经评审，认为所有投标都不符合招标文件要求的，可以否决所有投标。评标委员会完成评标后，应当向招标人提出书面评标报告，并推荐合格的中标候选人。招标人据此确定中标人。招标人也可以授权评标委员会直接确定中标人。在确定中标人前，招标人不得与投标人就投标价格、投标方案等实质性内容进行谈判。

（3）中标。中标人确定后，招标人应当向中标人发出中标通知书，并同时将中标结果通知所有未中标的投标人。中标通知书对招标人和中标人具有法律效力，中标通知书发出后，招标人改变中标结果或者中标人放弃中标项目的，应当依法承担法律责任。

招标人和中标人应当自中标通知书发出之日起 30 日内，按照招标文件和中标人的投标文件订立书面合同。招标人和中标人不得再订立背离合同实质性内容的其他协议。

招标文件要求中标人提交履约保证金的，中标人应当提交。依法必须进行招标的项目，招标人应当自确定中标人之日起 15 日内，向有关行政监督部门提交招标投标情况的书面报告。

三、《民法典》合同编

《民法典》合同编中的合同是指平等主体的自然人、法人、其他组织之间设立、变更、终止民事权利义务关系的协议。《民法典》合同编中的合同分为 19 类，即买卖合同，供用电、水、气、热力合同，赠与合同，借款合同，保证合同，租赁合同，融资租赁合同，保理合同，承揽合同，建设工程合同，运输合同，技术合同，保管合同，仓储合同，委托合同，物业服务合同，行纪合同，中介合同，合伙合同。

其中，建设工程合同包括工程勘察、设计、施工合同；建设工程监理合同、项目管理服务合同则属于委托合同。

1. 签订合同需要遵循的基本原则

签订合同需要遵循的基本原则（《民法典》4～9 条）如下。

（1）平等原则。民事主体在民事活动中的法律地位一律平等。

（2）自愿原则。民事主体从事民事活动，应当遵循自愿原则，按照自己的意思设立、变更、终止民事法律关系。

（3）公平原则。民事主体从事民事活动，应当遵循公平原则，合理确定各方的权利和义务。

（4）诚信原则。民事主体从事民事活动，应当遵循诚信原则，秉持诚实、恪守承诺。

（5）守法与公序良俗原则。民事主体从事民事活动，不得违反法律，不得违背公序良俗。

（6）绿色原则。民事主体从事民事活动，应当有利于节约资源、保护生态环境。

2. 无效合同的规定

无效合同的规定（《民法典》143、144、146、153、154 条）如下。

（1）民事法律行为的有效条件，具备下列条件的民事法律行为有效：

1）行为人具有相应的民事行为能力；

2）意思表示真实；

3）不违反法律、行政法规的强制性规定，不违背公序良俗。

（2）无民事行为能力人实施的民事法律行为无效。

（3）行为人与相对人以虚假的意思表示实施的民事法律行为无效。以虚假的意思表示隐藏的民事法律行为的效力，依照有关法律规定处理。

（4）违反法律、行政法规的强制性规定的民事法律行为无效。但是，该强制性规定不导致该民事法律行为无效的除外。违背公序良俗的民事法律行为无效。

（5）行为人与相对人恶意串通，损害他人合法权益的民事法律行为无效。

3. 可撤销合同的规定

可撤销合同的规定（《民法典》147、148、149、150、151、152、155、157 条）如下。

（1）基于重大误解实施的民事法律行为，行为人有权请求人民法院或者仲裁机构予以撤销。

（2）一方以欺诈手段，使对方在违背真实意思的情况下实施的民事法律行为，受欺诈方有权请求人民法院或者仲裁机构予以撤销。

（3）第三人实施欺诈行为，使一方在违背真实意思的情况下实施的民事法律行为，对方知道或者应当知道该欺诈行为的，受欺诈方有权请求人民法院或者仲裁机构予以撤销。

（4）一方或者第三人以胁迫手段，使对方在违背真实意思的情况下实施的民事法律行为，受胁迫方有权请求人民法院或者仲裁机构予以撤销。

（5）一方利用对方处于危困状态、缺乏判断能力等情形，致使民事法律行为成立时显失公平的，受损害方有权请求人民法院或者仲裁机构予以撤销。

（6）有下列情形之一的，撤销权消灭：

1）当事人自知道或者应当知道撤销事由之日起 1 年内、重大误解的当事人自知道或者应当知道撤销事由之日起 90 日内没有行使撤销权；

2）当事人受胁迫，自胁迫行为终止之日起一年内没有行使撤销权；

3）当事人知道撤销事由后明确表示或者以自己的行为表明放弃撤销权。

当事人自民事法律行为发生之日起 5 年内没有行使撤销权的，撤销权消灭。

（7）无效的或者被撤销的民事法律行为自始没有法律约束力。

（8）民事法律行为无效、被撤销或者确定不发生效力后，行为人因该行为取得的财产，应当予以返还；不能返还或者没有必要返还的，应当折价补偿。有过错的一方应当赔偿对方由此所受到的损失；各方都有过错的，应当各自承担相应的责任。法律另有规定的，依照其规定。

4. 缔约过失责任

（1）当事人在订立合同过程中有下列情形之一，造成对方损失的，应当承担赔偿责任：

1）假借订立合同，恶意进行磋商；

2）故意隐瞒与订立合同有关的重要事实或者提供虚假情况；

3）有其他违背诚信原则的行为。

（2）当事人在订立合同过程中知悉的商业秘密或者其他应当保密的信息，无论合同是否成立，不得泄露或者不正当地使用；泄露、不正当地使用该商业秘密或者信息，造成对方损失的，应当承担赔偿责任。

5. 违约责任

当事人一方不履行合同义务或者履行合同义务不符合约定的，应当承担继续履行、采取补救措施或者赔偿损失等违约责任。

（1）继续履行。当事人一方未支付价款、报酬、租金、利息，或者不履行其他金钱债务的，对方可以请求其支付。当事人一方不履行非金钱债务或者履行非金钱债务不符合约定的，对方可以请求履行。但有下列情形之一的除外：①法律上或者事实上不能履行；②债务的标的不适于强制履行或者履行费用过高；③债权人在合理期限内未请求履行。

有前述规定的除外情形之一，致使不能实现合同目的的，人民法院或者仲裁机构可以根据当事人的请求终止合同权利义务关系，但是不影响违约责任的承担。

当事人一方不履行债务或者履行债务不符合约定，根据债务的性质不得强制履行的，对方可以请求其负担由第三人替代履行的费用。

（2）采取补救措施。履行不符合约定的，应当按照当事人的约定承担违约责任。对违约责任没有约定或者约定不明确，依据本法第五百一十条的规定仍不能确定的，受损害方根据标的的性质及损失的大小，可以合理选择请求对方承担修理、重做、更换、退货、减少价款或者报酬等违约责任。

当事人一方不履行合同义务或者履行合同义务不符合约定的，在履行义务或者采取补救措施后，对方还有其他损失的，应当赔偿损失。

（3）赔偿损失。当事人一方不履行合同义务或者履行合同义务不符合约定，造成对方损失的，损失赔偿额应当相当于因违约所造成的损失，包括合同履行后可以获得的利益；但是，不得超过违约一方订立合同时预见到或者应当预见到的因违约可能造成的损失。

当事人一方违约后，对方应当采取适当措施防止损失的扩大；没有采取适当措施致使损失扩大的，不得就扩大的损失要求赔偿。当事人因防止损失扩大而支出的合理费用，由违约方承担。

（4）支付违约金。当事人可以约定一方违约时应当根据违约情况向对方支付一定数额的违约金，也可以约定因违约产生的损失赔偿额的计算方法。约定的违约金低于造成的损失的，人民法院或者仲裁机构可以根据当事人的请求予以增加；约定的违约金过分高于造成的损失的，人民法院或者仲裁机构可以根据当事人的请求予以适当减少。

当事人就迟延履行约定违约金的，违约方支付违约金后，还应当履行债务。

（5）定金。当事人可以约定一方向对方给付定金作为债权的担保。定金合同自实际交付定金时成立。

定金的数额由当事人约定，但不得超过主合同标的额的20％，超过部分不产生定金的效力。实际交付的定金数额多于或者少于约定数额的，视为变更约定的定金数额。

债务人履行债务的，定金应当抵作价款或者收回。给付定金的一方不履行债务或者履行债务不符合约定，致使不能实现合同目的的，无权请求返还定金；收受定金的一方不履行债务或者履行债务不符合约定，致使不能实现合同目的的，应当双倍返还定金。

当事人既约定违约金，又约定定金的，一方违约时，对方可以选择适用违约金或者定金条款。定金不足以弥补一方违约造成的损失的，对方可以请求赔偿超过定金数额的损失。

6. 建设工程合同有关规定

建设工程合同是指承包人进行工程建设，发包人支付价款的合同。建设工程合同属于一种特殊的承揽合同，包括工程勘察、设计、施工合同。建设工程合同应当采用书面形式。《民法典》合同编关于建设工程合同的主要规定如下。

(1) 建设工程承发包。发包人可以与总承包人订立建设工程合同，也可以分别与勘察人、设计人、施工人订立勘察、设计、施工承包合同。发包人不得将应当由一个承包人完成的建设工程支解成若干部分发包给数个承包人。

总承包人或者勘察、设计、施工承包人经发包人同意，可以将自己承包的部分工作交由第三人完成。第三人就其完成的工作成果与总承包人或者勘察、设计、施工承包人向发包人承担连带责任。承包人不得将其承包的全部建设工程转包给第三人或者将其承包的全部建设工程支解以后以分包的名义分别转包给第三人。

禁止承包人将工程分包给不具备相应资质条件的单位。禁止分包单位将其承包的工程再分包。建设工程主体结构的施工必须由承包人自行完成。

(2) 建设工程合同主要内容。勘察、设计合同的内容一般包括提交有关基础资料和概预算等文件的期限、质量要求、费用及其他协作条件等条款。施工合同的内容一般包括工程范围、建设工期、中间交工工程的开工和竣工时间、工程质量、工程造价、技术资料交付时间、材料和设备供应责任、拨款和结算、竣工验收、质量保修范围和质量保证期、双方相互协作等条款。

(3) 建设工程合同履行。

1) 发包人权利和义务。

①发包人在不妨碍承包人正常作业的情况下，可以随时对作业进度、质量进行检查。

②因发包人变更计划，提供的资料不准确，或者未按照期限提供必需的勘察、设计工作条件而造成勘察、设计的返工、停工或者修改设计，发包人应当按照勘察人、设计人实际消耗的工作量增付费用。

③因施工人的原因致使建设工程质量不符合约定的，发包人有权要求施工人在合理期限内无偿修理或者返工、改建。经过修理或者返工、改建后，造成逾期交付的，施工人应当承担违约责任。

④承包人将建设工程转包、违法分包的，发包人可以解除合同。

⑤建设工程竣工后，发包人应当根据施工图纸及说明书、国家颁发的施工验收规范和质量检验标准及时进行验收。验收合格的，发包人应当按照约定支付价款，并接收该建设工程。建设工程竣工经验收合格后，方可交付使用；未经验收或者验收不合格的，不得交付使用。

2) 承包人权利和义务。

①勘察、设计的质量不符合要求或者未按照期限提交勘察、设计文件拖延工期，造成发包人损失的，勘察人、设计人应当继续完善勘察、设计，减收或者免收勘察、设计费并赔偿损失。

②发包人未按照约定的时间和要求提供原材料、设备、场地、资金、技术资料的，承包人可以顺延工程日期，并有权要求赔偿停工、窝工等损失。

③因发包人的原因致使工程中途停建、缓建的，发包人应当采取措施弥补或者减少损失，赔偿承包人因此造成的停工、窝工、倒运、机械设备调迁、材料和构件积压等损失和实际费用。

④隐蔽工程在隐蔽以前，承包人应当通知发包人检查。发包人没有及时检查的，承包人可以顺延工程日期，并有权要求赔偿停工、窝工等损失。

⑤发包人提供的主要建筑材料、建筑构配件和设备不符合强制性标准或者不履行协助义务，致使承包人无法施工，经催告后在合理期限内仍未履行相应义务的，承包人可以解除合同。

⑥因承包人的原因致使建设工程在合理使用期限内造成人身和财产损害的，承包人应当承担损害赔偿责任。

⑦发包人未按照约定支付价款的，承包人可以催告发包人在合理期限内支付价款。发包人逾期不支付的，除按照建设工程的性质不宜折价、拍卖外，承包人可以与发包人协议将该工程折价，也可以申请人民法院将该工程依法拍卖。建设工程的价款就该工程折价或者拍卖的价款优先受偿。

（4）建设工程施工合同无效的处置。建设工程施工合同无效，但是建设工程经验收合格的，可以参照合同关于工程价款的约定折价补偿承包人。建设工程施工合同无效且建设工程经验收不合格的，按照以下情形处理：

1）修复后的建设工程经验收合格的，发包人可以请求承包人承担修复费用；

2）修复后的建设工程经验收不合格的，承包人无权请求参照合同关于工程价款的约定折价补偿。

发包人对因建设工程不合格造成的损失有过错的，应当承担相应的责任。

7. 委托合同有关规定

委托合同是指委托人和受托人约定，由受托人处理委托人事务的合同。委托人可以特别委托受托人处理一项或者数项事务，也可以概括委托受托人处理一切事务。

建设工程实行监理的，发包人应当与监理人采用书面形式订立委托监理合同。发包人与监理人的权利和义务及法律责任，应当依照《民法典》合同编委托合同及其他有关法律、行政法规的规定。《民法典》合同编关于委托合同的主要规定如下。

（1）委托人主要权利和义务。

1）委托人应当预付处理委托事务的费用。受托人为处理委托事务垫付的必要费用，委托人应当偿还该费用及其利息。

2）有偿的委托合同，因受托人的过错给委托人造成损失的，委托人可以要求赔偿损失。无偿的委托合同，因受托人的故意或者重大过失给委托人造成损失的，委托人可以要求赔偿损失。受托人超越权限给委托人造成损失的，应当赔偿损失。

3）受托人完成委托事务的，委托人应当向其支付报酬。因不可归责于受托人的事由，委托合同解除或者委托事务不能完成的，委托人应当向受托人支付相应的报酬。当事人另有约定的，按照其约定。

（2）受托人主要权利和义务。

1）受托人应当按照委托人的指示处理委托事务。需要变更委托人指示的，应当经委托人同意；因情况紧急，难以和委托人取得联系的，受托人应当妥善处理委托事务，但事后应当将该情况及时报告委托人。

2）受托人应当亲自处理委托事务。经委托人同意，受托人可以转委托。转委托经同意或者追认的，委托人可以就委托事务直接指示转委托的第三人，受托人仅就第三人的选任及其对第三人的指示承担责任。转委托未经同意或者追认的，受托人应当对转委托的第三人的行为承担责任，但在紧急情况下受托人为了维护委托人的利益需要转委托第三人的除外。

3）受托人应当按照委托人的要求，报告委托事务的处理情况。委托合同终止时，受托人应当报告委托事务的结果。

4）受托人处理委托事务时，因不可归责于自己的事由受到损失的，可以向委托人要求赔偿损失。

5）委托人经受托人同意，可以在受托人之外委托第三人处理委托事务。因此给受托人造成损失的，受托人可以向委托人要求赔偿损失。

6）两个以上的受托人共同处理委托事务的，对委托人承担连带责任。

四、《安全生产法》

《安全生产法》强调建立生产经营单位负责、职工参与、政府监管、行业自律和社会监督的安全生产管理机制，要求树立安全发展理念，坚持"安全第一、预防为主、综合治理"的方针，从源头上防范化解重大安全风险。《安全生产法》主要包括总则、生产经营单位的安全生产保障、从业人员的安全生产权利义务、安全生产的监督管理、生产安全事故的应急救援与调查处理、法律责任和附则等方面内容。

1. 生产经营单位的安全生产保障

生产经营单位应当具备相关法律、行政法规和国家标准或者行业标准规定的安全生产条件；不具备安全生产条件的，不得从事生产经营活动。

（1）生产经营单位的主要负责人对本单位安全生产工作的职责。包括：①建立健全本单位全员安全生产责任制，加强安全生产标准化建设；②组织制订并实施本单位安全生产规章制度和操作规程；③组织制订并实施本单位安全生产教育和培训计划；④保证本单位安全生产投入的有效实施；⑤组织建立并落实安全风险分级管控和隐患排查治理双重预防工作机制，督促、检查本单位的安全生产工作，及时消除生产安全事故隐患；⑥组织制订并实施本单位的生产安全事故应急救援预案；⑦及时、如实报告生产安全事故。

（2）生产经营单位的安全生产管理机构及安全生产管理人员职责。矿山、金属冶炼、建筑施工、运输单位和危险物品的生产、经营、储存、装卸单位，应当设置安全生产管理机构或者配备专职安全生产管理人员。上述单位以外的其他生产经营单位，从业人员超过100人的，应当设置安全生产管理机构或者配备专职安全生产管理人员；从业人员在100人以下的，应当配备专职或者兼职的安全生产管理人员。

生产经营单位的安全生产管理机构及安全生产管理人员应履行下列职责：①组织或参与拟订本单位安全生产规章制度、操作规程和生产安全事故应急救援预案；②组织或参与本单位安全生产教育和培训，如实记录安全生产教育和培训情况；③组织开展危险源辨识和评估，督促落实本单位重大危险源的安全管理措施；④组织或参与本单位应急救援演练；⑤检查本单位的安全生产状况，及时排查生产安全事故隐患，提出改进安全生产管理的建议；⑥制止和纠正违章指挥、强令冒险作业、违反操作规程的行为；⑦督促落实本单位安全生产整改措施。

生产经营单位可以设置专职安全生产分管负责人，协助本单位主要负责人履行安全生产管理职责。

（3）安全生产教育和培训。生产经营单位应当对从业人员进行安全生产教育和培训，保证从业人员具备必要的安全生产知识，熟悉有关的安全生产规章制度和安全操作规程，掌握本岗位的安全操作技能，了解事故应急处理措施，知悉自身在安全生产方面的权利和义务。未经安全生产教育和培训合格的从业人员，不得上岗作业。

（4）安全风险分级管控及事故隐患排查治理制度。生产经营单位应当建立安全风险分级管控制度，按照安全风险分级采取相应的管控措施。生产经营单位应当建立健全并落实生产安全事故隐患排查治理制度，采取技术、管理措施，及时发现并消除事故隐患。事故隐患排查治理情况应当如实记录，并通过职工大会或者职工代表大会、信息公示栏等方式向从业人员通报。其中，重大事故隐患排查治理情况应当及时向负有安全生产监督管理职责的部门和职工大会或者职工代表大会报告。

（5）"三同时"管理制度。生产经营单位新建、改建、扩建工程项目（以下统称建设项目）的安全设施，必须与主体工程同时设计、同时施工、同时投入生产和使用。安全设施投资应当纳入建设项目概算。

（6）生产经营单位投保责任。生产经营单位必须依法参加工伤保险，为从业人员缴纳保险费。国家鼓励生产经营单位投保安全生产责任保险；属于国家规定的高危行业、领域的生产经营单位，应当投保安全生产责任保险。

2. 从业人员的安全生产权利义务

（1）生产经营单位的从业人员有权了解其作业场所和工作岗位存在的危险因素、防范措施及事故应急措施，有权对本单位的安全生产工作提出建议。

（2）从业人员有权对本单位安全生产工作中存在的问题提出批评、检举、控告；有权拒绝违章指挥和强令冒险作业。

（3）从业人员发现直接危及人身安全的紧急情况时，有权停止作业或者在采取可能的应急措施后撤离作业场所。

（4）因生产安全事故受到损害的从业人员，除依法享有工伤保险外，依照有关民事法律尚有获得赔偿的权利的，有权提出赔偿要求。

（5）从业人员在作业过程中，应当严格落实岗位安全责任，遵守本单位的安全生产规章制度和操作规程，服从管理，正确佩戴和使用劳动防护用品。

（6）从业人员应当接受安全生产教育和培训，掌握本职工作所需的安全生产知识，提高安全生产技能，增强事故预防和应急处理能力。

（7）从业人员发现事故隐患或者其他不安全因素，应当立即向现场安全生产管理人员或者本单位负责人报告；接到报告的人员应当及时予以处理。

3. 安全生产的监督管理

应急管理部门应当按照分类分级监督管理的要求，制订安全生产年度监督检查计划，并按照年度监督检查计划进行监督检查，发现事故隐患，应当及时处理。

生产经营单位对负有安全生产监督管理职责部门的监督检查人员依法履行监督检查职责，应当予以配合，不得拒绝、阻挠。

4. 生产安全事故的应急救援与调查处理

（1）应急救援。县级以上地方各级人民政府应当组织有关部门制订本行政区域内生产安全事故应急救援预案，建立应急救援体系。生产经营单位应当制订本单位生产安全事故应急救援预案，与所在地县级以上地方人民政府组织制订的生产安全事故应急救援预案相衔接，并定期组织演练。

危险物品的生产、经营、储存单位及矿山、金属冶炼、城市轨道交通运营、建筑施工单位应当建立应急救援组织；生产经营规模较小的，可以不建立应急救援组织，但应当指定兼职的应急救援人员。这些单位应当配备必要的应急救援器材、设备和物资，并进行经常性维护、保养，保证正常运转。

（2）事故报告与调查处理。生产经营单位发生生产安全事故后，事故现场有关人员应当立即报告本单位负责人。单位负责人接到事故报告后，应当迅速采取有效措施，组织抢救，防止事故扩大，减少人员伤亡和财产损失，并按照国家有关规定立即如实报告当地负有安全生产监督管理职责的部门，不得隐瞒不报、谎报或者迟报，不得故意破坏事故现场、毁灭有关证据。

事故调查处理应当按照科学严谨、依法依规、实事求是、注重实效的原则，及时、准确地查清事故原因，查明事故性质和责任，评估应急处置工作，总结事故教训，提出整改措施，并对事故责任单位和个人提出处理建议。事故调查报告应当依法及时向社会公布。

事故发生单位应当及时全面落实整改措施。负有安全生产监督管理职责的部门应当加强监督检查。

第二节　建设工程监理相关行政法规

建设工程行政法规是指由国务院通过的规范工程建设活动的法律规范，以国务院令的形式予以公布。与建设工程监理密切相关的行政法规有《建设工程质量管理条例》《建设工程安全生产管理条例》《生产安全事故报告和调查处理条例》和《招标投标法实施条例》等。

一、《建设工程质量管理条例》

《建设工程质量管理条例》于 2000 年 1 月 10 日经国务院第 25 次常务会议通过，2000 年 1 月 30 日中华人民共和国国务院令第 279 号公布，历经 2017 年、2019 两次修订。为了加强对建设工程质量的管理，保证建设工程质量，《建设工程质量管理条例》明确了建设单位、勘察单位、设计单位、施工单位、工程监理单位的质量责任和义务，以及工程质量保修期限。

1. 建设单位的质量责任和义务

（1）工程发包。建设单位应当将工程发包给具有相应资质等级的单位。建设单位不得将建设工程支解发包。

建设单位应当依法对工程建设项目的勘察、设计、施工、监理以及与工程建设有关的重要设备、材料等的采购进招标。不得迫使承包方以低于成本的价格竞标，不得任意压缩合理工期；不得明示或者暗示设计单位或者施工单位违反工程建设强制性标准，降低建设工程质量。

建设单位必须向有关的勘察、设计、施工、工程监理等单位提供与建设工程有关的原始资料。原始资料必须真实、准确、齐全。

（2）报审施工图设计文件。建设单位应当将施工图设计文件报县级以上人民政府住房和城乡建设主管部门或者其他有关部门审查。施工图设计文件未经审查批准的，不得使用。

（3）委托建设工程监理。实行监理的建设工程，建设单位应当委托监理。

（4）工程施工阶段责任和义务：

1）建设单位在领取施工许可证或者开工报告前，应当按照国家有关规定办理工程质量监督手续。

2）按照合同约定，由建设单位采购建筑材料、建筑构配件和设备的，建设单位应当保证建筑材料、建筑构配件和设备符合设计文件和合同要求。建设单位不得明示或者暗示施工单位使用不合格的建筑材料、建筑构配件和设备。

3）涉及建筑主体和承重结构变动的装修工程，建设单位应当在施工前委托原设计单位或者具有相应资质等级的设计单位提出设计方案；没有设计方案的，不得施工。房屋建筑使用者在装修过程中，不得擅自变动房屋建筑主体和承重结构。

（5）组织工程竣工验收。建设单位收到建设工程竣工报告后，应当组织设计、施工、工程监理等有关单位进行竣工验收。建设工程经验收合格的，方可交付使用。

建设单位应当严格按照国家有关档案管理的规定，及时收集、整理建设项目各环节的文件资料，建立健全建设项目档案，并在建设工程竣工验收后，及时向建设行政主管部门或者其他有关部门移交建设项目档案。

2. 勘察、设计单位的质量责任和义务

（1）工程承揽。从事建设工程勘察、设计的单位应当依法取得相应等级的资质证书，并在其资质等级许可的范围内承揽工程。禁止勘察、设计单位超越其资质等级许可的范围或者以其他勘察、设计单位的名义承揽工程。禁止勘察、设计单位允许其他单位或者个人以本单位的名义承揽工程。勘察、设计单位不得转包或者违法分包所承揽的工程。

（2）勘察设计过程中的质量责任和义务。勘察、设计单位必须按照工程建设强制性标准进行勘察、设计，并对其勘察、设计的质量负责。勘察单位提供的地质、测量、水文等勘察成果必须真实、准确。设计单位应当根据勘察成果文件进行建设工程设计。设计文件应当符合国家规定的设计深度要求，注明工程合理使用年限。注册建筑师、注册结构工程师等注册执业人员应当在设计文件上签字，对设计文件负责。设计单位还应当就审查合格的施工图设计文件向施工单位作出详细说明。

设计单位在设计文件中选用的建筑材料、建筑构配件和设备，应当注明规格、型号、性能等技术指标，其质量要求必须符合国家规定的标准。除有特殊要求的建筑材料、专用设备、工艺生产线等外，设计单位不得指定生产厂、供应商。

设计单位还应当参与建设工程质量事故分析，并对因设计造成的质量事故，提出相应的技术处理方案。

3. 施工单位的质量责任和义务

（1）工程承揽。施工单位应当依法取得相应等级的资质证书，并在其资质等级许可的范围内承揽工程。禁止施工单位超越本单位资质等级许可的业务范围或者以其他施工单位的名义承揽工程；禁止施工单位允许其他单位或者个人以本单位的名义承揽工程。施工单位不得转包或者违法分包工程。

（2）工程施工质量责任和义务。施工单位对建设工程的施工质量负责。施工单位应当建立质量责任制，确定工程项目的项目经理、技术负责人和施工管理负责人。施工单位还应当建立、健全教育培训制度，加强对职工的教育培训；未经教育培训或者考核不合格的人员，不得上岗作业。

施工单位必须按照工程设计图纸和施工技术标准施工，不得擅自修改工程设计，不得偷工减料。施工单位在施工过程中发现设计文件和图纸有差错的，应当及时提出意见和建议。

（3）质量检验。施工单位必须按照工程设计要求、施工技术标准和合同约定，对建筑材料、建筑构配件、设备和商品混凝土进行检验，检验应当有书面记录和专人签字；未经检验或者检验不合格的，不得使用。

施工人员对涉及结构安全的试块、试件及有关材料，应当在建设单位或者工程监理单位监督下现场取样，并送具有相应资质等级的质量检测单位进行检测。

施工单位必须建立、健全施工质量的检验制度，严格工序管理，做好隐蔽工程的质量检查和记录。隐蔽工程在隐蔽前，施工单位应当通知建设单位和建设工程质量监督机构。施工单位对施工中出现质量问题的建设工程或者竣工验收不合格的建设工程，应当负责返修。

4. 工程监理单位的质量责任和义务

（1）建设工程监理业务承揽。工程监理单位应当依法取得相应等级的资质证书，并在其资质等级许可的范围内承担工程监理业务。禁止工程监理单位超越本单位资质等级许可的范围或者以其他工程监理单位的名义承担建设工程监理业务；禁止工程监理单位允许其他单位或者个人以本单位的名义承担建设工程监理业务。工程监理单位不得转让建设工程监理业务。

工程监理单位与被监理工程的施工承包单位及建筑材料、建筑构配件和设备供应单位有隶属关系或者其他利害关系的，不得承担该项建设工程的监理业务。

（2）建设工程监理实施。工程监理单位应当依照法律、法规及有关技术标准、设计文件和建设工程承包合同，代表建设单位对施工质量实施监理，并对施工质量承担监理责任。

监理工程师应当按照建设工程监理规范的要求，采取旁站、巡视和平行检验等形式，对建设工程实施监理。（工程监理单位的质量责任和义务的其他内容详见第一章。）

5. 工程质量保修

（1）建设工程质量保修制度。建设工程实行质量保修制度。建设工程承包单位在向建设单位提交工程竣工验收报告时，应当向建设单位出具质量保修书。质量保修书中应当明确建设工程的保修范围、保修期限和保修责任等。建设工程的保修期，自竣工验收合格之日起计算。

建设工程在保修范围和保修期限内发生质量问题的，施工单位应当履行保修义务，并对造成的损失承担赔偿责任。建设工程在超过合理使用年限后需要继续使用的，产权所有人应当委托具有相应资质等级的勘察、设计单位鉴定，并根据鉴定结果采取加固、维修等措施，重新界定使用期。

（2）建设工程最低保修期限。在正常使用条件下，建设工程最低保修期限为：

1）基础设施工程、房屋建筑的地基基础工程和主体结构工程，为设计文件规定的该工程合理使用年限。

2）屋面防水工程、有防水要求的卫生间、房间和外墙面的防渗漏，为5年。

3）供热与供冷系统，为2个采暖期、供冷期。

4）电气管道、给水排水管道、设备安装和装修工程，为2年。

其他工程的保修期限由发包方与承包方约定。

6. 工程竣工验收备案和质量事故报告

（1）工程竣工验收备案。建设单位应当自建设工程竣工验收合格之日起15日内，将建设工程竣工验收报告和规划、公安消防、环保等部门出具的认可文件或者准许使用文件报建设行政主管部门或者其他有关部门备案。

（2）工程质量事故报告。建设工程发生质量事故，有关单位应当在24小时内向当地建设行政主管部门和其他有关部门报告。对重大质量事故，事故发生地的建设行政主管部门和其他有关部门应当按照事故类别和等级向当地人民政府和上级建设行政主管部门和其他有关部门报告。特别重大质量事故的调查程序按照国务院有关规定办理。任何单位和个人对建设工程的质量事故、质量缺陷都有权检举、控告、投诉。

二、《建设工程安全生产管理条例》

《建设工程安全生产管理条例》由国务院于 2003 年 11 月 24 日发布，自 2004 年 2 月 1 日起实施。为了加强建设工程安全生产监督管理，《建设工程安全生产管理条例》明确了建设单位、勘察单位、设计单位、施工单位、工程监理单位及其他与建设工程安全生产有关单位的安全生产责任，以及生产安全事故应急救援和调查处理的相关事宜。

1. 建设单位的安全责任

（1）提供资料。建设单位应当向施工单位提供施工现场及毗邻区域内供水、排水、供电、供气、供热、通信、广播电视等地下管线资料，气象和水文观测资料，相邻建筑物和构筑物、地下工程的有关资料，并保证资料的真实、准确、完整。

（2）禁止行为。建设单位不得对勘察、设计、施工、工程监理等单位提出不符合建设工程安全生产法律、法规和强制性标准规定的要求，不得压缩合同约定的工期；不得明示或者暗示施工单位购买、租赁、使用不符合安全施工要求的安全防护用具、机械设备、施工机具及配件、消防设施和器材。

（3）安全施工措施及其费用。建设单位在编制工程概算时，应当确定建设工程安全作业环境及安全施工措施所需费用；在申请领取施工许可证时，应当提供建设工程有关安全施工措施的资料。

依法批准开工报告的建设工程，建设单位应当自开工报告批准之日起 15 日内，将保证安全施工的措施报送建设工程所在地的县级以上地方人民政府建设行政主管部门或者其他有关部门备案。

（4）拆除工程发包与备案。建设单位应当将拆除工程发包给具有相应资质等级的施工单位，并在拆除工程施工 15 日前，将下列资料报送建设工程所在地的县级以上地方人民政府建设行政主管部门或者其他有关部门备案：

1）施工单位资质等级证明；

2）拟拆除建筑物、构筑物及可能危及毗邻建筑的说明；

3）拆除施工组织方案；

4）堆放、清除废弃物的措施。

实施爆破作业的，应当遵守国家有关民用爆炸物品管理的规定。

2. 勘察、设计、工程监理及其他有关单位的安全责任

（1）勘察单位的安全责任。勘察单位应当按照法律、法规和工程建设强制性标准进行勘察，提供的勘察文件应当真实、准确，满足建设工程安全生产的需要。

勘察单位在勘察作业时，应当严格执行操作规程，采取措施保证各类管线、设施和周边建筑物、构筑物的安全。

（2）设计单位的安全责任。设计单位应当按照法律、法规和工程建设强制性标准进行设计，防止因设计不合理导致生产安全事故的发生。

设计单位应当考虑施工安全操作和防护的需要，对涉及施工安全的重点部位和环节在设计文件中注明，并对防范生产安全事故提出指导意见。采用新结构、新材料、新工艺的建设工程和特殊结构的建设工程，设计单位应当在设计中提出保障施工作业人员安全和预防生产安全事故的措施建议。设计单位和注册建筑师等注册执业人员应当对其设计负责。

（3）工程监理单位的安全责任。工程监理单位和监理工程师应当按照法律、法规和工程建设强制性标准实施监理，并对建设工程安全生产承担监理责任。（工程监理单位的具体职责详见第一章。）

（4）机械设备配件供应单位的安全责任。为建设工程提供机械设备和配件的单位，应当按照安全施工的要求配备齐全有效的保险、限位等安全设施和装置。出租的机械设备和施工机具及配件，应当具有生产（制造）许可证、产品合格证。出租单位应当对出租的机械设备和施工机具及配件的安全性能进行检测，在签订租赁协议时，应当出具检测合格证明。禁止出租检测不合格的机械设备和施工机具及配件。

（5）施工机械设施安装单位的安全责任。在施工现场安装、拆卸施工起重机械和整体提升脚手架、模板等自升式架设设施，必须由具有相应资质的单位承担。安装、拆卸上述机械和设施，应当编制拆装方案、制定安全施工措施，并由专业技术人员现场监督。安装完毕后，安装单位应当自检，出具自检合格证明，并向施工单位进行安全使用说明，办理验收手续并签字。上述机械和设施的使用达到国家规定的检验检测期限的，必须经具有专业资质的检验检测机构检测。检验检测机构应当出具安全合格证明文件，并对检测结果负责。经检测不合格的，不得继续使用。

3. 施工单位的安全责任

（1）工程承揽。施工单位从事建设工程的新建、扩建、改建和拆除等活动，应当具备国家规定的注册资本、专业技术人员、技术装备和安全生产等条件，依法取得相应等级的资质证书，并在其资质等级许可的范围内承揽工程。

（2）安全生产责任制度。施工单位主要负责人依法对本单位的安全生产工作全面负责。施工单位应当建立健全安全生产责任制度，制定安全生产规章制度和操作规程，保证本单位安全生产条件所需资金的投入，对所承担的建设工程进行定期和专项安全检查，并做好安全检查记录。

施工单位的项目负责人应当由取得相应执业资格的人员担任，对建设工程项目的安全施工负责，落实安全生产责任制度、安全生产规章制度和操作规程，确保安全生产费用的有效使用，并根据工程的特点组织制定安全施工措施，消除安全事故隐患，及时、如实报告生产安全事故。

建设工程实行施工总承包的，由总承包单位对施工现场的安全生产负总责。总承包单位依法将建设工程分包给其他单位的，分包合同中应当明确各自在安全生产方面的权利、义务。总承包单位和分包单位对分包工程的安全生产承担连带责任。分包单位应当服从总承包单位的安全生产管理，如分包单位不服从管理导致产生生产安全事故，由分包单位承担主要责任。

（3）安全生产管理费用。施工单位对列入建设工程概算的安全作业环境及安全施工措施所需费用，应当用于施工安全防护用具及设施的采购和更新、安全施工措施的落实、安全生产条件的改善，不得挪作他用。

（4）施工现场安全生产管理。施工单位应当设立安全生产管理机构，配备专职安全生产管理人员。建设工程施工前，施工单位负责项目管理的技术人员应当对有关安全施工的技术要求向施工作业班组、作业人员作出详细说明，并由双方签字确认。

专职安全生产管理人员负责对安全生产进行现场监督检查。发现安全事故隐患，应当及时向项目负责人和安全生产管理机构报告；对违章指挥、违章操作应当立即制止。

（5）安全生产教育培训。施工单位的主要负责人、项目负责人、专职安全生产管理人员应当经建设行政主管部门或者其他有关部门考核合格后方可任职。施工单位应当建立健全安全生产教育培训制度，应当对管理人员和作业人员每年进行至少一次安全生产教育培训，其教育培训情况记入个人工作档案。安全生产教育培训考核不合格的人员，不得上岗。

作业人员进入新的岗位或者新的施工现场应当接受安全生产教育培训。未经教育培训或者教育培训考核不合格的人员，不得上岗作业。施工单位在采用新技术、新工艺、新设备、新材料时，应当对作业人员进行相应的安全生产教育培训。

垂直运输机械作业人员、安装拆卸工、爆破作业人员、起重信号工、登高架设作业人员等特种作业人员，必须按照国家有关规定经过专门的安全作业培训，并取得特种作业操作资格证书后，方可上岗作业。

（6）安全技术措施和专项施工方案。施工单位应当在施工组织设计中编制安全技术措施和施工现场临时用电方案，对下列达到一定规模的危险性较大的分部分项工程编制专项施工方案，并附具安全验算结果，经施工单位技术负责人、总监理工程师签字后实施，由专职安全生产管理人员进行现场监督：①基坑支护与降水工程；②土方开挖工程；③模板工程；④起重吊装工程；⑤脚手架工程；⑥拆除、爆破工程；⑦国务院建设行政主管部门或者其他有关部门规定的其他危险性较大的工程。对上述工程中涉及深基坑、地下暗挖工程、高大模板工程的专项施工方案，施工单位还应当组织专家进行论证、审查。

（7）施工现场安全防护。施工单位应当在施工现场入口处、施工起重机械、临时用电设施、脚手架、出入通道口、楼梯口、电梯井口、孔洞口、桥梁口、隧道口、基坑边沿、爆破物及有害危险气体和液体存放处等危险部位，设置明显的符合国家标准的安全警示标志。施工单位应当根据不同施工阶段和周围环境及季节、气候的变化，在施工现场采取相应的安全施工措施。施工现场暂时停止施工的，施工单位应当做好现场防护，所需费用由责任方承担，或者按照合同约定执行。

施工单位应当向作业人员提供安全防护用具和安全防护服装，并书面告知危险岗位的操作规程和违章操作的危害。作业人员应当遵守安全施工的强制性标准、规章制度和操作规程，正确使用安全防护用具、机械设备等。

（8）施工现场卫生、环境与消防安全管理。施工单位应当将施工现场的办公、生活区与作业区分开设置，并保持安全距离；办公、生活区的选址应当符合安全性要求。职工的膳食、饮水、休息场所等应当符合卫生标准。施工单位不得在尚未竣工的建筑物内设置员工集体宿舍。施工现场临时搭建的建筑物应当符合安全使用要求。施工现场使用的装配式活动房屋应当具有产品合格证。

施工单位对因建设工程施工可能造成损害的毗邻建筑物、构筑物和地下管线等，应当采取专项防护措施。施工单位应当遵守有关环境保护法律、法规的规定，在施工现场采取措施，防止或者减少粉尘、废气、废水、固体废物、噪声、振动和施工照明对人和环境的危害和污染。在城市市区内的建设工程，施工单位应当对施工现场实行封闭围挡。

施工单位应当在施工现场建立消防安全责任制度，确定消防安全责任人，制定用火、用电、使用易燃易爆材料等各项消防安全管理制度和操作规程，设置消防通道、消防水源，配备消防设施和灭火器材，并在施工现场入口处设置明显标志。

（9）施工机具设备安全管理。施工单位采购、租赁的安全防护用具、机械设备、施工机具及配件，应当具有生产（制造）许可证、产品合格证，并在进入施工现场前进行查验。

施工现场的安全防护用具、机械设备、施工机具及配件必须由专人管理，定期进行检查、维修和保养，建立相应的资料档案，并按照国家有关规定及时报废。

施工单位在使用施工起重机械和整体提升脚手架、模板等自升式架设设施前，应当组织有关单位进行验收，也可以委托具有相应资质的检验检测机构进行验收；使用承租的机械设备和施工机具及配件的，应由施工总承包单位、分包单位、出租单位和安装单位共同进行验收。验收合格的方可使用。《特种设备安全监察条例》规定的施工起重机械，在验收前应当经由有相应资质的检验检测机构监督检验合格。

施工单位应当自施工起重机械和整体提升脚手架、模板等自升式架设设施验收合格之日起 30 日内，向建设行政主管部门或者其他有关部门登记。登记标志应当置于或者附着于该设备的显著位置。

（10）意外伤害保险。施工单位应当为施工现场从事危险作业的人员办理意外伤害保险。意外伤害保险费由施工单位支付。实行施工总承包的，由总承包单位支付意外伤害保险费。意外伤害保险期限自建设工程开工之日起至竣工验收合格止。

4. 生产安全事故的应急救援和调查处理

（1）生产安全事故应急救援。县级以上地方人民政府建设行政主管部门应当根据本级人民政府的要求，制订本行政区域内建设工程特大生产安全事故应急救援预案。

施工单位应当制订本单位生产安全事故应急救援预案，建立应急救援组织或者配备应急救援人员，配备必要的应急救援器材、设备，并定期组织演练。施工单位应当根据建设工程施工的特点、范围，对施工现场易发生重大事故的部位、环节进行监控，制订施工现场生产安全事故应急救援预案。实行施工总承包的，由总承包单位统一组织编制建设工程生产安全事故应急救援预案，工程总承包单位和分包单位按照应急救援预案，各自建立应急救援组织或者配备应急救援人员，配备救援器材、设备，并定期组织演练。

（2）生产安全事故调查处理。施工单位发生生产安全事故，应当按照国家有关伤亡事故报告和调查处理的规定，及时、如实地向负责安全生产监督管理的部门、建设行政主管部门或者其他有关部门报告；特种设备发生事故的，还应当同时向特种设备安全监督管理部门报告。接到报告的部门应当按照国家有关规定，如实上报。实行施工总承包的建设工程，由总承包单位负责上报事故。

发生生产安全事故后，施工单位应当采取措施防止事故扩大，保护事故现场。需要移动现场物品时，应当做出标记和书面记录，妥善保管有关证物。

三、《生产安全事故报告和调查处理条例》

为了规范生产安全事故的报告和调查处理，落实生产安全事故责任追究制度，防止和减少生产安全事故，《生产安全事故报告和调查处理条例》明确规定了生产安全事故的等级划分标准、事故报告的程序和内容及调查处理相关事宜。

1. 生产安全事故等级

根据生产安全事故造成的人员伤亡或者直接经济损失，生产安全事故分为以下等级。

（1）特别重大生产安全事故。特别重大生产安全事故是指造成 30 人及以上死亡，或者 100 人及以上重伤（包括急性工业中毒，下同），或者 1 亿元及以上直接经济损失的事故。

（2）重大生产安全事故。重大生产安全事故是指造成 10 人及以上 30 人以下死亡，或者 50 人及以上 100 人以下重伤，或者 5 000 万元及以上 1 亿元以下直接经济损失的事故。

（3）较大生产安全事故。较大生产安全事故是指造成 3 人及以上 10 人以下死亡，或者 10 人及以上 50 人以下重伤，或者 1 000 万元及以上 5 000 万元以下直接经济损失的事故。

（4）一般生产安全事故。一般生产安全事故是指造成 3 人以下死亡，或者 10 人以下重伤，或者 1 000 万元以下直接经济损失的事故。

2. 事故报告

事故报告应当及时、准确、完整，任何单位和个人对事故不得迟报、漏报、谎报或者瞒报。

（1）事故报告程序。事故发生后，事故现场有关人员应当立即向本单位负责人报告；单位负责人接到报告后，应当于 1 小时内向事故发生地县级以上人民政府安全生产监督管理部门和负有安全生产监督管理职责的有关部门报告。

情况紧急时，事故现场有关人员可以直接向事故发生地县级以上人民政府安全生产监督管理部门和负有安全生产监督管理职责的有关部门报告。

安全生产监督管理部门和负有安全生产监督管理职责的有关部门逐级上报事故情况，每级上报的时间不得超过 2 小时。

（2）事故报告内容。事故报告应当包括下列内容：

1）事故发生单位概况；

2）事故发生的时间、地点及事故现场情况；

3）事故的简要经过；

4）事故已经造成或者可能造成的伤亡人数（包括下落不明的人数）和初步估计的直接经济损失；

5）已经采取的措施；

6）其他应当报告的情况。

事故报告后出现新情况的，应当及时补报。自事故发生之日起 30 日内，事故造成的伤亡人数发生变化的，应当及时补报。道路交通事故、火灾事故自发生之日起 7 日内，事故造成的伤亡人数发生变化的，应当及时补报。

（3）事故报告后的处置。事故发生单位负责人接到事故报告后，应当立即启动事故相应应急预案，或者采取有效措施，组织抢救，防止事故扩大，减少人员伤亡和财产损失。

事故发生地有关地方人民政府、安全生产监督管理部门和负有安全生产监督管理职责的有关部门接到事故报告后，其负责人应当立即赶赴事故现场，组织事故救援。

事故发生后，有关单位和人员应当妥善保护事故现场以及相关证据，任何单位和个人不得破坏事故现场、毁灭相关证据。

因抢救人员、防止事故扩大及疏通交通等原因，需要移动事故现场物件的，应当作出标志，绘制现场简图并作出书面记录，妥善保存现场重要痕迹、物证。

3. 事故调查处理

（1）事故调查组及其职责。特别重大生产安全事故由国务院或者国务院授权有关部门组织事故调查组进行调查。重大事故、较大事故、一般事故分别由事故发生地省级人民政府、设区的市级人民政府、县级人民政府负责调查。省级人民政府、设区的市级人民政府、县级人民政府可以直接组织事故调查组进行调查，也可以授权或者委托有关部门组织事故调查组进行调查。未造成人员伤亡的一般事故，县级人民政府也可以委托事故发生单位组织事故调查组进行调查。

事故调查处理应当坚持实事求是、尊重科学的原则，及时、准确地查清事故经过、事故原因和事故损失，查明事故性质，认定事故责任，总结事故教训，提出整改措施，并对事故责任者依法追究责任。

事故调查组应履行下列职责：

1）查明事故发生的经过、原因、人员伤亡情况及直接经济损失；

2）认定事故的性质和事故责任；

3）提出对事故责任者的处理建议；

4）总结事故教训，提出防范和整改措施；

5）提交事故调查报告。

（2）事故调查的有关要求。事故调查组有权向有关单位和个人了解与事故有关的情况，并要求其提供相关文件、资料，有关单位和个人不得拒绝。

事故发生单位的负责人和有关人员在事故调查期间不得擅离职守，并应当随时接受事故调查组的询问，如实提供有关情况。

事故调查中需要进行技术鉴定的，事故调查组应当委托具有国家规定资质的单位进行技术鉴定。必要时，事故调查组可以直接组织专家进行技术鉴定。技术鉴定所需时间不计入事故调查期限。

（3）事故调查报告。事故调查组应当自事故发生之日起 60 日内提交事故调查报告；特殊情况下，经负责事故调查的人民政府批准，提交事故调查报告的期限可以适当延长，但延长的期限最长不超过 60 日。

事故调查报告应当包括下列内容：

1）事故发生单位概况；

2）事故发生经过和事故救援情况；

3）事故造成的人员伤亡和直接经济损失；

4）事故发生的原因和事故性质；

5）事故责任的认定及对事故责任者的处理建议；

6）事故防范和整改措施。

事故调查报告应当附具有关证据材料。事故调查组成员应当在事故调查报告上签名。

（4）事故处理。重大事故、较大事故、一般事故，负责事故调查的人民政府应当自收到事故调查报告之日起 15 日内作出批复；特别重大事故，30 日内作出批复，特殊情况下，批复时间可以适当延长，但延长的时间最长不超过 30 日。

有关机关应当按照人民政府的批复，依照法律、行政法规规定的权限和程序，对事故发生单位和有关人员进行行政处罚，对负有事故责任的国家工作人员进行处分。事故发生单位应当按照负责事故调查的人民政府的批复，对本单位负有事故责任的人员进行处理。负有事故责任的人员涉嫌犯罪的，依法追究刑事责任。

四、《招标投标法实施条例》

为了规范招标投标活动，《招标投标法实施条例》进一步明确了招标、投标、开标、评标和中标及投诉与处理等方面的内容，并鼓励利用信息网络进行电子招标投标。

第三节　建设工程监理规范

为了规范建设工程监理与相关服务行为，提高建设工程监理与相关服务水平，2013 年 5 月修订后发布的《建设工程监理规范》（GB/T 50319—2013）共分 9 章和 3 个附录，主要技术内容包括总则，术语，项目监理机构及其设施，监理规划及监理实施细则，工程质量、造价、进度控制及安全生产管理的监理工作，工程变更、索赔及施工合同争议的处理，监理文件资料管理，设备采购与设备监造，相关服务等。

一、总则

（1）制定目的：为规范建设工程监理与相关服务行为，提高建设工程监理与相关服务水平。

（2）适用范围：适用于新建、扩建、改建建设工程监理与相关服务活动。

（3）关于建设工程监理合同形式和内容的规定。

（4）工程开工前，建设单位应将工程监理单位的名称，监理的范围、内容和权限及总监理工程师的姓名书面通知施工单位。

（5）在工程监理工作范围内，建设单位与施工单位之间涉及施工合同的联系活动，应通过工程监理单位进行。

（6）实施建设工程监理的主要依据：法律、法规及工程建设标准；建设工程勘察设计文件；建设工程监理合同及其他合同文件。

（7）建设工程监理应实行总监理工程师负责制的规定。

（8）建设工程监理宜实施信息化管理的规定。

（9）工程监理单位应公平、独立、诚信、科学地开展建设工程监理与相关服务活动。

（10）建设工程监理与相关服务活动应符合《建设工程监理规范》（GB/T 50319—2013）和国家现行有关标准的规定。

二、术语

《建设工程监理规范》（GT/T 50319—2013）解释了工程监理单位、建设工程监理、相关服务、项目监理机构、注册监理工程师、总监理工程师、总监理工程师代表、专业监理工程师、监理员、监理规划、监理实施细则、工程计量、旁站、巡视、平行检验、见证取样、工程延期、工期延误、工程临时延期批准、工程最终延期批准、监理日志、监理月报、设备监造、监理文件资料24个建设工程监理常用术语。（详见附录一）

三、项目监理机构及其设施

《建设工程监理规范》（GB/T 50319—2013）明确了项目监理机构的人员构成和职责，规定了监理设施的提供和管理。

1. 项目监理机构人员

项目监理机构的监理人员应由总监理工程师、专业监理工程师和监理员组成，且专业配套、数量应满足建设工程监理工作需要，必要时可设总监理工程师代表。

（1）总监理工程师。总监理工程师是指由工程监理单位法定代表人书面任命，负责履行建设工程监理合同、主持项目监理机构工作的注册监理工程师。总监理工程师应由注册监理工程师担任。

（2）总监理工程师代表。总监理工程师代表是指经工程监理单位法定代表人同意，由总监理工程师书面授权，代表总监理工程师行使其部分职责和权力，具有工程类注册执业资格或具有中级及以上专业技术职称、3年及以上工程实践经验并经监理业务培训的人员。

总监理工程师应在总监理工程师代表的书面授权中，列明代为行使总监理工程师的具体职责和权力。总监理工程师代表可以由具有工程类执业资格的人员（如注册监理工程师、注册造价工程师、注册建造师、注册工程师、注册建筑师等）担任，也可由具有中级及以上专业技术职称、3年及以上工程监理实践经验并经监理业务培训的人员担任。

（3）专业监理工程师。专业监理工程师是指由总监理工程师授权，负责实施某一专业或某一岗位的监理工作，有相应监理文件签发权，具有工程类注册执业资格或具有中级及以上专业技术职称、2年及以上工程实践经验并经监理业务培训的人员。

专业监理工程师是项目监理机构中按专业或岗位设置的专业监理人员。当工程规模较大时，在某一专业或岗位宜设置若干名专业监理工程师。专业监理工程师具有相应监理文件的签发权，该岗位可以由具有工程类注册执业资格的人员（如注册监理工程师、注册造价工程师、注册建造师、注册工程师、注册建筑师等）担任，也可由具有中级及以上专业技术职称、2年及以上工程实践经验的监理人员担任。建设工程涉及特殊行业（如爆破工程）的，从事此类工程的专业监理工程师还应符合国家对有关专业人员资格的规定。

（4）监理员。监理员是指从事具体监理工作、具有中专及以上学历并经过监理业务培训的人员。

2. 监理设施

（1）建设单位应按建设工程监理合同约定，提供监理工作需要的办公、交通、通信、生活等设施。

（2）项目监理机构宜妥善使用和保管建设单位提供的设施，并应按建设工程监理合同约定的时间移交建设单位。

（3）工程监理单位宜按建设工程监理合同约定，配备满足监理工作需要的检测设备和工器具。

四、监理规划及监理实施细则

1. 监理规划

监理规划包括：监理规划的编制要求、编审程序和主要内容。

2. 监理实施细则

监理实施细则包括：监理实施细则的编制要求、编审程序、编制依据和主要内容。

监理规划与监理实施细则相关内容，详见本书第五章。

五、工程质量、造价、进度控制及安全生产管理的监理工作

《建设工程监理规范》（GB/T 50319—2013）规定："项目监理机构应根据建设工程监理合同约定，遵循动态控制原理，坚持预防为主的原则，制定和实施相应的监理措施，采用旁站、巡视和平行检验等方式对建设工程实施监理。"

1. 一般规定

（1）项目监理机构监理人员应熟悉工程设计文件，并参加建设单位主持的图纸会审和设计交底会议。

（2）工程开工前，项目监理机构监理人员应参加由建设单位主持召开的第一次工地会议。

（3）项目监理机构应定期召开监理例会，并组织有关单位研究解决与监理相关的问题。项目监理机构可根据工程需要，主持或参加专题会议，解决监理工作范围内的工程专项问题。

监理例会及由项目监理机构主持召开的专题会议的会议纪要，应由项目监理机构负责整理，与会各方代表应会签。

（4）项目监理机构应协调工程建设相关方的关系。

（5）项目监理机构应审查施工单位报审的施工组织设计，符合要求时，应由总监理工程师

签认后报建设单位。项目监理机构应要求施工单位按已批准的施工组织设计组织施工。施工组织设计需要调整时，项目监理机构应按程序重新审查。施工组织设计审查应包括下列基本内容：

1）编审程序应符合相关规定；

2）施工进度、施工方案及工程质量保证措施应符合施工合同要求；

3）资金、劳动力、材料、设备等资源供应计划应满足工程施工需要；

4）安全技术措施应符合工程建设强制性标准；

5）施工总平面布置应科学合理。

（6）总监理工程师应组织专业监理工程师审查施工单位报送的开工报审表及相关资料；同时具备下列条件时，应由总监理工程师签署审查意见，并应报建设单位批准后，总监理工程师签发工程开工令：

1）设计交底和图纸会审已完成；

2）施工组织设计已由总监理工程师签认；

3）施工单位现场质量、安全生产管理体系已建立，管理及施工人员已到位，施工机械具备使用条件，主要工程材料已落实；

4）进场道路及水、电、通信等已满足开工要求。

（7）分包工程开工前，项目监理机构应审核施工单位报送的分包单位资格报审表，专业监理工程师提出审查意见后，应由总监理工程师审核签认。分包单位资格审核应包括下列基本内容：

1）营业执照、企业资质等级证书；

2）安全生产许可文件；

3）类似工程业绩；

4）专职管理人员和特种作业人员的资格。

（8）项目监理机构宜根据工程特点、施工合同、工程设计文件及经过批准的施工组织设计对工程风险进行分析，并提出工程质量、造价、进度目标控制及安全生产管理的防范性对策。

2. 工程质量控制

（1）工程开工前，项目监理机构应审查施工单位现场的质量管理组织机构、管理制度及专职管理人员和特种作业人员的资格。

（2）总监理工程师应组织专业监理工程师审查施工单位报审的施工方案，符合要求后予以签认。施工方案审查应包括下列基本内容：

1）编审程序应符合相关规定；

2）工程质量保证措施应符合有关标准。

（3）专业监理工程师应审查施工单位报送的新材料、新工艺、新技术、新设备的质量认证材料和相关验收标准的适用性，必要时，应要求施工单位组织专题论证，审查合格后报总监理工程师签认。

（4）专业监理工程师应检查、复核施工单位报送的施工控制测量成果及保护措施，签署意见。专业监理工程师应对施工单位在施工过程中报送的施工测量放线成果进行查验。施工控制测量成果及保护措施的检查、复核，应包括下列内容：

1）施工单位测量人员的资格证书及测量设备检定证书；

2）施工平面控制网、高程控制网和临时水准点的测量成果及控制桩的保护措施。

（5）专业监理工程师应检查施工单位为工程提供服务的试验室。试验室的检查应包括下列内容：

1）试验室的资质等级及试验范围；

2）法定计量部门对试验设备出具的计量检定证明；

3）试验室管理制度；

4）试验人员资格证书。

（6）项目监理机构应审查施工单位报送的用于工程的材料、构配件、设备的质量证明文件，并应按有关规定、建设工程监理合同约定，对用于工程的材料进行见证取样、平行检验。

项目监理机构对已进场经检验不合格的工程材料、构配件、设备，应要求施工单位限期将其撤出施工现场。

（7）专业监理工程师应审查施工单位定期提交影响工程质量的计量设备的检查和检定报告。

（8）项目监理机构应根据工程特点和施工单位报送的施工组织设计，确定旁站的关键部位、关键工序，安排监理人员进行旁站，并应及时记录旁站情况。

（9）项目监理机构应安排监理人员对工程施工质量进行巡视。巡视应包括下列主要内容：

1）施工单位是否按工程设计文件、工程建设标准和批准的施工组织设计、（专项）施工方案施工；

2）使用的工程材料、构配件和设备是否合格；

3）施工现场管理人员，特别是施工质量管理人员是否到位；

4）特种作业人员是否持证上岗。

（10）项目监理机构应根据工程特点、专业要求，以及建设工程监理合同约定，对施工质量进行平行检验。

（11）项目监理机构应对施工单位报验的隐蔽工程、检验批、分项工程和分部工程进行验收，对验收合格的应给予签认，对验收不合格的应拒绝签认，同时应要求施工单位在指定的时间内整改并重新报验。

对已同意覆盖的工程隐蔽部位质量有疑问的，或发现施工单位私自覆盖工程隐蔽部位的，项目监理机构应要求施工单位对该隐蔽部位采用钻孔探测、剥离或其他方法进行重新检验。

（12）项目监理机构发现施工存在质量问题的，或施工单位采用不适当的施工工艺，或施工不当，造成工程质量不合格的，应及时签发监理通知单，要求施工单位整改。整改完毕后，项目监理机构应根据施工单位报送的监理通知回复对整改情况进行复查，提出复查意见。

（13）对需要返工处理加固补强的质量缺陷，项目监理机构应要求施工单位报送经设计等相关单位认可的处理方案，并应对质量缺陷的处理过程进行跟踪检查，同时应对处理结果进行验收。

（14）对需要返工处理或加固补强的质量事故，项目监理机构应要求施工单位报送质量事故调查报告和经设计等相关单位认可的处理方案，并应对质量事故的处理过程进行跟踪检查，同时应对处理结果进行验收。

项目监理机构应及时向建设单位提交质量事故书面报告，并应将完整的质量事故处理记录整理归档。

（15）项目监理机构应审查施工单位提交的单位工程竣工验收报审表及竣工资料，组织工程竣工预验收。存在问题的，应要求施工单位及时整改；合格的，总监理工程师应签认单位工程竣工验收报审表。

（16）工程竣工预验收合格后，项目监理机构应编写工程质量评估报告，并应经总监理工程师和工程监理单位技术负责人审核签字后报建设单位。

（17）项目监理机构应参加由建设单位组织的竣工验收，对验收中提出的整改问题，应督促施工单位及时整改。工程质量符合要求的，总监理工程师应在工程竣工验收报告中签署意见。

3. 工程造价控制

（1）项目监理机构应按下列程序进行工程计量和付款签证：

1）专业监理工程师对施工单位在工程款支付报审表中提交的工程量和支付金额进行复核，确定实际完成的工程量，提出到期应支付给施工单位的金额，并提出相应的支持性材料。

2）总监理工程师对专业监理工程师的审查意见进行审核，签认后报建设单位审批。

3）总监理工程师根据建设单位的审批意见，向施工单位签发工程款支付证书。

（2）项目监理机构应建立月完成工程量统计表，对实际完成量与计划完成量进行比较分析，发现偏差的，应提出调整建议，并应在监理月报中向建设单位报告。

（3）项目监理机构应按下列程序进行竣工结算款审核：

1）专业监理工程师审查施工单位提交的竣工结算款支付申请，提出审查意见。

2）总监理工程师对专业监理工程师的审查意见进行审核，签认后报建设单位审批，同时抄送施工单位，并就工程竣工结算事宜与建设单位、施工单位协商；达成一致意见的，根据建设单位审批意见向施工单位签发竣工结算款支付证书；不能达成一致意见的，应按施工合同约定处理。

4. 工程进度控制

（1）项目监理机构应审查施工单位报审的施工总进度计划和阶段性施工进度计划，提出审查意见，并应由总监理工程师审核后报建设单位。施工进度计划审查应包括下列基本内容：

1）施工进度计划应符合施工合同中工期的约定；

2）施工进度计划中主要工程项目无遗漏，应满足分批投入试运、分批动用的需要，阶段性施工进度计划应满足总进度控制目标的要求；

3）施工顺序的安排应符合施工工艺要求；

4）施工人员、工程材料、施工机械等资源供应计划应满足施工进度计划的需要；

5）施工进度计划应符合建设单位提供的资金、施工图纸、施工场地、物资等施工条件。

（2）项目监理机构应检查施工进度计划的实施情况，发现实际进度严重滞后于计划进度且影响合同工期时，应签发监理通知单，要求施工单位采取调整措施加快施工进度。总监理工程师应向建设单位报告工期延误风险。

（3）项目监理机构应比较分析工程施工实际进度与计划进度，预测实际进度对工程总工期的影响，并应在监理月报中向建设单位报告工程实际进展情况。

5. 安全生产管理的监理工作

（1）项目监理机构应根据法律法规、工程建设强制性标准，履行建设工程安全生产管理的监理职责；并应将安全生产管理的监理工作内容、方法和措施纳入监理规划及监理实施细则。

（2）项目监理机构应审查施工单位现场安全生产规章制度的建立和实施情况，并应审查施工单位安全生产许可证及施工单位项目经理、专职安全生产管理人员和特种作业人员的资格，同时应核查施工机械和设施的安全许可验收手续。

（3）项目监理机构应审查施工单位报审的专项施工方案，符合要求的，应由总监理工程师签认后报建设单位。超过一定规模的危险性较大的分部分项工程的专项施工方案，应检查施工单位组织专家进行论证、审查的情况，以及是否附具安全验算结果。项目监理机构应要求施工单位按已批准的专项施工方案组织施工。专项施工方案需要调整时，施工单位应按程序重新提交项目监理机构审查。专项施工方案审查应包括下列基本内容：

1）编审程序应符合相关规定；

2）安全技术措施应符合工程建设强制性标准。

（4）项目监理机构应巡视检查危险性较大的分部分项工程专项施工方案实施情况。发现未按专项施工方案实施时，应签发监理通知单，要求施工单位按专项施工方案实施。

（5）项目监理机构在实施监理过程中，发现工程存在安全事故隐患时，应签发监理通知单，要求施工单位整改；情况严重时，应签发工程暂停令，并应及时报告建设单位。施工单位拒不整改或不停止施工时，项目监理机构应及时向有关主管部门报送监理报告。

六、工程变更、索赔及施工合同争议的处理

《建设工程监理规范》（GB/T 50319—2013）规定，项目监理机构应依据建设工程监理合同约定进行施工合同管理，处理工程暂停及复工、工程变更、索赔及施工合同争议、解除等事宜。施工合同终止时，项目监理机构应协助建设单位按施工合同约定处理施工合同终止的有关事宜。

1. 工程暂停及复工

工程暂停及复工包括：总监理工程师签发工程暂停令的权力和情形；暂停施工事件发生时的监理职责；工程复工申请的批准或指令。

2. 工程变更

工程变更包括：施工单位提出的工程变更处理程序、工程变更价款处理原则；建设单位要求的工程变更的监理职责。

3. 费用索赔

费用索赔包括：处理费用索赔的依据和程序；批准施工单位费用索赔应满足的条件；施工单位的费用索赔与工程延期要求相关联时的监理职责；建设单位向施工单位提出索赔时的监理职责。

4. 工程延期及工期延误

工程延期及工期延误包括：处理工程延期要求的程序；批准施工单位工程延期要求应满足的条件；施工单位因工程延期提出费用索赔时的监理职责；发生工期延误时的监理职责。

5. 施工合同争议

施工合同争议包括：处理施工合同争议时的监理工作程序、内容和职责。

6. 施工合同解除

（1）因建设单位原因导致施工合同解除时的监理职责；

（2）因施工单位原因导致施工合同解除时的监理职责；

（3）因非建设单位、施工单位原因导致施工合同解除时的监理职责。

七、监理文件资料管理

《建设工程监理规范》（GB/T 50319—2013）规定："项目监理机构应建立完善监理文件资料管理制度，宜设专人管理监理文件资料。项目监理机构应及时、准确、完整地收集、整理、编制、传递监理文件资料，并宜采用信息技术进行监理文件资料管理。"

八、设备采购与设备监造

《建设工程监理规范》（GB/T 50319—2013）规定："项目监理机构应根据建设工程监理合同约定的设备采购与设备监造工作内容配备监理人员，明确岗位职责，编制设备采购与设备监造工作计划，并应协助建设单位编制设备采购与设备监造方案。"

1. 设备采购

设备采购包括：设备采购招标和合同谈判时的监理职责；设备采购文件资料应包括的内容。

2. 设备监造

（1）项目监理机构应检查设备制造单位的质量管理体系；并审查设备制造单位报送的设备制造生产计划和工艺方案，设备制造的检验计划和检验要求，设备制造的原材料、外购配套件、元器件、标准件，以及坯料的质量证明文件及检验报告等；

（2）项目监理机构应对设备制造过程进行监督和检查，对主要及关键零部件的制造工序应进行抽检；

（3）项目监理机构应审核设备制造过程的检验结果，并检查和监督设备的装配过程；

（4）项目监理机构应参加设备整机性能检测、调试和出厂验收；

（5）专业监理工程师应审查设备制造单位报送的设备制造结算文件；

（6）规定了设备监造文件资料应包括的主要内容。

九、相关服务

《建设工程监理规范》（GB/T 50319—2013）规定："工程监理单位应根据建设工程监理合同约定的相关服务范围，开展相关服务工作，并编制相关服务工作计划。"

十、附录

包括三类表，即：

（1）A类表：工程监理单位用表。它由工程监理单位或项目监理机构签发。

（2）B类表：施工单位报审、报验用表。它由施工单位或施工项目经理部填写后报送工程建设相关方。

（3）C类表：通用表。它是工程建设相关方工作联系的通用表。

知识拓展

《民法典》及其合同编小知识

《中华人民共和国民法典》被称为"社会生活的百科全书"，是中华人民共和国第一部以法典命名的法律，在法律体系中居于基础性地位，也是市场经济的基本法。

《中华人民共和国民法典》共7编、1 260条，各编依次为总则、物权、合同、人格权、婚姻家庭、继承、侵权责任，以及附则。通篇贯穿以人民为中心的发展思想，着眼于满足人民对美好生活的需要，对公民的人身权、财产权、人格权等作出明确翔实的规定，并规定侵权责任，明确权利受到削弱、减损、侵害时的请求权和救济权等，体现了对人民权利的充分保障，被誉为"新时代人民权利的宣言书"。

1. 什么是《民法典》

《中华人民共和国民法典》自2021年1月1日起施行，《民法典》与人们的生活息息相关、密不可分，每个人的生老病死、衣食住行、经济活动都能从里面找到答案。

2.《民法典》的颁布实施

2020年5月28日，十三届全国人民代表大会三次会议审议通过了中华人民共和国历史上首部民法典，这是中国特色社会主义法治体系建设进程中具有划时代意义的大事，是新时代我国社会主义法治建设的重大成果。民法典的颁布对于完善中国特色社会主义法治体系、推进国家治理体系和治理能力现代化、推进全面依法治国、切实维护好广大人民的根本利益、促进社会公平正义具有重要意义。

3.《民法典》的核心理念

（1）民事权利宣言。《民法典》以"民事权利能力一律平等"的方式赋予人们平等的法律主体地位，公开宣称"人身自由、人格尊严"及"私人的合法财产"受法律保护。

民法是权利法，《民法典》各编体系的构建均围绕民事权利展开，对民事权利的界定、行使规范、保障方案进行了明确化，鼓励民事主体"勇于维权"。

（2）平等、自愿。民法是调整平等主体之间财产关系和人身关系的法律规范，属于私法范畴，主体间人格平等，均具有同等的法律地位、权利能力平等，不得"以强凌弱"。恰因为民法调整平等主体之间的法律关系，则主体相互间从事的法律行为应贯彻自治理念、契约自由、不得"强买强卖"，"结婚自由""离婚自愿"亦是其体现。

（3）公平、诚信。民法是调整市场关系的基本法，各行为主体在市场经济交往过程中应恪守公平、诚信理念，不得"以假充真、以次充好"，应当"重合同、守义务"。

（4）公序良俗、绿色生态。自然人、法人和非法人组织在从事民事活动时，不得违反各种法律的强制性规定，不得违背公共秩序和善良习俗，应当有利于节约资源、保护生态环境，体现党的十八大以来的新发展理念。

4. 编纂《民法典》的重大意义

编纂民法典，就是通过对我国现行的民事法律制度规范进行系统整合、编订纂修，形成一部适应新时代中国特色社会主义发展要求，符合我国国情和实际，体例科学、结构严谨、规范合理、内容完整并协调一致的法典。

其重大意义在于：一是坚持和完善中国特色社会主义制度的现实需要；二是推进全面依法治国、推进国家治理体系和治理能力现代化的重大举措；三是坚持和完善社会主义基本经济制度、推动经济高质量发展的客观要求；四是增进人民福祉、维护最广大人民根本利益的必然要求。

民法典自2021年1月1日起施行。在民法典施行后，原施行的婚姻法、继承法、民法通则、收养法、担保法、合同法、物权法、侵权责任法、民法总则9部民事单行法同时废止。

5. 合同履行的一般规则

合同生效后，当事人就质量、价款或者报酬、履行地点等内容没有约定或者约定不明确的，可以协议补充；不能达成补充协议的，按照合同有关条款或者交易习惯确定。依照上述规定仍不能确定的，适用下列规定：

（1）质量要求不明确的，按照强制性国家标准履行；没有强制性国家标准的，按照推荐性国家标准履行；没有推荐性国家标准的，按照行业标准履行；没有国家标准、行业标准的，按照通常标准或者符合合同目的的特定标准履行。

（2）价款或者报酬不明确的，按照订立合同时履行地的市场价格履行；依法应当执行政府定价或者政府指导价的，按照规定履行。

（3）履行地点不明确，给付货币的，在接受货币一方所在地履行；交付不动产的，在不动产所在地履行；其他标的，在履行义务一方所在地履行。

（4）履行期限不明确的，债务人可以随时履行，债权人也可以随时要求履行，但应当给对方必要的准备时间。

（5）履行方式不明确的，按照有利于实现合同目的的方式履行。

（6）履行费用的负担不明确的，由履行义务一方负担；因债权人原因增加的履行费用，由债权人负担。

6. 合同履行的特殊规则

（1）电子合同履行。通过互联网等信息网络订立的电子合同的标的为交付商品并采用快递物流方式交付的，收货人的签收时间为交付时间。电子合同的标的为提供服务的，生成的电子凭证或者实物凭证中载明的时间为提供服务时间；前述凭证没有载明时间或者载明时间与实际提供服务时间不一致的，以实际提供服务的时间为准。

电子合同的标的物为采用在线传输方式交付的，合同标的物进入对方当事人指定的特定系统且能够检索识别的时间为交付时间。

电子合同当事人对交付商品或者提供服务的方式、时间另有约定的，按照其约定。

（2）价格调整。执行政府定价或政府指导价的，在合同约定的交付期限内政府价格调整时，按照交付时的价格计价。逾期交付标的物的，遇价格上涨时，按照原价格执行；价格下降时，按照新价格执行。逾期提取标的物或者逾期付款的，遇价格上涨时，按照新价格执行；价格下降时，按照原价格执行。

（3）债务履行。以支付金钱为内容的债，除法律另有规定或者当事人另有约定外，债权人可以请求债务人以实际履行地的法定货币履行。

①多项标的的履行。标的有多项而债务人只需履行其中一项的，债务人享有选择权；但法律另有规定、当事人另有约定或者另有交易习惯的除外。

享有选择权的当事人在约定期限内或者履行期限届满未作选择，经催告后在合理期限内仍未选择的，选择权转移至对方。

当事人行使选择权应当及时通知对方，通知到达对方时，标的确定。标的确定后不得变更，但是经对方同意的除外。

可选择的标的发生不能履行情形的，享有选择权的当事人不得选择不能履行的标的，但是该不能履行的情形是由对方造成的除外。

②多个债权人情形。债权人为两人以上，标的可分，按照份额各自享有债权的，为按份债权；债务人为两人以上，标的可分，按照份额各自负担债务的，为按份债务。按份债权人或者按份债务人的份额难以确定的，视为份额相同。

债权人为两人以上，部分或者全部债权人均可以请求债务人履行债务的，为连带债权；债务人为两人以上，债权人可以请求部分或者全部债务人履行全部债务的，为连带债务。连带债权或者连带债务，由法律规定或者当事人约定。

③连带债务。连带债务人之间的份额难以确定的，视为份额相同。

实际承担债务超过自己份额的连带债务人，有权就超出部分在其他连带债务人未履行的份额范围内向其追偿，并相应地享有债权人的权利，但是不得损害债权人的利益。其他连带债务人对债权人的抗辩，可以向该债务人主张。

被追偿的连带债务人不能履行其应分担份额的，其他连带债务人应当在相应范围内按比例分担。

部分连带债务人履行、抵销债务或者提存标的物的，其他债务人对债权人的债务在相应范围内消灭；该债务人可以依据前条规定向其他债务人追偿。

部分连带债务人的债务被债权人免除的，在该连带债务人应当承担的份额范围内，其他债务人对债权人的债务消灭。

部分连带债务人的债务与债权人的债权同归于一人的，在扣除该债务人应当承担的份额后，债权人对其他债务人的债权继续存在。

债权人对部分连带债务人的给付受领迟延的，对其他连带债务人发生效力。

④连带债权。连带债权人之间的份额难以确定的，视为份额相同。实际受领债权的连带债权人，应当按比例向其他连带债权人返还。

（4）代为履行。当事人约定由债务人向第三人履行债务，债务人未向第三人履行债务或者履行债务不符合约定的，应当向债权人承担违约责任。

法律规定或者当事人约定第三人可以直接请求债务人向其履行债务，第三人未在合理期限内明确拒绝，债务人未向第三人履行债务或者履行债务不符合约定的，第三人可以请求债务人承担违约责任；债务人对债权人的抗辩，可以向第三人主张。

当事人约定由第三人向债权人履行债务，第三人不履行债务或者履行债务不符合约定的，债务人应当向债权人承担违约责任。

债务人不履行债务，第三人对履行该债务具有合法利益的，第三人有权向债权人代为履行；但根据债务性质、按照当事人约定或者依照法律规定只能由债务人履行的除外。

债权人接受第三人履行后，其对债务人的债权转让给第三人，但债务人和第三人另有约定的除外。

（5）抗辩权。当事人互负债务，没有先后履行顺序的，应当同时履行。一方在对方履行之前有权拒绝其履行要求。一方在对方履行债务不符合约定时，有权拒绝其相应的履行要求。

当事人互负债务，有先后履行顺序，先履行一方未履行的，后履行一方有权拒绝其履行要求。先履行一方履行债务不符合约定的，后履行一方有权拒绝其相应的履行要求。

应当先履行债务的当事人，有确切证据证明对方有下列情形之一的，可以中止履行：经营状况严重恶化；转移财产、抽逃资金，以逃避债务；丧失商业信誉；有丧失或者可能丧失履行债务能力的其他情形。

当事人没有确切证据中止履行的，应当承担违约责任。当事人依照前述规定中止履行的，应当及时通知对方。当对方提供适当担保的，应当恢复履行。中止履行后，对方在合理期限内未恢复履行能力并且未提供适当担保的，视为以自己的行为表明不履行主要债务，中止履行的一方可以解除合同并可以请求对方承担违约责任。

债权人分立、合并或者变更住所没有通知债务人，致使履行债务发生困难的，债务人可以中止履行或者将标的物提存。

（6）提前履行。债权人可以拒绝债务人提前履行债务，但提前履行不损害债权人利益的除外。债务人提前履行债务给债权人增加的费用，由债务人负担。

（7）部分履行。债权人可以拒绝债务人部分履行债务，但部分履行不损害债权人利益的除外。债务人部分履行债务给债权人增加的费用，由债务人负担。

（8）相关事项变更后的处置。合同生效后，当事人不得因姓名、名称的变更或者法定代表人、负责人、承办人的变动而不履行合同义务。

合同成立后，合同的基础条件发生了当事人在订立合同时无法预见的，不属于商业风险的重大变化，继续履行合同对于当事人一方明显不公平的，受不利影响的当事人可以与对方重新协商；在合理期限内协商不成的，当事人可以请求人民法院或者仲裁机构变更或者解除合同。

人民法院或者仲裁机构应当结合案件的实际情况，根据公平原则变更或者解除合同。

实训案例

背景：

某实施监理的工程，甲施工单位选择乙施工单位分包基坑支护及土方开挖工程。施工过程中发生以下事件。

事件1：为赶工期，甲施工单位调整了土方开挖方案，并按规定程序进行了报批。总监理工程师在现场发现乙施工单位未按调整后的土方开挖方案施工，并造成围护结构变形超限，立即向甲施工单位签发《工程暂停令》，同时报告了建设单位。乙施工单位未执行指令仍继续施工，总监理工程师及时报告了有关主管部门。后因围护结构变形过大引发了基坑局部坍塌事故。

事件2：甲施工单位凭施工经验，未经安全验算就编制了高大模板工程专项施工方案，经项目经理签字后报总监理工程师审批的同时，就开始搭设高大模板，施工现场安全生产管理人员则由项目总工程师兼任。

事件3：甲施工单位为便于管理，将施工人员的集体宿舍安排在本工程尚未竣工验收的地下车库内。

问题：

1. 根据《建设工程安全生产管理条例》，分析事件1中甲、乙施工单位和监理单位对基坑局部坍塌事故应承担的责任，并说明理由。

2. 指出事件2中甲施工单位的做法有哪些不妥，并写出正确做法。

3. 指出事件3中甲施工单位的做法是否妥当，并说明理由。

案例解析：

1. 考核施工合同履行过程中，对分包管理和安全管理责任的规定的了解，包括：①安全事故的主要责任；②安全事故的连带责任；③监理单位的责任。事件1中：

（1）乙施工单位未按批准的施工方案施工，是本次生产安全事故的主要责任方。

（2）按照总、分包合同的规定，甲施工单位直接对建设单位承担分包工程的质量和安全责任，负责协调、监督、管理分包工程的施工。因此，甲施工单位应承担本次事故的连带责任。

（3）监理单位在现场对乙施工单位未按调整后的土方开挖方案施工的行为及时向甲施工单位签发《工程暂停令》，同时报告了建设单位，已履行了应尽的职责。发现乙施工单位未执行指令仍继续施工，总监理工程师及时报告了有关主管部门。按照《建设工程安全生产管理条例》和合同约定，总监理工程师对本次安全生产事故不承担责任。

2. 考核对施工安全管理责任的规定的了解，包括：①危险性较大工程专项施工方案的编制；②专项施工方案的提交；③监理机构对专项施工方案的审查；④施工单位专职安全员的配置。事件2中：

（1）高大模板工程施工属于危险性较大的工程，需要在施工组织设计中编制专项施工方案。

因此，甲施工单位凭施工经验未经安全验算不妥，应经安全验算并附验算结果。

（2）专项施工方案应经甲施工单位技术负责人审查签字后报总监理工程师审批，仅经项目经理签字后即报总监理工程师审批不妥。

（3）按照《建设工程安全生产管理条例》的规定，超过一定规模的危险性较大的分部分项工程的专项施工方案编制后，需由施工单位组织专家论证后才可以实施。因此，高大模板工程施工方案未经专家论证、评审不妥，应由甲施工单位组织专家进行论证和评审。

（4）按照合同规定的管理程序，施工组织设计和专项施工方案应经总监理工程师签字后才可以实施，因此，甲施工单位在专项施工方案报批的同时开始搭设高大模板不妥。

（5）在施工单位项目部的组织中，应安排专职安全生产管理人员，因此，安全生产管理人员由项目总工程师兼任不妥。

3. 考核对安全生产管理规定的了解。事件3中：

《建设工程安全生产管理条例》明确规定不得在尚未竣工的建筑物内设置员工集体宿舍。因此，甲施工单位将施工人员的集体宿舍安排在尚未竣工验收的地下车库内不妥。

基础练习

一、单项选择题

1. 《建筑法》规定，建设单位应当自领取施工许可证之日起3个月内开工，因故不能按期开工的，应当向发证机关申请延期，且延期以（ ）为限，每次不超过3个月。

    A. 1次   B. 2次

    C. 3次   D. 4次

2. 建设单位领取了施工许可证，但因故不能按期开工，应当向发证机关申请延期，延期（ ）。

    A. 以两次为限，每次不超过3个月   B. 以一次为限，最长不超过3个月

    C. 以两次为限，每次不超过1个月   D. 以一次为限，最长不超过1个月

3. 根据《建筑法》，中止施工满1年的工程恢复施工时，施工许可证应由（ ）。

    A. 施工单位报发证机关核验   B. 监理单位向发证机关重新申领

    C. 建设单位报发证机关核验   D. 建设单位向发证机关重新申领

4. 根据《建筑法》，按国务院有关规定批准开工报告的建筑工程，因故不能按期开工超过（ ）个月的，应当重新办理开工报告的批准手续。

    A. 1   B. 3

    C. 6   D. 12

5. 根据《建筑法》，建筑施工企业（ ）。

    A. 必须为从事危险作业的职工办理意外伤害保险，支付保险费

    B. 应当为从事危险作业的职工办理意外伤害保险，支付保险费

    C. 必须为职工参加工伤保险，缴纳工伤保险费

    D. 应当为职工参加工伤保险，缴纳工伤保险费

6. 根据《建设工程质量管理条例》，施工单位在施工过程中发现设计文件和图纸有差错的，应当（ ）。

    A. 及时提出意见和建议   B. 要求设计单位改正

    C. 报告建设单位要求设计单位改正   D. 报告监理单位要求设计单位改正

7. 根据《建设工程质量管理条例》，施工单位的质量责任和义务是（ ）。

A. 工程开工前，应按照国家有关规定办理工程质量监督手续

B. 工程完工后，应组织竣工验收

C. 施工过程中，应立即改正所发现的设计图纸差错

D. 隐蔽工程在隐蔽前，应通知建设单位和建设工程质量监督机构

8. 根据《建设工程质量管理条例》，在正常使用条件下，设备安装和装修工程的最低保修期限为（ ）年。

A. 1　　　　　　　B. 2　　　　　　　C. 3　　　　　　　D. 5

9. 根据《建设工程安全生产管理条例》，建设单位的安全责任是（ ）。

A. 编制工程概算时，应确定建设工程安全作业环境及安全施工措施所需费用

B. 采用新工艺时，应提出保障施工作业人员安全的措施

C. 采用新技术、新工艺时，应对作业人员进行相关的安全生产教育培训

D. 工程施工前，应审查施工单位的安全技术措施

10. 根据《建设工程安全生产管理条例》，工程监理单位的安全生产管理职责是（ ）。

A. 发现存在安全事故隐患时，应要求施工单位暂时停止施工

B. 委派专职安全生产管理人员对安全生产进行现场监督检查

C. 发现存在安全事故隐患时，应立即报告建设单位

D. 审查施工组织设计中的安全技术措施或专项施工方案是否符合工程建设强制性标准

11. 根据《建设工程安全生产管理条例》，下列达到一定规模的危险性较大的分部分项工程中，需由施工单位组织专家对专项施工方案进行论证、审查的是（ ）。

A. 起重吊装工程　　　　　　　　　B. 脚手架工程

C. 高大模板工程　　　　　　　　　D. 拆除、爆破工程

12. 某工地发生钢筋混凝土预制梁吊装脱落事故，造成 6 人死亡，直接经济损失 900 万元，该事故属于（ ）。

A. 特别重大事故　　　B. 重大事故　　　C. 较大事故　　　D. 一般事故

13. 根据《建设工程监理规范》（GB/T 50319—2013），总监理工程师代表可由具有中级以上专业技术职称、（ ）年及以上工程实践经验并经监理业务培训的人员担任。

A. 1　　　　　　　B. 2　　　　　　　C. 3　　　　　　　D. 5

14. 根据《民法典》合同编，关于委托合同相关规定的说法，正确的是（ ）。

A. 受托人完成委托事务的，委托人应当向其支付报酬

B. 两个以上的受托人共同处理委托事务的，由牵头人对委托人承担责任

C. 转委托未经同意的，受托人仅就第三人的选任承担责任

D. 受托人处理委托事务时受到损失的，应当向委托人要求赔偿损失

15. 根据《民法典》合同编，关于合同效力的说法，正确的是（ ）。

A. 法人的法定代表人超越权限订立的合同，不能发生效力

B. 当事人超越经营范围订立的合同效力，应当依照法律规定确定

C. 因故意或者重大过失造成对方财产损失的，合同免责条款有效

D. 未办理批准手续影响合同生效的，合同中履行报批等义务条款也不发生效力

16. 根据《建筑法》，建设单位申请领取施工许可证，应当具备的条件是（ ）。

A. 已经办理建筑工程用地批准手续　　　B. 已经取得建设工程规划许可证

C. 已经召开了第一次工地会议　　　　　D. 已经确定工程监理企业

17. 涉及承重结构变动的装修工程，（　　）应当在施工前委托原设计单位或者具有相应资质条件的设计单位提出设计方案。

  A. 施工单位   B. 建设单位   C. 监理单位   D. 有关部门

18. 根据《安全生产法》，下列不属于生产经营单位的安全生产管理机构及管理人员职责的是（　　）。

  A. 检查本单位的安全生产状况，及时排查生产安全事故隐患

  B. 组织或参与拟订本单位安全生产规章制度、操作规程

  C. 制止和纠正违章指挥、强令冒险作业、违反操作规程的行为

  D. 组织制订并实施本单位安全生产教育和培训计划

19. 根据《建设工程质量管理条例》，关于建设单位质量责任和义务的说法，正确的是（　　）。

  A. 实行监理的建设工程，建设单位应当委托监理

  B. 应当就审查合格的施工图设计文件向施工单位作出详细说明

  C. 对因设计造成的质量事故，提出相应的技术处理方案

  D. 应当建立、健全教育培训制度，加强对职工的教育培训

二、多项选择题

1. 根据《建筑法》申请领取施工许可证，应当具备的条件有（　　）。

  A. 已办理该建筑工程用地批准手续

  B. 有满足施工需要的施工图纸及技术资料

  C. 建设资金已落实

  D. 已经确定工程监理单位

  E. 有保证工程质量和安全的具体措施

2. 《建设工程质量管理条例》中关于施工单位对建筑材料、建筑构配件、设备和商品混凝土进行检验的具体规定有（　　）。

  A. 检验必须按照工程设计要求、施工技术标准和合同约定进行

  B. 检验结果未经监理工程师签字，不得使用

  C. 检验结果未经施工单位质量负责人签字，不得使用

  D. 未经检验或者检验不合格的，不得使用

  E. 检验应当有书面记录和专人签字

3. 根据《建设工程质量管理条例》关于施工单位的质量责任和义务的说法，正确的有（　　）。

  A. 施工单位依法取得相应等级的资质证书，在其资质等级许可范围内承包工程

  B. 总承包单位与分包单位对分包工程的质量承担连带责任

  C. 施工单位在施工过程中发现设计文件和图纸有差错的，应及时要求设计单位改正

  D. 施工单位对建筑材料、设备进行检验，须有书面记录并经项目经理或技术负责人签字

  E. 施工单位对施工中出现质量问题的建设工程或竣工验收不合格的工程应负责返修

4. 根据《建设工程质量管理条例》，工程监理单位的质量责任和义务有（　　）。

  A. 依法取得相应等级资质证书，并在其资质等级许可范围内承担工程监理业务

  B. 与被监理工程的施工承包单位不得有隶属关系或其他利害关系

  C. 按照施工组织设计要求，采取旁站、巡视和平行检验等形式实施监理

  D. 未经监理工程师签字，建筑材料、建筑构配件和设备不得在工程上使用或安装

  E. 未经监理工程师签字，建设单位不拨付工程款，不进行竣工验收

5. 根据《建设工程质量管理条例》，关于建筑工程在正常使用条件下最低保修期限的说法，正确的有（ ）。

   A. 屋面防水工程，3 年   B. 电器管线工程，2 年

   C. 给水排水管道工程，2 年   D. 外墙面防渗漏，3 年

   E. 地基基础工程，3 年

6. 《建设工程安全生产管理条例》规定，施工单位应当编制专项施工方案的分部分项工程有（ ）。

   A. 基坑支护与降水工程   B. 土方开挖工程

   C. 起重吊装工程   D. 主体结构工程

   E. 模板工程和脚手架工程

7. 依据《建设工程监理规范》（GB/T 50319—2013），实施建设工程监理的主要依据包括（ ）。

   A. 建设工程监理合同   B. 建设工程分包合同

   C. 建设工程相关标准   D. 建设工程施工承包合同

   E. 建设工程勘察设计文件

8. 根据《建设工程监理规范》（GB/T 50319—2013），监理员的任职条件有（ ）。

   A. 中专及以上学历   B. 中级以上专业技术职称

   C. 经过监理业务培训   D. 工程类注册执业资格

   E. 2 年以上工程实践经验

9. 根据《民法典》合同编，建设工程合同包括（ ）。

   A. 工程勘察合同   B. 融资租赁合同

   C. 承揽合同   D. 工程施工合同

   E. 工程监理合同

10. 根据《建设工程质量管理条例》，关于施工单位质量责任和义务的说法，正确的有（ ）。

   A. 必须按照工程设计图纸和施工技术标准施工，不得擅自修改工程设计，不得偷工减料

   B. 在领取施工许可证或者开工报告前，应当按照国家有关规定办理工程质量监督手续

   C. 在施工过程中发现设计文件和图纸有差错的，应当及时提出意见和建议

   D. 在建设工程竣工验收后，及时向建设行政主管部门或者其他有关部门移交建设项目档案

   E. 对施工中出现质量问题的建设工程或者竣工验收不合格的建设工程应当负责返修

11. 根据《建设工程安全生产管理条例》（GB/T 50319—2013），下列属于施工单位安全责任的有（ ）。

   A. 在设计中提出保障施工作业人员安全和预防生产安全事故的措施建议

   B. 对所承担的建设工程进行定期和专项安全检查，并做好安全检查记录

   C. 对出租的机械设备和施工机具及配件的安全性能进行检测

   D. 对施工管理人员和作业人员每年至少进行一次安全生产教育培训

   E. 为施工现场从事危险作业的人员办理意外伤害保险

12. 根据《建设工程监理规范》（GB/T 50319—2013），关于项目监理机构人员的说法，正确的有（　　）。

A. 项目监理机构的监理人员应由总监理工程师、专业监理工程师和监理员组成

B. 总监理工程师由监理单位法定代表人书面任命，并由注册监理工程师担任

C. 监理员由中专及以上学历并经过监理业务培训的人员担任

D. 专业监理工程师可以由具有中级及以上专业技术职称的人员担任

E. 总监理工程师代表可以由具有工程类执业资格的人员担任

13. 根据《建设工程安全生产管理条例》，使用承租的机械设备和施工机具及配件的，由（　　）共同进行验收。

A. 施工总承包单位　　　　　　　　　B. 分包单位

C. 安装单位　　　　　　　　　　　　D. 出租单位

E. 建设单位

14. 根据《生产安全事故报告和调查处理条例》，事故调查报告内容的不包括（　　）。

A. 事故发生单位概况　　　　　　　　B. 事故的简要经过

C. 事故发生的原因　　　　　　　　　D. 事故防范和整改措施

E. 已经采取的措施

15. 根据《建筑法》，关于建筑工程发包与承包的说法，正确的有（　　）。

A. 提倡对建筑工程实行总承包，禁止将建筑工程支解发包

B. 不得将应当由一个承包单位完成的建筑工程支解成若干部分发包给几个承包单位

C. 工程总承包单位可以将承包工程中的部分工程发包给具有相应资质条件的分包单位

D. 依法分包的，分包单位按照分包合同的约定对建设单位负责

E. 施工总承包的，建筑工程主体结构的施工必须由总承包单位自行完成

三、简答题

1. 建设单位申请领取施工许可证需要具备哪些条件？施工许可证的有效期限是多少？

2. 《建筑法》对工程发包与承包有哪些规定？

3. 《建设工程质量管理条例》规定的各方主体分别有哪些责任和义务？各类工程的最低保修期限分别是多少？

4. 《建设工程安全管理条例》规定的各方主体分别有哪些安全责任？

5. 《建设工程监理规范》（GB/T 50319—2013）项目监理机构人员的任职条件是什么？工程项目目标控制及安全生产管理的监理工作内容有哪些？

第三章

工程监理企业与监理合同管理

工程监理企业作为建设工程监理实施主体，需要具有相应的资质条件和综合实力。加强企业管理，提高科学管理水平，是建立现代企业制度的要求，也是工程监理企业提高市场竞争能力的重要途径。工程监理企业应抓好成本管理、资金管理、质量管理，增强法治意识，依法经营管理。

第一节　工程监理企业

工程监理企业是指依法成立并取得住房和城乡建设主管部门颁发的工程监理企业资质证书，从事建设工程监理与相关服务活动的机构。

一、工程监理企业资质管理

《工程监理企业资质管理规定》（建设部令第 158 号，根据 2015 年 5 月 4 日住房城乡建设部令第 24 号第一次修正；根据 2016 年 9 月 13 日住房城乡建设部令第 32 号第二次修正；根据 2018 年 12 月 22 日住房和城乡建设部令第 45 号第三次修正）明确了工程监理企业的资质等级和业务范围、资质申请和审批、监督管理等内容。

1. 资质等级标准

工程监理企业资质分为综合资质、专业资质和事务所资质 3 个等级。其中，专业资质按照工程性质和技术特点又划分为 14 个工程类别，专业资质注册监理工程师人数配备见表 3-1。

综合资质、事务所资质不分级别。专业资质分为甲级、乙级；其中，房屋建筑、水利水电、公路和市政公用专业资质可设立丙级。

（1）综合资质标准。工程监理企业综合资质标准如下：

1）具有独立法人资格且注册资本不少于 600 万元；

2）企业技术负责人应为注册监理工程师，并具有 15 年以上从事工程建设工作的经历或者具有工程类高级职称；

3）具有 5 个以上工程类别的专业甲级工程监理资质；

4）注册监理工程师不少于 60 人，注册造价工程师不少于 5 人，一级注册建造师、一级注册建筑师、一级注册结构工程师或者其他勘察设计注册工程师合计不少于 15 人次；

5）企业具有完善的组织结构和质量管理体系，有健全的技术、档案等管理制度；

6）企业具有必要的工程试验检测设备；

7）申请工程监理资质之日前一年内没有规定禁止的行为；

8）申请工程监理资质之日前一年内没有因本企业监理责任造成重大质量事故；

9）申请工程监理资质之日前一年内没有因本企业监理责任发生三级以上工程建设重大安全事故或者发生两起以上四级工程建设安全事故。

（2）专业资质标准。工程监理企业专业资质分甲级、乙级和丙级 3 个等级。

1）甲级企业资质标准：

①具有独立法人资格且注册资本不少于 300 万元；

②企业技术负责人应为注册监理工程师，并具有 15 年以上从事工程建设工作的经历或者具有工程类高级职称；

③注册监理工程师、注册造价工程师、一级注册建造师、一级注册建筑师、一级注册结构工程师或者其他勘察设计注册工程师合计不少于 25 人次；其中，相应专业注册监理工程师不少于表 3-1 中要求配备的人数，注册造价工程师不少于 2 人；

④企业近 2 年内独立监理过 3 个以上相应专业的二级工程项目，但是，具有甲级设计资质或一级及以上施工总承包资质的企业申请本专业工程类别甲级资质的除外；

⑤企业具有完善的组织结构和质量管理体系，有健全的技术、档案等管理制度；

表 3-1 专业资质注册监理工程师人数配备表   人

序号	工程类别	甲级	乙级	丙级
1	房屋建筑工程	15	10	5
2	冶炼工程	15	10	—
3	矿山工程	20	12	—
4	化工石油工程	15	10	—
5	水利水电工程	20	12	5
6	电力工程	15	10	—
7	农林工程	15	10	—
8	铁路工程	23	14	—
9	公路工程	20	12	5
10	港口与航道工程	20	12	—
11	航天航空工程	20	12	—
12	通信工程	20	12	—
13	市政公用工程	15	10	5
14	机电安装工程	15	10	—

注：1. 表中各专业资质注册监理工程师人数配备是指企业取得本专业工程类别注册的注册监理工程师人数。

2.《住房城乡建设部办公厅关于调整工程监理企业甲级资质标准注册人员指标的通知》（建办市〔2018〕61号）规定：自 2019 年 2 月 1 日起，审查工程监理专业甲级资质（含升级、延续、变更）申请时，对注册类人员指标，按相应专业乙级资质标准要求核定

⑥企业具有必要的工程试验检测设备；

⑦申请工程监理资质之日前一年内没有规定禁止的行为；

⑧申请工程监理资质之日前一年内没有因本企业监理责任造成重大质量事故；

⑨申请工程监理资质之日前一年内没有因本企业监理责任发生三级以上工程建设重大安全

事故或者发生两起以上四级工程建设安全事故。

2）乙级企业资质标准：

①具有独立法人资格且注册资本不少于 100 万元。

②企业技术负责人应为注册监理工程师，并具有 10 年以上从事工程建设工作的经历。

③注册监理工程师、注册造价工程师、一级注册建造师、一级注册建筑师、一级注册结构工程师或者其他勘察设计注册工程师合计不少于 15 人次。其中，相应专业注册监理工程师不少于表 3-1 中要求配备的人数，注册造价师不少于 1 人。

④有较完善的组织结构和质量管理体系，有技术、档案等管理制度。

⑤有必要的工程试验检测设备。

⑥申请工程监理资质之日前一年内没有规定禁止的行为。

⑦申请工程监理资质之日前一年内没有因本企业监理责任造成重大质量事故。

⑧申请工程监理资质之日前一年内没有因本企业监理责任发生生产三级以上工程建设重大安全事故或者发生两起以上四级工程建设事故。

3）丙级企业资质标准：

①具有独立法人资格且注册资本不少于 50 万元；

②企业技术负责人应为注册监理工程师，并具有 8 年以上从事工程建设工作的经历；

③有必要的质量管理体系和规章制度；

④有必要的工程试验检测设备。

（3）事务所资质标准。事务所资质标准如下：

1）取得合伙企业营业执照，具有书面合作协议书；

2）合伙人中有 3 名以上注册监理工程师，合伙人均有 5 年以上从事建设工程监理的工作经历；

3）有固定的工作场所；

4）有必要的质量管理体系和规章制度；

5）有必要的工程试验检测设备。

2. 业务范围

工程监理企业资质相应许可的业务范围如下：

（1）综合资质企业。可承担所有专业工程类别建设工程项目的工程监理业务。

（2）专业资质企业：

1）专业甲级资质企业。专业甲级资质企业可承担相应专业工程类别建设工程项目的工程监理业务。

2）专业乙级资质企业。专业乙级资质企业可承担相应专业工程类别二级以下（含二级）建设工程项目的工程监理业务。

3）专业丙级资质企业。专业丙级资质企业可承担相应专业工程类别三级建设工程项目的工程监理业务。

（3）事务所资质企业。事务所资质企业可承担三级建设工程项目的工程监理业务，但国家规定必须实行强制监理的工程除外。

另外，工程监理企业也可以开展相应类别建设工程的项目管理、技术咨询等业务。

3. 工程监理企业资质申请与审批

《住房和城乡建设部办公厅关于在部分地区开展工程监理企业资质告知承诺制审批试点的通

知》（建办市函〔2019〕487 号）规定：

（1）自 2019 年 10 月 1 日起，试点地区（浙江、江西、山东、河南、湖北、四川、陕西省，北京、上海、重庆市）建设工程企业申请房屋建筑工程监理甲级资质、市政公用工程监理甲级资质采用告知承诺制审批。

企业可通过建设工程企业资质申报软件或登录本地区省级住房和城乡建设主管部门门户网站政务服务系统，以告知承诺方式完成资质申报。企业应对承诺内容真实性、合法性负责，并承担全部法律责任。

（2）我部在作出行政许可决定后的 12 个月内，组织核查组对申请资质企业全部业绩进行实地核查，重点对业绩指标是否符合标准要求进行检查。发现申请资质企业承诺内容与实际情况不相符的，我部将依法撤销其相应资质，并将其列入建筑市场主体"黑名单"。自我部作出资质撤销决定之日起 3 年内，被撤销资质企业不得申请该项资质。

二、工程监理企业经营活动准则

工程监理企业从事建设工程监理活动，应当遵循"守法、诚信、公平、科学"的准则。

1. 守法

守法，即遵守法律法规。对于工程监理企业而言，守法就是要依法经营，主要体现在以下几个方面：

（1）自觉遵守相关法律、法规及行业自律公约和诚信守则，在核定的资质等级和业务范围内从事监理活动，不得超越资质或挂靠承揽业务。工程监理企业的业务范围是指在资质证书中、经工程监理资质管理部门审查确认的主项资质和增项资质。核定的业务范围包括两方面：一是监理业务的工程类别；二是承接监理工程的等级。

（2）不伪造、涂改、出租、出借、转让、出卖《资质等级证书》及从业人员执业资格证书。不出租、出借企业相关资信证明，不转让监理业务。

（3）在监理投标活动中，坚持诚实信用原则，不弄虚作假、不串标、不围标、不低于成本价参与竞争。公平竞争，不扰乱市场秩序。

（4）依法依规签订建设工程监理合同，不签订有损国家、集体或他人利益的虚假合同或附加条款。严格按照建设工程监理合同约定履行义务、不违背自己的承诺。

（5）不与被监理工程的施工及材料、构配件和设备供应单位有隶属关系或其他利害关系，不谋取非法利益。

（6）在异地承接监理业务的，自觉遵守工程所在地有关规定，主动向工程所在地建设主管部门备案登记，接受其指导和监督管理。

2. 诚信

诚信即诚实守信，道德规范在市场经济中的体现。诚信原则要求市场主体在不损害他人利益和社会公共利益的前提下，追求自身利益，目的是在当事人之间的利益关系和当事人与社会之间的利益关系中实现平衡，并维护市场道德秩序。诚信原则的主要作用在于指导当事人以善意的心态、诚信的态度行使民事权利，承担民事义务，正确地从事民事活动。

加强信用管理，提高信用水平，是完善我国建设工程监理制度的重要保证。诚信的实质是解决经济活动中经济主体之间的利益关系。诚信是企业经营理念、经营责任和经营文化的集中体现。信用是企业的一种无形资产，良好的信用能为企业带来巨大效益。工程监理企业应当树立良好的信用意识，使企业成为讲道德、讲信用的市场主体。

工程监理企业诚信行为主要体现在以下几方面：

（1）建立诚信建设制度，激励诚信、惩戒失信。定期进行诚信建设制度实施情况检查考核，及时处理不诚信和履职不到位人员。

（2）依据相关法律法规、《建设工程监理规范》（GB/T 50319—2013）及合同约定，组建监理机构和派遣监理人员，配备必要的设备设施，开展工程监理工作。

（3）不弄虚作假、降低工程质量，不将不合格的建设工程、建筑材料、建筑构配件和设备按照合格签字，不以索、拿、卡、要等手段向建设单位、施工单位谋取不当利益，不以虚假行为损害工程建设各方合法权益。

（4）按规定进行检查和验证，按标准进行工程验收，确保工程监理全过程各项资料的真实性、时效性和完整性。

（5）加强内部管理，建立企业内部信用管理责任制度，开展廉洁执业教育，及时检查和评估企业信用实施情况，健全服务质量考评体系和信用评价体系，不断提高企业信用管理水平。

（6）履行保密义务，不泄露商业秘密及保密工程的相关情况。

（7）不用虚假资料申报各类奖项、荣誉，不参与非法社团组织的各类评奖等活动。

（8）积极承担社会责任，践行社会公德，确保监理服务质量，维护国家和公众利益。

（9）自觉践行自律公约，接受政府主管部门对监理工作的监督检查。

3. 公平

公平是指工程监理企业在监理活动中既要维护建设单位利益，又不能损害施工单位合法权益，并依据合同公平合理地处理建设单位与施工单位之间的争议。

工程监理企业要做到公平，必须做到以下几点：

（1）具有良好的职业道德；

（2）要坚持实事求是；

（3）要熟悉建设工程合同有关条款；

（4）要提高专业技术能力；

（5）要提高综合分析判断问题的能力。

4. 科学

科学是指工程监理企业要依据科学的方案，运用科学的手段，采取科学的方法开展监理活动。建设工程监理工作结束后，还要进行科学的总结。实施科学化管理主要体现在：

（1）科学的方案。建设工程监理方案主要是指监理规划和监理实施细则。在建设实施工程监理前，要尽可能准确地预测出各种可能的问题，有针对性地拟定解决办法，制定出切实可行、行之有效的监理规划和监理实施细则，将各项监理活动都纳入计划管理轨道。

（2）科学的手段。实施建设工程监理，必须借助先进的科学仪器才能做好监理工作，如各种检测、试验、化验仪器、摄录像设备及计算机等。

（3）科学的方法。监理工作的科学方法主要体现在监理人员在掌握大量、确凿的有关监理对象及其外部环境实际情况的基础上，适时、妥帖、高效地处理有关问题，解决问题要用事实说话、用书面文字说话、用数据说话；要开发、利用计算机信息平台和软件辅助建设工程监理。

三、建设工程监理与相关服务收费标准

为规范建设工程监理及相关服务收费行为，维护委托方和受托方合法权益，促进建设工程监理行业健康发展，国家发展和改革委员会、原建设部于2007年3月发布了《建设工程监理与

相关服务收费管理规定》，明确了建设工程监理与相关服务收费标准。

1. 建设工程监理及相关服务收费的一般规定

建设工程监理及相关服务收费根据工程项目的性质不同，分别实行政府指导价或市场调节价。依法必须实行监理的工程，监理收费实行政府指导价；其他工程的监理收费与相关服务费实行市场调节价。

实行政府指导价的建设工程监理收费，其基准价根据《建设工程监理与相关服务收费标准》计算，浮动幅度为上下20％。建设单位和工程监理单位应当根据建设工程的实际情况在规定的浮动幅度内协商确定收费额。实行市场调节价的建设工程监理与相关服务收费，由建设单位和工程监理单位协商确定收费额。

建设工程监理与相关服务收费，应当体现优质优价的原则。在保证工程质量的前提下，由于建设工程监理与相关服务节省投资、缩短工期、取得显著经济效益的，建设单位可根据合同约定奖励工程监理单位。

2. 工程监理与相关服务计费方式

（1）建设工程监理服务计费方式。铁路、水运、公路、水电、水库工程监理服务收费按建筑安装工程费分档定额计费方式计算收费。其他建设工程监理服务收费按照工程概算投资额分档定额计费方式计算收费。

1）建设工程监理服务收费的计算。建设工程监理服务收费按下式计算：

建设工程监理服务收费＝建设工程监理服务收费基准价×（1±浮动幅度值）

2）建设工程监理服务收费基准价的计算。建设工程监理服务收费基准价是按照收费标准计算出的建设工程监理服务基准收费额，按下式计算：

建设工程监理服务收费基准价＝建设工程监理服务收费基价×专业调整系数×工程复杂程度调整系数×高程调整系数

3）建设工程监理服务收费基价。建设工程监理服务收费基价是完成法律法规、行业规范规定的建设工程监理服务内容的酬金。建设工程监理服务收费基价按表3-2确定，计费额处于两个数值区间的，采用直线内插法确定建设工程监理服务收费基价。

表3-2　建设工程监理服务收费基价　　　　　　　　　　万元

序号	计费额	收费基价	序号	计费额	收费基价
1	500	16.5	9	60 000	991.4
2	1 000	30.1	10	80 000	1 255.8
3	3 000	78.1	11	100 000	1 507.0
4	5 000	120.8	12	200 000	2 712.5
5	8 000	181.0	13	400 000	4 882.6
6	10 000	218.6	14	600 000	6 835.6
7	20 000	393.4	15	800 000	8 658.4
8	40 000	708.2	16	1 000 000	10 390.1

注：计费额大于1 000 000万元的，以计费额乘以1.039％的收费率计算收费基价。其他未包含的收费由双方协商议定。

4）建设工程监理服务收费调整系数。建设工程监理服务收费标准的调整系数包括专业调整系数、工程复杂程度调整系数和高程调整系数。

①专业调整系数是对不同专业工程的监理工作复杂程度和工作量差异进行调整的系数。计算建设工程监理服务收费时，专业调整系数在表3-3中查找确定。

表 3-3　建设工程监理服务收费专业调整系数

工程类别		专业调整系数
矿山采选工程	黑色、有色、黄金、化学、非金属及其他矿采选工程	0.9
	选煤及其他煤炭工程	1.0
	矿井工程、铀矿采选工程	1.1
加工冶炼工程	冶炼工程	0.9
	船舶水工工程	1.0
	各类加工工程	1.0
	核加工工程	1.2
石油化工工程	石油工程	0.9
	化工、石化、化纤、医药工程	1.0
	核化工工程	1.2
水利电力工程	风力发电、其他水利工程	0.9
	火电工程、送变电工程	1.0
	核电、水电、水库工程	1.2
交通运输工程	机场场道、助航灯光工程	0.9
	铁路、公路、城市道路、轻轨及机场空管工程	1.0
	水运、地铁、桥梁、隧道、索道工程	1.1
建筑市政工程	园林绿化工程	0.8
	建筑、人防、市政公用工程	1.0
	邮政、电信、广播电视工程	1.0
农业林业工程	农业工程	0.9
	林业工程	0.9

②工程复杂程度调整系数是对同一专业工程的监理复杂程度和工作量差异进行调整的系数。工程复杂程度分为一般、较复杂和复杂3个等级，其调整系数分别为：一般（Ⅰ级）0.85；较复杂（Ⅱ级）1.0；复杂（Ⅲ级）1.15。计算建设工程监理服务收费时，工程复杂程度在《建设工程监理与相关服务收费管理规定》相应章节的《工程复杂程度表》中查找确定。

③高程调整系数如下：

A. 海拔高程 2 001 m 以下的为 1；

B. 海拔高程 2 001～3 000 m 为 1.1；

C. 海拔高程 3 001～3 500 m 为 1.2；

D. 海拔高程 3 501～4 000 m 为 1.3；

E. 海拔高程 4 001 m 以上的，高程系数由发包人和监理人协商确定。

5）建设工程监理服务收费的计费额。建设工程监理服务收费以工程概算投资额分档定额计费方式收费的，其计费额为工程概算中的建筑安装工程费、设备购置费和联合试运转费之和。对设备购置费和联合试运转费占工程概算投资额 40％以上的工程项目，其建筑安装工程费全部计入计费额，设备购置费和联合试运转费按 40％的比例计入计费额。但其计费额不应小于建筑安装工程费与其相同且设备购置费和联合试运转费等于工程概算投资额 40％的工程项目的计费额。

工程中有利用原有设备并进行安装调试服务的，以签订建设工程监理合同时同类设备的当期价格作为建设工程监理服务收费的计费额；工程中有缓配设备的，应扣除签订建设工程监理合同时同类设备的当期价格作为建设工程监理服务收费的计费额；工程中有引进设备的，按照购进设备的离岸价格折换成人民币作为建设工程监理服务收费的计费额。

建设工程监理服务收费以建筑安装工程费分档定额计费方式收费的，其计费额为工程概算中的建筑安装工程费。作为建设工程监理服务收费计费额的工程概算投资额或建筑安装工程费均指每个监理合同中约定的工程项目范围的投资额。

6）建设工程监理部分发包与联合承揽服务收费的计算。

①建设单位将建设工程监理服务中的某一部分工作单独发包给工程监理单位，按照其占建设工程监理服务工作量的比例计算建设工程监理服务收费，其中质量控制和安全生产监督管理服务收费不宜低于建设工程监理服务收费总额的 70％。

②建设工程监理服务由两个或者两个以上的工程监理单位承担的，各工程监理单位按照其占建设工程监理服务工作量的比例计算建设工程监理服务收费。建设单位委托其中一家工程监理单位对工程监理服务总负责的，该工程监理单位按照各监理单位合计建设工程监理服务收费额的 4％～6％向建设单位收取总体协调费。

（2）相关服务计费方式。相关服务计费一般按相关服务工作所需工日和表 3-4 的规定收费。

表 3-4　建设工程监理与相关服务人员人工日费用标准

建设工程监理与相关服务人员职级	工日费用标准/元
一、高级专家	1 000～1 200
二、高级专业技术职称的监理与相关服务人员	800～1 000
三、中级专业技术职称的监理与相关服务人员	600～800
四、初级及以下专业技术职称监理与相关服务人员	300～600
注：本表适用于提供短期相关服务的人工费用标准。	

第二节　建设工程监理合同管理

建设工程监理合同管理是工程监理单位明确监理和相关服务义务、履行监理与相关服务职责的重要保证。

一、建设工程监理合同订立

（一）建设工程监理合同及其特点

建设工程监理合同是指委托人（建设单位）与监理人（工程监理单位）就委托的建设工程监理与相关服务内容签订的明确双方义务和责任的协议。其中，委托人是指委托工程监理与相关服务的一方，及其合法的继承人或受让人；监理人是提供监理与相关服务的一方，及其合法的继承人。

建设工程监理合同首先是一种委托合同，具有《民法典》合同编所规定的委托合同的共同特点，除此之外还具有以下特点：

（1）建设工程监理合同委托人（建设单位）应是具有民事权力能力和民事行为能力、具有法人资格的企事业单位及其他社会组织，个人在法律允许的范围内也可以成为合同当事人。接受委托的监理人必须是依法成立、具有工程监理资质的企业，其所承担的工程监理业务应与企业资质等级和业务范围相符合。

（2）建设工程监理合同委托的工作内容必须符合法律法规、有关工程建设标准、工程设计文件、施工合同及物资采购合同。建设工程监理合同是以对建设工程项目目标实施控制并履行建设工程安全生产管理法定职责为主要内容，因此，建设工程监理合同必须符合法律、法规和有关工程建设标准，并与工程设计文件、施工合同及材料设备采购合同相协调。

（3）建设工程监理合同的标的是服务。工程建设实施阶段所签订的勘察设计合同、施工合同、物资采购合同、委托加工合同的标的物是产生新的信息成果或物质成果，而监理合同的履行不产生物质成果，而是由监理工程师凭借自己的知识、经验、技能受委托人委托为其所签订的施工合同、物资采购合同等的履行实施监理。

（二）《建设工程监理合同（示范文本）》（GF—2012—0202）的结构

建设工程监理合同的订立，意味着委托关系的形成，委托人与监理人之间的关系将受到合同约束。为了规范建设工程监理合同，住房和城乡建设部和国家工商行政总局于2012年3月发布了《建设工程监理合同（示范文本）》（GF—2012—0202），该合同示范文本由"协议书"、"通用条件"、"专用条件"、附录A和附录B组成。

1. 协议书

协议书不仅明确了委托人和监理人，而且明确了双方约定的委托建设工程监理与相关服务的工程概况（工程名称、工程地点、工程规模、工程概算投资额或建筑安装工程费）；总监理工程师（姓名、身份证号、注册号）；签约酬金（监理酬金、相关服务酬金）；服务期限（监理期限、相关服务期限）；双方对履行合同的承诺及合同订立的时间、地点、份数等。协议书还明确了建设工程监理合同的组成文件：

（1）协议书；

（2）中标通知书（适用于招标工程）或委托书（适用于非招标工程）；

（3）投标文件（适用于招标工程）或监理与相关服务建议书（适用于非招标工程）；

（4）专用条件；

（5）通用条件；

（6）附录，即：

1）附录A：相关服务的范围和内容；

2）附录B：委托人派遣的人员和提供的房屋、资料、设备。

建设工程监理合同签订后，双方依法签订的补充协议也是建设工程监理合同文件的组成部分。

协议书是一份标准的格式文件，经当事人双方在空格处填写具体规定的内容并签字盖章后，即发生法律效力。

2. 通用条件

通用条件涵盖了建设工程监理合同中所用的词语定义与解释，监理人的义务，委托人的义务，签约双方的违约责任，酬金支付，合同的生效、变更、暂停、解除与终止，争议解决及其他诸如外出考察费用、检测费用、咨询费用、奖励、守法诚信、保密、通知、著作权等方面的约定。通用文件适用于各类建设工程监理，委托人、监理人都应遵守通用条件中的规定。

3. 专用条件

通用条件适用于各行业、各专业建设工程监理，因此，其中的某些条款规定得比较笼统，需要在签订具体建设工程监理合同时，结合地域特点、专业特点和委托监理的工程特点，对通用条件中的某些条款进行补充、修改、解释、说明。

所谓"补充"，是指通用条件中的条款明确规定，在该条款确定的原则下，专用条件中的条款需进一步明确具体内容，使通用条件、专用条件中相同序号的条款共同组成一条内容完备的条款。如通用条件 2.2.1 款规定，监理依据包括：

（1）适用的法律、行政法规及部门规章；

（2）与工程有关的标准；

（3）工程设计及有关文件；

（4）本合同及委托人与第三方签订的与实施工程有关的其他合同。

双方根据建设工程的行业和地域特点，在专用条件中具体约定监理依据。就具体建设工程监理而言，委托人与监理人就需要根据工程的行业和地域特点，在专用条件中相同序号（2.2.1）条款中明确具体的监理依据。

所谓"修改"，是指通用条件中规定的程序方面的内容，如果双方认为不合适，可以协议修改。

例如，合同文件解释顺序。通用条件 1.2.2 款规定，组成"本合同的下列文件彼此应能相互解释、互为说明。除专用条件另有约定外，本合同文件的解释顺序如下：

①协议书；

②中标通知书（适用于招标工程）或委托书（适用于非招标工程）；

③专用条件及附录 A、附录 B；

④通用条件；

⑤投标文件（适用于招标工程）或监理与相关服务建议书（适用于非招标工程）。

双方签订的补充协议与其他文件发生矛盾或歧义时，属于同一类内容的文件，应以最新签署的为准。"

在必要时，合同双方可在专用条件 1.2.2 款明确约定建设工程监理合同文件的解释顺序。

4. 附录

附录包括两部分，即附录 A 和附录 B。

（1）附录 A。如果委托人委托监理人完成相关服务时，应在附录 A 中明确约定委托的工作内容和范围。委托人根据工程建设管理需要，可以自主委托全部内容，也可以委托某个阶段的工作或部分服务内容。如果委托人仅委托建设工程监理，则不需要填写附录 A。

（2）附录 B。委托人为监理人开展正常监理工作派遣的人员和无偿提供的房屋、资料、设备，应在附录 B 中明确约定派遣或提供的对象、数量和时间。

二、建设工程监理合同履行

（一）监理人的义务

1. 监理的范围和工作内容

（1）监理范围。建设工程监理范围可能是整个建设工程，也可能是建设工程中一个或若干施工标段，还可能是一个或若干施工标段中的部分工程（如土建工程、机电设备安装工程、玻璃幕墙工程、桩基工程等）。合同双方需要在专用条件中明确建设工程监理的具体范围。

（2）监理工作内容。对于强制实施监理的建设工程，《建设工程监理合同（示范文本）》（GF—2012—0202）通用条件 2.1.2 款约定了 22 项属于监理人需要完成的基本工作，也是确保建设工程监理取得成效的重要基础。监理人的工作内容包括：

1）收到工程设计文件后编制监理规划，并在第一次工地会议 7 天前报委托人。根据有关规定和监理工作需要，编制监理实施细则；

2）熟悉工程设计文件，并参加由委托人主持的图纸会审和设计交底会议；

3）参加由委托人主持的第一次工地会议，主持监理例会并根据工作需要主持或参加专题会议；

4）审查施工承包人提交的施工组织设计，重点审查其中的质量安全技术措施、专项施工方案与工程建设强制性标准的符合性；

5）检查施工承包人工程质量、安全生产管理制度及组织机构和人员资格；

6）检查施工承包人专职安全生产管理人员的配备情况；

7）审查施工承包人提交的施工进度计划，检查施工承包人对施工进度计划的调整；

8）检查施工承包人的试验室；

9）审核施工分包人资质条件；

10）查验施工承包人的施工测量放线成果；

11）审查工程开工条件，对条件具备的签发开工令；

12）审查施工承包人报送的工程材料、构配件、设备质量证明文件的有效性和符合性，并按规定对用于工程的材料采取平行检验或见证取样方式进行抽检；

13）审核施工承包人提交的工程款支付申请，签发或出具工程款支付证书，并报委托人审核、批准；

14）在巡视、旁站和检验过程中，发现工程质量、施工安全存在事故隐患的，要求施工承包人整改并报委托人；

15）经委托人同意，签发工程暂停令和复工令；

16）审查施工承包人提交的采用新材料、新工艺、新技术、新设备的论证材料及相关验收标准；

17）验收隐蔽工程、分部分项工程；

18）审查施工承包人提交的工程变更申请，协调处理施工进度调整、费用索赔、合同争议等事项；

19）审查施工承包人提交的竣工验收申请，编写工程质量评估报告；

20）参加工程竣工验收，签署竣工验收意见；

21）审查施工承包人提交的竣工结算申请并报委托人；

22）编制、整理建设工程监理归档文件并报委托人。

（3）相关服务的范围和内容。委托人需要监理人提供相关服务（如勘查阶段、设计阶段、保修阶段服务及其他技术咨询、外部协调工作等）的，其范围和内容应在《建设工程监理合同（示范文本）》（GF—2012—0202）附录 A 中约定。

2. 项目监理机构和人员

（1）监理人应组建满足工作需要的项目监理机构，配备必要的检测设备。项目监理机构的主要人员应具有相应的资格条件。

（2）本合同履行过程中，总监理工程师及重要岗位监理人员应保持相对稳定，以保证监理工作正常进行。

（3）监理人可根据工程进展和工作需要调整项目监理机构人员。监理人更换总监理工程师时，应提前 7 天向委托人书面报告，经委托人同意后方可更换；监理人更换项目监理机构其他监理人员，应以相当资格与能力的人员替换，并通知委托人。

（4）监理人应及时更换有下列情形之一的监理人员：

1）严重过失行为的；

2）有违法行为不能履行职责的；

3）涉嫌犯罪的；

4）不能胜任岗位职责的；

5）严重违反职业道德的；

6）专用条件约定的其他情形。

（5）委托人可要求监理人更换不能胜任本职工作的项目监理机构人员。

3. 履行职责

监理人应遵循职业道德准则和行为规范，严格按照法律法规、工程建设有关标准及监理合同履行职责。

（1）委托人、施工承包人及有关各方意见和要求的处置。在建设工程监理与相关服务范围内，项目监理机构应及时处置委托人、施工承包人及有关各方的意见和要求。当委托人与施工承包人及其他合同当事人发生合同争议时，项目监理机构应充分发挥协调作用，与委托人、施工承包人及其他合同当事人协商解决。

（2）证明材料的提供。委托人与施工承包人及其他合同当事人发生合同争议的，首先应通过协商、调解等方式解决。如果协商、调解不成而通过仲裁或诉讼途径解决的，监理人应按仲裁机构或法院要求提供必要的证明材料。

（3）合同变更的处理。监理人应在专用条件约定的授权范围（工程延期的授权范围、合同价款变更的授权范围）内，处理委托人与承包人所签订合同的变更事宜。如果变更超过授权范围，应以书面形式报委托人批准。

在紧急情况下，为了保护财产和人身安全，项目监理机构可不经请示委托人而直接发布指令，但应在发出指令后的 24 小时内以书面形式报委托人。这样，项目监理机构就拥有了一定的现场处置权。

（4）承包人人员的调换。施工承包人及其他合同当事人的人员不称职，会影响建设工程的顺利实施。监理人发现承包人的人员不能胜任本职工作的，有权要求承包人予以调换。

与此同时，为限制项目监理机构在此方面有过大的权力，委托人与监理人可在专用条件中约定项目监理机构指令施工承包人及其他合同当事人调换其人员的限制条件。

4. 其他义务

（1）提交报告。项目监理机构应按专用条件约定的种类、时间和份数向委托人提交监理与相关服务的报告。

（2）文件资料。在监理合同履行期内，项目监理机构应在现场保留工作所用的图纸、报告及记录监理工作的相关文件。工程竣工后，应当按照档案管理规定将监理有关文件归档。建设工程监理工作中所用的图纸、报告是建设工程监理工作的重要依据，记录建设工程监理工作的相关文件是建设工程监理工作的重要证据，也是衡量建设工程监理效果的主要依据之一。发生工程质量、生产安全事故时，也是判别建设工程监理责任的重要依据。

（3）使用委托人的财产。在建设工程监理与相关服务过程中，委托人派遣的人员及提供给项目监理机构无偿使用的房屋、资料、设备应在《建设工程监理合同（示范文本）》（GF—2012—0202）附录B中予以明确。监理人应妥善使用和保管，并在合同终止时将这些房屋、设备按专用条件约定的时间和方式移交委托人。

（二）委托人的义务

1. 告知

委托人应在其与施工承包人及其他合同当事人签订的合同中明确监理人、总监理工程师和授予项目监理机构的权限。如果监理人、总监理工程师及委托人授予项目监理机构的权限有变更，委托人也应以书面形式及时通知施工承包人及其他合同当事人。

2. 提供资料

委托人应按照《建设工程监理合同（示范文本）》（GF—2012—0202）附录B约定，无偿、及时向监理人提供工程有关资料。在建设工程监理合同履行过程中，委托人应及时向监理人提供最新的与工程有关的资料。

3. 提供工作条件

委托人应为监理人实施监理与相关服务提供必要的工作条件。

（1）派遣人员并提供房屋、设备。委托人应按照《建设工程监理合同（示范文本）》（GF—2012—0202）附录B约定，派遣相应的人员，如果所派遣的人员不能胜任所安排的工作，监理人可要求委托人调换。委托人还应按照《建设工程监理合同（示范文本）》（GF—2012—0202）附录B约定，提供房屋、设备，供监理人无偿使用。如果在使用过程中所发生的水、电、煤、油及通信费用等需要监理人支付的，应在专用条件中约定。

（2）协调外部关系。委托人应负责协调工程建设中所有外部关系，为监理人履行合同提供必要的外部条件。这里的外部关系是指与工程有关的各级政府住房和城乡建设主管部门、建设工程安全质量监督机构，以及城市规划、卫生防疫、人防、技术监督、交警、乡镇街道等管理部门之间的关系，还有与工程有关的各相关单位等之间的关系。如果委托人将工程建设中所有或部分外部关系的协调工作委托监理人完成的，则应与监理人协商，并在专用条件中约定或签订补充协议，支付相关费用。

4. 授权委托人代表

委托人应授权一名熟悉工程情况的代表，负责与监理人联系。委托人应在双方签订合同后7天内，将其代表的姓名和职责书面告知监理人。当委托人更换其代表时，也应提前7天通知监理人。

5. 委托人意见或要求

在建设工程监理合同约定的监理与相关服务工作范围内，委托人对承包人的任何意见或要求应通知监理人，由监理人向承包人发出相应指令。

6. 答复

对于监理人以书面形式提交委托人并要求作出决定的事宜，委托人应在专用条件约定的时间内给予书面答复。逾期未答复的，视为委托人认可。

7. 支付

委托人应按合同（包括补充协议）约定的额度、时间和方式向监理人支付酬金。

（三）违约责任

1. 监理人的违约责任

监理人未履行监理合同义务的，应承担相应的责任。

（1）违反合同约定造成的损失赔偿。因监理人违反合同约定给委托人造成损失的，监理人应当赔偿委托人损失。赔偿金额的确定方法在专用条件中约定。监理人承担部分赔偿责任的，其承担赔偿金额由双方协商确定。

监理人的违约情况包括不履行合同义务的故意行为和未正确履行合同义务的过错行为。监理人不履行合同义务的情形包括：

1）无正当理由单方解除合同；

2）无正当理由不履行合同约定的义务。

监理人未正确履行合同义务的情形包括：

1）未完成合同约定范围内的工作；

2）未按规范程序进行监理；

3）未按正确数据进行判断而向施工承包人或其他合同当事人发出错误指令；

4）未能及时发出相关指令，导致工程实施进程发生重大延误或混乱；

5）发出错误指令，导致工程受到损失等。

当合同协议书是根据《建设工程监理与相关服务收费管理规定》（发改价格〔2007〕670 号）约定酬金的，则应按专用条件约定的百分比方法计算监理人应承担的赔偿金额：

赔偿金＝直接经济损失×正常工作酬金÷工程概算投资额（或建筑工程安装费）

（2）索赔不成时的费用补偿。监理人向委托人的索赔不成立时，监理人应赔偿委托人由此发生的费用。

2. 委托人的违约责任

委托人未履行本合同义务的，应承担相应的责任。

（1）违反合同约定造成的损失赔偿。委托人违反合同约定造成监理人损失的，委托人应予以赔偿。

（2）索赔不成立时的费用补偿。委托人向监理人的索赔不成立时，应赔偿监理人由此引起的费用。这与监理人索赔不成立的规定对等。

（3）逾期支付补偿。委托人未能按合同约定的时间支付相应酬金超过 28 天，应按专用条件约定支付逾期付款利息。

逾期付款利息应按专用条件约定的方法计算（拖延支付天数应从应支付日算起）：

逾期付款利息＝当期应付款总额×银行同期贷款利率×拖延支付天数

3. 除外责任

因非监理人的原因，且监理人无过错，发生工程质量事故、安全事故、工期延误等造成的损失，监理人不承担赔偿责任。

因不可抗力导致监理合同全部或部分不能履行时，双方各自承担其因此而造成的损失、损害。不可抗力是指合同双方当事人均不能预见、不能避免、不能克服的客观原因引起的事件，根据《民法典》第 590 条"因不可抗力不能履行合同的，根据不可抗力的影响，部分或者全部免除责任，但是法律另有规定的除外"的规定，按照公平、合理原则，合同双方当事人应各自承担其因不可抗力而造成的损失、损害。

因不可抗力导致监理人现场的物质损失和人员伤害，由监理人自行负责。如果委托人投保的"建筑工程一切险"或"安装工程一切险"的被保险人中包括监理人，则监理人的物质损害也可从保险公司获得相应的赔偿。

监理人应自行投保现场监理人员的意外伤害保险。

(四) 合同的生效、变更与终止

1. 建设工程监理合同生效

建设工程监理合同属于无生效条件的委托合同，因此，合同双方当事人依法订立后合同即生效。即委托人和监理人的法定代表人或其授权代理人在协议书上签字并盖单位章后合同生效。除非法律另有规定或者专用条件另有约定。

2. 建设工程监理合同变更

在建设工程监理合同履行期间，由于主观或客观条件的变化，当事人任何一方均可提出变更合同的要求，经过双方协商达成一致后可以变更合同。

3. 建设工程监理合同暂停履行与解除

除双方协商一致可以解除合同外，当一方无正当理由未履行合同约定的义务时，另一方可以根据合同约定暂停履行合同直至解除合同。

（1）解除合同或部分义务。在合同有效期内，由于双方无法预见和控制的原因导致合同全部或部分无法继续履行或继续履行已无意义，经双方协商一致，可以解除合同或监理人的部分义务。在解除之前，监理人应按诚信原则作出合理安排，将解除合同导致的工程损失减至最小。

除不可抗力等原因依法可以免除责任外，因委托人原因致使正在实施的工程取消或暂停等，监理人有权获得因合同解除导致损失的补偿。补偿金额由双方协商确定。

解除合同的协议必须采取书面形式，协议未达成之前，监理合同仍然有效，双方当事人应继续履行合同约定的义务。

（2）暂停全部或部分工作。委托人因不可抗力影响、筹措建设资金遇到困难、与施工承包人解除合同、办理相关审批手续、征地拆迁遇到困难等导致工程施工全部或部分暂停时，应书面通知监理人暂停全部或部分工作。监理人应立即安排停止工作，并将开支减至最小。除不可抗力外，由此导致监理人遭受的损失应由委托人予以补偿。

暂停全部或部分监理或相关服务的时间超过 182 天，监理人可自主选择继续等待委托人恢复服务的通知，也可向委托人发出解除全部或部分义务的通知。若暂停服务仅涉及合同约定的部分工作内容，则视为委托人已将此部分约定的工作从委托任务中删除，监理人不需要再履行相应义务；如果暂停全部服务工作，按委托人违约对待，监理人可单方解除合同。监理人可发出解除合同的通知，合同自通知到达委托人时解除。委托人应将监理与相关服务的酬金支付至合同解除日。

委托人因违约行为给监理人造成损失的，应承担违约赔偿责任。

（3）监理人未履行合同义务。当监理人无正当理由未履行合同约定的义务时，委托人应通知监理人限期改正。委托人在发出通知后 7 天内没有收到监理人书面形式的合理解释，即监理人没有采取实质性改正违约行为的措施，则可进一步发出解除合同的通知，自通知到达监理人时合同解除。委托人应将监理与相关服务的酬金支付至限期改正通知到达监理人之日。

监理人因违约行为给委托人造成损失的，应承担违约赔偿责任。

（4）委托人延期支付。委托人按期支付酬金是其基本义务。监理人在专用条件约定的支付日的 28 天后未收到应支付的款项，可发出酬金催付通知。

委托人接到通知 14 天后仍未支付或未提出监理人可以接受的延期支付安排，监理人可向委托人发出暂停工作的通知并可自行暂停全部或部分工作。暂停工作后 14 天内监理人仍未获得委托人应付酬金或委托人的合理答复，监理人可向委托人发出解除合同的通知，自通知到达委托人时合同解除。

委托人应对支付酬金的违约行为承担违约赔偿责任。

（5）不可抗力造成合同暂停或解除。因不可抗力致使合同部分或全部不能履行时，一方应立即通知另一方，可暂停或解除合同。根据《民法典》的规定双方受到的损失、损害各负其责。

（6）合同解除后的结算、清理、争议解决。无论是协商解除合同，还是委托人或监理人单方解除合同，合同解除生效后，合同约定的有关结算、清理条款仍然有效。单方解除合同的解除通知到达对方时生效，任何一方对对方解除合同的行为有异议，仍可按照约定的合同争议条款采用调解、仲裁或诉讼的程序保护自己的合法权益。

4. 监理合同终止

以下条件全部成就时，监理合同即告终止：

（1）监理人完成合同约定的全部工作；

（2）委托人与监理人结清并支付全部酬金。

工程竣工并移交，且不满足监理合同终止的全部条件。上述条件全部成就时，监理合同有效期终止。

知识拓展

工程监理企业组织形式

根据《中华人民共和国公司法》（2023 年 12 月 29 日修订通过，自 2024 年 7 月 1 日起施行）以下简称《公司法》，公司制工程监理企业主要有两种形式，即有限责任公司和股份有限公司。

（一）有限责任公司

1. 公司设立条件

有限责任公司由五十个以下股东出资设立。设立有限责任公司，应当具备下列条件：

（1）股东符合法定人数；

（2）有符合公司章程规定的全体股东认缴的出资额，全体股东认缴的出资额由股东按照公司章程的规定自公司成立之日起五年内缴足；

（3）股东共同制定公司章程；

（4）有公司名称，建立符合有限责任公司要求的组织机构；

（5）有公司住所。

2. 公司注册资本

有限责任公司的注册资本为在公司登记机关登记的全体股东认缴的出资额。法律、行政法规及国务院决定对有限责任公司注册资本实缴、注册资本最低限额另有规定的，从其规定。

3. 公司组织机构

（1）股东会。有限责任公司股东会由全体股东组成。股东会是公司的权力机构，依照《公司法》行使职权。

（2）董事会。有限责任公司设董事会，其成员为 3～13 人。股东人数较少或者规模较小的有限责任公司，可以设一名执行董事，不设董事会。执行董事可以兼任公司经理。

（3）经理。有限责任公司可以设经理，由董事会决定聘任或者解聘。经理对董事会负责，行使公司管理职权。

（4）监事会。有限责任公司设监事会，其成员为三人以上。规模较小或股东人数较少的有限责任公司，可以不设监事会，设一名监事，行使本法规定的监事会的职权；经全体股东一致同意，也可以不设监事。

（二）股份有限公司

股份有限公司的设立，可以采取发起设立或者募集设立的方式。发起设立是指由发起人认购公司应发行的全部股份而设立公司。募集设立是指由发起人认购公司应发行股份的一部分，其余股份向社会公开募集或者向特定对象募集而设立公司。

1. 公司设立条件

设立股份有限公司，应当有一人以上二百人以下为发起人，其中须有半数以上的发起人在中国境内有住所。设立股份有限公司，应当具备下列条件：

（1）发起人符合法定人数；

（2）有符合公司章程规定的全体发起人认购的股本总额或者募集的实收股本总额；

（3）股份发行、筹办事项符合法律规定；

（4）发起人制订公司章程，采用募集方式设立的经创立大会通过；

（5）有公司名称、建立符合股份有限公司要求的组织机构；

（6）有公司住所。

2. 公司注册资本

股份有限公司采取发起设立方式设立的，注册资本为在公司登记机关登记的全体发起人认购的股本总额。在发起人认购的股份缴足前，不得向他人募集股份。股份有限公司采取募集方式设立的，注册资本为在公司登记机关登记的实收股本总额。法律、行政法规及国务院决定对股份有限公司注册资本实缴、注册资本最低限额另有规定的，从其规定。

3. 公司组织机构

（1）股东大会。股份有限公司股东大会由全体股东组成。股东大会是公司的权力机构，依照《公司法》行使职权。

（2）董事会。股份有限公司设董事会，其成员为三人以上。上市公司需要设立独立董事和董事会秘书。

（3）经理。股份有限公司设经理，由董事会决定聘任或者解聘。公司董事会可以决定由董事会成员兼任经理。

（4）监事会。股份有限公司设监事会，成员为三人以上。规模较小或股东人数较少的股份有限公司可以不设监事会，设一名监事，行使本法规定的监事会的职权。

实训案例

背景：

王某是某监理公司的人力资源部主管，负责公司资质维护管理和人员的配置管理工作。该监理公司注册资本 500 万元，具有房屋建筑工程甲级、水利水电工程甲级、市政公用工程甲级、电力工程乙级、公路工程丙级和机电安装工程乙级资质，公司业绩成长较好，监理的项目没有出现过安全事故和质量事故，公司决定两年内将企业资质申请升级为综合资质，把任务交给王某负责，王某于是做了如下准备工作：

（1）组织公司内部的电力工程专业、公路工程专业的员工培训，参加国家监理工程师资格考试；

（2）向市场打出招聘广告，招聘具有注册监理工程师资格的人员加盟公司；

（3）申请将公司的注册资本扩资到 800 万元；

（4）对公司原有注册监理工程师进行继续教育，延续注册；

（5）向公司所在地的建设行政主管部门提出综合资质的申请。

问题：

1. 申请监理企业综合资质需要什么条件？

2. 王某的工作有什么不够充分或不妥的地方？

案例解析：

1. 申请监理企业综合级资质需要的条件：

（1）具有独立法人资格且注册资本不少于 600 万元。

（2）企业技术负责人应为注册监理工程师，并具有 15 年以上从事工程建设工作的经历或者具有工程类高级职称。

（3）具有 5 个以上工程类别的专业甲级工程监理资质。

（4）注册监理工程师不少于 60 人，注册造价工程师不少于 5 人，一级注册建造师、一级注册建筑师、一级注册结构工程师或者其他勘察设计注册工程师合计不少于 15 人次。

（5）企业具有完善的组织结构和质量管理体系，有健全的技术、档案管理制度。

（6）企业具有必要的工程试验检测设备。

（7）申请工程监理资质之日前一年内没有规定禁止的行为。

（8）申请工程监理资质之日前一年内没有因本企业监理责任造成重大质量事故。

（9）申请工程监理资质之日前一年内没有因本企业监理责任发生三级以上工程建设重大安全事故或者发生两起以上四级工程建设安全事故。

2. 王某的工作有以下不够充分或不妥的地方：

（1）王某组织培训的员工以主要的 5 个申请甲级资质的专业人员为主，在本例中，由于公路工程的资质为丙级，升级为甲级没有机电安装工程专业条件好。

（2）升为综合甲级的人员条件中，除监理工程师外，还需要注册造价工程师、注册建造师、一级注册建筑师、一级注册结构师或其他勘察设计注册工程师，所以招聘的人员要全面。

（3）申请将公司的注册资本扩资到 800 万元没有必要，注册资本不少于 600 万元即可。

（4）申请综合资质应该向企业工商注册所在地的省、自治区、直辖市人民政府住房和城乡建设主管部门提出。

基础练习

一、单项选择题

1. 根据《建设工程监理与相关服务收费管理规定》，仅将质量控制和安全生产监督管理服务委托给监理人的，其收费不宜低于施工监理服务收费额的（ ）。
   A. 80%   B. 70%   C. 60%   D. 50%

2. 根据《建设工程监理与相关服务收费标准》，若发包人委托两个以上监理人承担施工监理服务，且委托其中一个监理人对施工监理服务总负责的，被委托总负责的监理人按（ ）向建设单位收取总体协调费。
   A. 各监理人合计监理服务收费额的 4%～6%
   B. 项目总投资额的 4%～6%
   C. 各监理人合计监理服务收费额的 3%～5%
   D. 项目总投资额的 3%～5%

3. 具有专业甲级资质的工程监理企业，其企业负责人必须具有（ ）年以上从事建设工作的经历或具有高级职称。
   A. 8   B. 10   C. 12   D. 15

4. 根据《工程监理企业资质管理规定》，综合资质工程监理企业须具有（ ）个以上工程类别的专业甲级工程监理资质。
   A. 6   B. 5   C. 4   D. 3

5. 关于工程监理企业资质相应许可的业务范围，说法错误的是（ ）。
   A. 综合资质企业可以承担所有专业工程类别的建设工程监理业务
   B. 专业甲级资质企业可以承担相应专业工程类别的所有工程监理业务
   C. 专业乙级资质企业可以承担相应专业工程类别二级以下（含二级）建设工程监理业务
   D. 专业丙级及事务所资质可承担所有三级建设工程项目的监理业务

6. 在监理人员在掌握大量、确凿的有关监理对象及其外部环境实际情况的基础上，适时、妥帖、高效地处理有关问题，体现了工程监理企业（ ）的经营活动准则。
   A. 守法   B. 诚信   C. 公平   D. 科学

7. 下列关于建设工程监理合同的说法，错误的是（ ）。
   A. 建设工程监理合同是一种委托合同
   B. 建设工程监理合同委托的工作内容必须符合法律法规的相关规定
   C. 建设工程监理合同的标的是服务
   D. 建设工程监理合同必须是具有法人资格的企事业单位及其他社会组织

8. 建设工程监理合同文件包括：①专用合网条款；②中标通知书；③监理报酬清单等。仅就上述合同文件而言，正确的优先解释顺序是（ ）。
   A. ①—②—③   B. ②—③—①
   C. ③—②—①   D. ②—③—①

9. 工程监理企业不出租、出借企业相关资信证明，不转让监理业务，体现了工程监理企业从事建设工程监理活动应遵循的（ ）准则。
   A. 诚信   B. 守法
   C. 科学   D. 公平

10. 建设单位在选择工程监理单位时，最重要的原则是（ ）。

    A. 基于报价的选择   B. 基于能力的选择

    C. 基于业绩的选择   D. 基于经验的选择

二、多项选择题

1. 下列工程监理企业资质标准中，属于专业乙级资质标准的有（ ）。

    A. 具有独立法人资格且注册资本不少于 300 万元

    B. 企业技术负责人为注册监理工程师并具有 10 年以上工程建设工作经验

    C. 注册造价工程师不少于 2 人

    D. 有必要的工程试验检测设备

    E. 两年内独立建立过 3 个以上相应专业三级工程项目

2. 下列各项工作内容中，属于监理单位工作内容的包括（ ）。

    A. 检查施工承包人工程质量、安全生产管理制度及组织机构和人员资格

    B. 配备专职的安全生产管理人员，检查建设工程的安全生产工作

    C. 查验施工承包人的施工测量放线成果

    D. 审核施工分包人资质条件

    E. 确定具有相应资质的施工承包单位

3. 下列体现了工程监理企业诚信行为的有（ ）。

    A. 建立诚信建设制度，激励诚信，惩戒失信

    B. 借助于先进的科学仪器做好监理工作

    C. 在监理投标活动中，坚持诚实信用原则，不弄虚作假

    D. 不将不合格的建筑材料、建筑构配件和设备按照合格签字

    E. 按规定进行检查和验证，按标准进行工程验收

4. 根据监理合同示范文本，下列属于委托人违约的情形有（ ）。

    A. 委托人未按合同约定支付监理报酬

    B. 委托人原因造成监理停止

    C. 委托人无法履行或停止履行合同

    D. 委托人未及时审查承包人的付款申请

    E. 委托人未履行承诺的口头奖励

5. 根据监理合同示范文本，属于监理合同组成内容的有（ ）。

    A. 合同协议书   B. 中标通知书

    C. 监理实施细则   D. 专用合同条款

    E. 通用合同条款

三、简答题

1. 工程监理企业有哪些资质等级？各等级资质标准的规定是什么？

2. 工程监理企业资质相应许可的业务范围包括哪些内容？

3. 工程监理企业经营活动准则是什么？

4. 建设工程监理费用计取方法有哪些？

5. 建设工程监理合同有哪些特点？

6. 建设工程监理合同文件优先解释顺序是什么？

第四章

建设工程监理组织

第一节　建设工程监理委托方式及实施程序

在建设工程的不同组织管理模式下，可采用不同的建设工程监理委托方式。工程监理单位接受建设单位委托后，需要按照一定的程序和原则实施监理。

一、建设工程监理委托方式

建设工程监理委托方式的选择与建设工程组织管理模式密切相关。建设工程可采用平行承发包、施工总承包、工程总承包等组织管理模式。在不同建设工程组织管理模式下，可选择不同的建设工程监理委托方式。

1. 平行承发包模式下工程监理委托方式

平行承发包模式是指建设单位将建设工程设计、施工及材料设备采购任务经分解后分别发包给若干设计单位、施工单位和材料设备供应单位，并分别与各承包单位签订合同的组织管理模式。在平行承发包模式中，各设计单位、各施工单位、各材料设备供应单位之间的关系是平行关系，如图4-1所示。

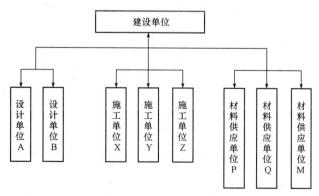

图 4-1　建设工程平行承发包模式

采用平行承发包模式，各承包单位在其承包范围内同时进行相关工作，有利于缩短工期、控制质量，也有利于建设单位在更广的范围内选择施工单位。但该模式也有其缺点，具体包括：一是合同数量多，会造成合同管理困难。二是工程造价控制难度大，表现为工程总价不易确定，影响工程造价控制的实施；工程招标任务量大，需控制多项合同价格，增加了工程造价控制难度；在施工过程中设计变更和修改较多，导致工程造价增加。

在建设工程平行承发包模式下，建设工程监理委托方式有以下两种主要形式。

（1）业主委托一家工程监理单位实施监理。这种委托方式要求被委托的工程监理单位应具有较强的合同管理和组织协调能力，并能做好全面规划工作。工程监理单位的项目监理机构可以组建多个监理分支机构对各施工单位分别实施监理。在建设工程监理过程中，总监理工程师应重点做好总体协调工作，加强横向联系，保证建设工程监理工作的有效运行。该委托方式如图 4-2 所示。

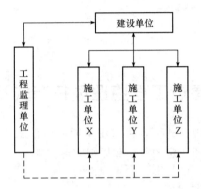

图 4-2　平行承发包模式下委托一家工程监理单位的组织方式

（2）建设单位委托多家工程监理单位实施监理。建设单位委托多家工程监理单位针对不同施工单位实施监理，需要分别与多家工程监理单位签订工程监理合同。这样，各工程监理单位之间的相互协作与配合需要建设单位协调。采用这种委托方式，工程监理单位的监理对象相对单一，便于管理，但建设工程监理工作被支解，各家工程监理单位各负其责，缺少一个对建设工程进行总体规划与协调控制的工程监理单位。该委托方式如图 4-3 所示。

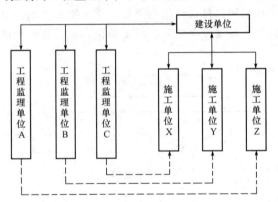

图 4-3　平行承发包模式下委托多家工程监理单位的组织方式

为了克服上述不足，在某些大、中型建设工程监理实践中，建设单位可以先委托一个"总监理工程师单位"，总体负责建设工程总规划和协调控制，再由建设单位与"总监理工程师单位"共同选择几家工程监理单位分别承担不同施工合同段监理任务。在建设工程监理工作中，由"总监理工程师单位"负责协调、管理各工程监理单位工作，从而可大大减轻建设单位的管理压力。该委托方式如图 4-4 所示。

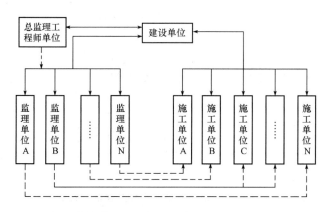

图 4-4　平行承发包模式下委托"总监理工程师单位"的组织方式

2. 施工总承包模式下建设工程监理委托方式

施工总承包模式是指建设单位将全部施工任务发包给一家施工单位作为总承包单位，总承包单位可以将其部分任务分包给其他施工单位，形成一个施工总包合同及若干个分包合同的组织管理模式，如图 4-5 所示。

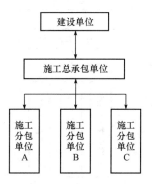

图 4-5　建设工程施工总承包模式

采用建设工程施工总承包模式，有利于建设工程的组织管理。由于施工合同数量比平行承发包模式少，有利于建设单位的合同管理，减少协调工作量，可发挥工程监理单位与施工总承包单位多层次协调的积极性；总包合同价可较早确定，有利于控制工程造价；由于既有施工分包单位的自控，又有施工总承包单位监督，还有工程监理单位的检查认可，有利于工程质量控制；施工总承包单位有控制的积极性，施工分包单位之间也有相互制约的作用，有利于总体进度的协调控制。但该模式的缺点是建设周期较长，施工总承包单位的报价可能较高。

在建设工程施工总承包模式下，建设单位通常应委托一家工程监理单位实施监理，这样有利于工程监理单位统筹考虑建设工程质量、造价、进度控制，合理进行总体规划协调，更可使监理工程师掌握设计思路与设计意图，有利于实施建设工程监理工作。

虽然施工总承包单位对施工合同承担承包方的最终责任，但分包单位的资格、能力直接影响工程质量、进度等目标的实现。因此，监理工程师必须做好对分包单位资格的审查、确认工作。

在建设工程施工总承包模式下，建设单位委托监理方式如图 4-6 所示。

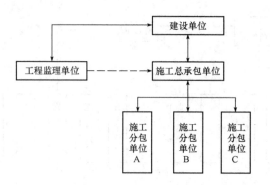

图 4-6   施工总承包模式下委托工程监理单位的组织方式

3. 工程总承包模式下建设工程监理委托方式

工程总承包模式是指建设单位将设计、施工、材料设备采购等工作全部发包给一家承包单位，由其进行实质性设计、施工和采购工作，最后向建设单位交出一个达到动用条件的工程。按这种模式发包的工程也称"交钥匙工程"。工程总承包模式如图 4-7 所示。

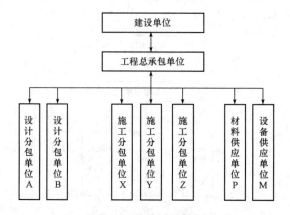

图 4-7   工程总承包模式

采用建设工程总承包模式，建设单位的合同关系简单，组织协调工作量小。由于工程设计与施工由一个承包单位统筹安排，一般能做到工程设计与施工的相互搭接，有利于控制工程进度，可缩短建设周期。通过统筹考虑工程设计与施工，可以从价值工程或全寿命期费用角度取得明显的经济效果，有利于工程造价控制。但这种模式也有其缺点，具体包括：合同条款不易准确确定，容易造成合同争议，合同数量虽少，但合同管理难度一般较大，造成招标发包工作难度大；由于承包范围大，介入工程项目时间早，工程信息未知数多，总承包单位要承担较大风险；由于有工程总承包能力的单位数量相对较少，建设单位择优选择工程总承包单位的范围小；工程质量标准和功能要求不易做到全面、具体、准确，"他人控制"机制薄弱，使工程质量控制难度加大。

在工程总承包模式下，建设单位一般应委托一家工程监理单位实施监理。在该委托方式下，监理工程师需具备较全面的知识，做好合同管理工作。该委托方式如图 4-8 所示。

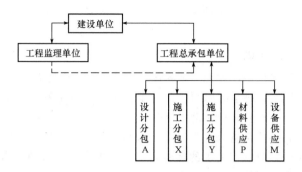

图 4-8 工程总承包模式下委托工程监理单位的组织方式

二、建设工程监理实施程序和原则

1. 建设工程监理实施程序

（1）组建项目监理机构。工程监理单位在参与建设工程投标、承接建设工程监理任务时，应根据建设工程规模、性质、建设单位对建设工程监理的要求，选派称职的人员主持该项工作。在建设工程监理任务确定并签订建设工程监理合同时，该主持人可作为总监理工程师在建设工程监理合同中予以明确。总监理工程师作为建设工程监理工作的总负责人，对内向工程监理单位负责，对外向建设单位负责。

项目监理机构人员构成是建设工程监理投标文件中的重要内容，是建设单位在评标过程中认可的。总监理工程师应根据监理大纲和签订的建设工程监理合同组建项目监理机构，并在监理规划和具体实施计划执行中及时进行调整。

（2）进一步收集建设工程监理有关资料。项目监理机构应收集建设工程监理有关资料，作为开展监理工作的依据。

（3）编制监理规划及监理实施细则。监理规划是项目监理机构全面开展建设工程监理工作的指导性文件。监理实施细则是在监理规划的基础上，根据有关规定，需要针对某一专业或某一方面建设工程监理工作而编制的操作性文件。

（4）规范化地开展监理工作。项目监理机构应按照建设工程监理合同约定，依据监理规划及监理实施细则规范化地开展建设工程监理工作。建设工程监理工作的规范化体现在以下几个方面：

1）工作的时序性。工作的时序性是指建设工程监理各项工作都应按一定的逻辑顺序展开，使建设工程监理工作能有效地达到目的而不致造成工作状态的无序和混乱。

2）职责分工的严密性。建设工程监理工作是由不同专业、不同层次的专家群体共同来完成的，他们之间严密的职责分工是协调进行建设工程监理工作的前提和实现建设工程监理目标的重要保证。

3）工作目标的确定性。在职责分工的基础上，每一项监理工作的具体目标都应确定，完成的时间也应有明确的限定，从而能通过书面资料对建设工程监理工作及其效果进行检查和考核。

（5）参与工程竣工验收。建设工程施工完成后，项目监理机构应在正式验收前组织工程竣工预验收。在预验收中发现的问题，应及时与施工单位沟通，提出整改要求。项目监理机构人员应参加由建设单位组织的工程竣工验收，签署工程监理意见。

(6) 向建设单位提交建设工程监理文件资料。建设工程监理工作完成后，项目监理机构依据《建设工程监理规范》（GB/T 50319—2013）规定向建设单位提交文件资料。

2. 建设工程监理实施原则

建设工程监理单位受建设单位委托实施建设工程监理时，应遵循以下基本原则：

(1) 公平、独立、诚信、科学的原则。监理工程师在建设工程监理中必须尊重科学、尊重事实、组织各方协调配合，既要维护建设单位合法权益，也不能损害其他有关单位的合法权益。为使这一职能顺利实施，必须坚持公平、独立、诚信、科学的原则。建设单位和施工单位虽然都是独立运行的经济主体，但它们追求的经济目标有所差异，各自的行为也有差别，监理工程师应在合同约定的权、责、利关系的基础上，协调双方的一致性。独立是公平地开展监理活动的前提，诚信、科学是监理工作质量的根本保证。

(2) 权责一致的原则。工程监理单位实施监理是受建设单位委托授权并根据有关建设工程监理法律法规而进行的。这种权力的授予，除体现在建设单位与工程监理单位签订的建设工程监理合同之中外，还应体现在建设单位与施工单位签订的建设工程施工合同中。工程监理单位履行监理职责、承担监理责任，需要建设单位授予相应的权力。同样，总监理工程师是工程监理单位履行建设工程监理合同的全权代表，由总监理工程师代表工程监理单位履行建设工程监理职责、承担建设工程监理责任，因此，工程监理单位应充分授权总监理工程师，体现权责一致原则。

(3) 总监理工程师负责制的原则。总监理工程师负责制是指由总监理工程师全面负责建设工程监理实施工作。其内涵包括：

1) 总监理工程师是建设工程监理的责任主体。总监理工程师是实现建设工程监理目标的最高责任者，应是向建设单位和工程监理单位所负责任的承担者。责任是总监理工程师负责制的核心，它构成了对总监理工程师的工作压力和动力，也是确定总监理工程师权力和利益的要求。

2) 总监理工程师是建设工程监理的权力主体。根据总监理工程师承担责任的要求，总监理工程师负责制体现了总监理工程师全面领导工程项目监理工作，包括组建项目监理机构，组织编制监理规划，组织实施监理活动，对监理工作进行总结、监督、评价等。

3) 总监理工程师是建设工程监理的利益主体。总监理工程师对社会公众利益负责，对建设单位投资效益负责，同时也对所监理项目的监理效益负责，并负责项目监理机构所有监理人员利益的分配。

(4) 严格监理、热情服务的原则。严格监理就是要求监理人员严格按照法规、政策、标准和合同控制工程项目目标，严格把关，依照规定的程序和制度，认真履行监理职责，建立良好的工作作风。

监理工程师还应为建设单位提供热情服务，"运用合理的技能，谨慎而勤奋地工作"。监理工程师应按照建设工程监理合同的要求，多方位、多层次地为建设单位提供良好服务，维护建设单位的正当权益。但不顾施工单位的正当经济利益，一味向施工单位转嫁风险，也非明智之举。

(5) 综合效益的原则。建设工程监理活动既要考虑建设单位的经济利益，也必须考虑与社会效益和环境效益有机统一。建设工程监理活动虽经建设单位的委托和授权才得以进行，但监理工程师应首先严格遵守工程建设管理有关法律、法规及标准，既要对建设单位负责，谋求最大的经济效益，又要对国家和社会负责，取得最佳的综合效益。只有在符合宏观经济效益、社会效益和环境效益的条件下，业主投资项目的微观经济效益才能得以实现。

（6）实事求是的原则。在监理工作中，监理工程师应尊重事实。监理工程师的任何指令、判断应以事实为依据，包括证明、检验、试验资料等。

第二节　项目监理机构及人员职责

项目监理机构是工程监理单位实施监理时，派驻工地负责履行建设工程监理合同的组织机构。项目监理机构的组织结构模式和规模，可根据建设工程监理合同约定的服务内容、服务期限，以及工程特点、规模、技术复杂程度、环境等因素确定。在施工现场监理工作全部完成或建设工程监理合同终止时，项目监理机构可撤离施工现场。撤离施工现场前，应由监理单位书面通知建设单位，并办理相关移交手续。

一、项目监理机构的设立

（一）项目监理机构设立的基本要求

设立项目监理机构应满足以下基本要求。

1. 项目监理机构的设立

项目监理机构的设立应遵循适应、精简、高效的原则，要有利于建设工程监理目标控制和合同管理，要有利于建设工程监理职责的划分和监理人员的分工协作，要有利于建设工程监理的科学决策和信息沟通。

2. 项目监理机构的监理人员

项目监理机构的监理人员应由一名总监理工程师、若干名专业监理工程师和监理员组成，且专业配置、数量应满足监理工作和建设工程监理合同对监理工作深度及建设工程监理目标控制的要求，必要时可设总监理工程师代表。

项目监理机构可设置总监理工程师代表的情形包括：

（1）工程规模较大，专业较复杂，总监理工程师难以处理多个专业工程时，可按专业设总监理工程师代表。

（2）一个建设工程监理合同中包含多个相对独立的施工合同，可按施工合同段设总监理工程师代表。

（3）工程规模较大，地域比较分散，可按工程地域设置总监理工程师代表。

除总监理工程师、专业监理工程师和监理员外，项目监理机构还可根据监理工作需要，配备文秘、翻译、司机或其他行政辅助人员。

3. 一名注册监理工程师

一名注册监理工程师可担任一项建设工程监理合同的总监理工程师。当需要同时担任多项建设工程监理合同的总监理工程师时，应经建设单位书面同意，且最多不得超过3项。

（二）项目监理机构设立的步骤

工程监理单位在组建项目监理机构时，一般按以下步骤进行。

1. 确定项目监理机构目标

建设工程监理目标是项目监理机构建立的前提，项目监理机构的建立应根据建设工程监理合同中确定的目标，制定总目标并明确划分项目监理机构的分解目标。

2. 确定监理工作内容

根据监理目标和建设工程监理合同中规定的监理任务，明确列出监理工作内容，并进行分类归并及组合。监理工作的归并及组合应便于监理目标控制，并综合考虑工程组织管理模式、工程结构特点、合同工期要求、工程复杂程度、工程管理及技术特点，还应考虑工程监理单位自身组织管理水平、监理人员数量、技术业务特点等。

3. 项目监理机构组织结构设计

（1）选择组织结构形式。由于建设工程规模、性质等的不同，应选择适宜的组织结构形式设计项目监理机构的组织结构，以适应监理工作需要。组织结构形式选择的基本原则是：有利于工程合同管理；有利于监理目标控制；有利于决策指挥；有利于信息沟通。

（2）合理确定管理层次与管理跨度。

1）管理层次。管理层次是指从组织的最高管理者到最基层实际工作人员之间等级层次的数量。管理层次可分为3个层次，即决策层、中间控制层和操作层。组织的最高管理者到最基层实际工作人员权责逐层递减，而人数却逐层递增。

项目监理机构中的3个层次如下：

①决策层。决策层主要是指总监理工程师、总监理工程师代表，根据建设工程监理合同的要求和监理活动内容进行科学化、程序化决策与管理；

②中间控制层（协调层和执行层）。中间控制层由各专业监理工程师组成，具体负责监理规划的落实，监理目标控制及合同实施的管理；

③操作层。操作层主要由监理员组成，具体负责监理活动的操作实施。

2）管理跨度。管理跨度是指一名上级管理人员所直接管理的下级人数。管理跨度越大，领导者需要协调的工作量越大，管理难度也越大。为使组织结构能高效运行，必须确定合理的管理跨度。

项目监理机构中管理跨度的确定应考虑监理人员的素质、管理活动的复杂性和相似性、监理业务的标准化程度、各规章制度的建立健全情况、建设工程的集中或分散情况等。

（3）划分项目监理机构部门。组织中各部门的合理划分对发挥组织效用是十分重要的。如果部门划分不合理，会造成控制、协调困难，也会造成人浮于事，浪费人力、物力、财力。管理部门的划分要根据组织目标与工作内容确定，形成既有相互分工又有相互配合的组织机构。划分项目监理机构中各职能部门时，应根据项目监理机构目标、项目监理机构可利用的人力和物力资源及组织结构情况，将质量控制、造价控制、进度控制、合同管理、信息管理、安全生产管理、组织协调等监理工作内容按不同的职能活动形成相应的管理部门。

（4）制定岗位职责及考核标准。岗位职务及职责的确定，要有明确的目的性，不可因人设事。根据权责一致的原则，应进行适当授权，以承担相应的职责。并应确定考核标准，对监理人员的工作进行定期考核，包括考核内容、考核标准及考核时间。

（5）选派监理人员。根据监理工作任务，选择适当的监理人员，必要时可配备总监理工程师代表。监理人员的选择除应考虑个人素质外，还应考虑人员总体构成的合理性与协调性。

4. 制定工作流程和信息流程

为了使监理工作科学、有序地进行，应按监理工作的客观规律制定工作流程和信息流程，规范化地开展监理工作。

二、项目监理机构组织形式

项目监理机构组织形式是指项目监理机构具体采用的管理组织结构。应根据建设工程特点、建设工程组织管理模式及工程监理单位自身情况等选择适宜的项目监理机构组织形式。常用的项目监理机构组织形式有直线制、职能制、直线职能制、矩阵制等。

1. 直线制组织形式

直线制组织形式的特点是项目监理机构中任何一个下级只接受唯一上级的命令。各级部门主管人员对各自所属部门的事务负责,项目监理机构中不再另设职能部门。这种组织形式适用于能划分为若干个相对独立的子项目的大、中型建设工程,如图 4-9 所示,总监理工程师负责整个工程的规划、组织和指导,并负责整个工程范围内各方面的指挥协调工作;子项目监理机构分别负责各子项目的目标控制,具体领导现场专业或专项监理机构的工作。

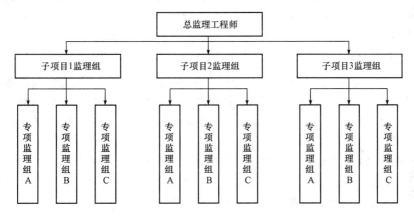

图 4-9　按子项目分解的直线制项目监理机构组织形式

如果建设单位将相关服务一并委托,项目监理机构的部门还可按不同的建设阶段分解,设立直线制项目监理机构组织形式,如图 4-10 所示。

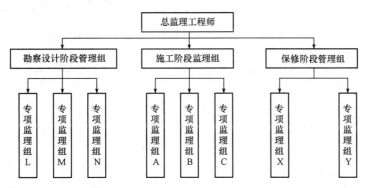

图 4-10　按工程建设阶段分解的直线制项目监理机构组织形式

对于小型建设工程,项目监理机构也可采用按专业内容分解的直线制组织形式,如图 4-11 所示。

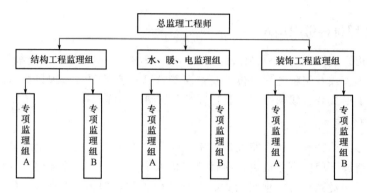

图 4-11　某房屋建筑工程直线制项目监理机构组织形式

　　直线制组织形式的主要优点是组织机构简单、权力集中、命令统一、职责分明、决策迅速、隶属关系明确；缺点是实行没有职能部门的"个人管理"，这就要求总监理工程师通晓各种业务和多种专业技能，成为"全能"式人物。

2. 职能制组织形式

　　职能制组织形式是在项目监理机构内设立一些职能部门，将相应的监理职责和权力交给职能部门，各职能部门在其职能范围内有权直接发布指令指挥下级。职能制组织形式一般适用于大、中型建设工程，如图 4-12 所示。如果子项目规模较大时，也可以在子项目层设置职能部门，如图 4-13 所示。

　　职能制组织形式的主要优点是加强了项目监理目标控制的职能化分工，可以发挥职能机构的专业管理作用，提高管理效率，减轻总监理工程师的负担。但由于下级人员受多头指挥，如果这些指令相互矛盾，会使下级在监理工作中无所适从。

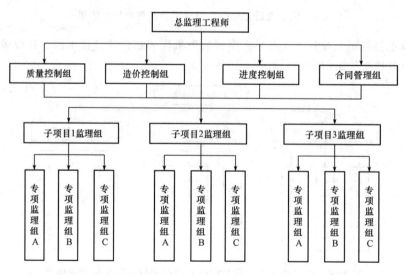

图 4-12　职能制项目监理机构组织形式

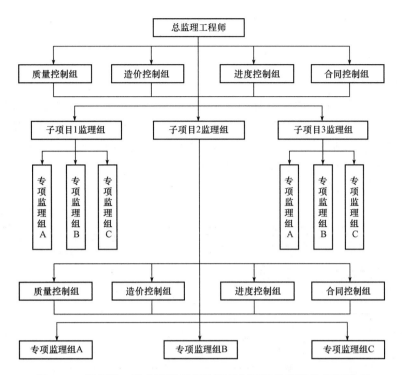

图 4-13　子项目 2 设立职能部门的职能制项目监理机构组织形式

3. 直线职能制组织形式

直线职能制组织形式是吸收直线制组织形式和职能制组织形式的优点而形成的一种组织形式。这种组织形式将管理部门和人员分为两类：一类是直线指挥部门的人员，他们拥有对下级实行指挥和发布命令的权力，并对该部门的工作全面负责；另一类是职能部门的人员，他们是直线指挥人员的参谋，只能对下级部门进行业务指导，而不能对下级部门直接进行指挥和发布命令，如图 4-14 所示。

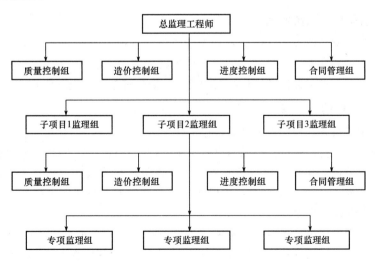

图 4-14　直线职能制项目监理机构组织形式

直线职能制组织形式的优点是既保持了直线制组织实行直线领导、统一指挥、职责分明，又保持了职能制组织目标管理的专业化；缺点是职能部门与指挥部门易产生矛盾，信息传递路线长，不利于互通信息。

4. 矩阵制组织形式

矩阵制组织形式是由纵横两套管理系统组成的矩阵组织结构，一套是纵向职能系统，另一套是横向子项目系统，如图 4-15 所示。这种组织形式的纵、横两套管理系统在监理工作中是相互融合关系。图中虚线所绘的交叉点上，表示了两者协同以共同解决问题。如子项目 1 的质量验收是由子项目 1 监理组和质量控制组共同进行的。

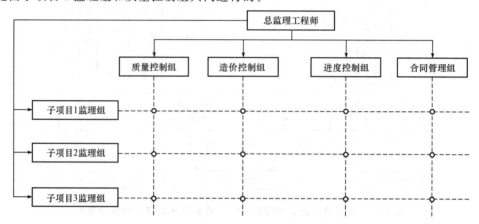

图 4-15 矩阵制项目监理机构组织形式

矩阵制组织形式的优点是加强了各职能部门的横向联系，具有较大的机动性和适应性，将上下左右集权与分权实行最优结合，有利于解决复杂问题，有利于监理人员业务能力的培养；缺点是纵横向协调工作量大，处理不当会造成扯皮现象，产生矛盾。

三、项目监理机构人员配备及职责

（一）项目监理机构人员配备

项目监理机构中配备监理人员的数量和专业应根据监理的任务范围、内容、工作期限，以及工程的类别、规模、技术复杂程度、工程环境等因素综合考虑，并应符合建设工程监理合同中对监理工作深度及建设工程监理目标控制的要求，能体现项目监理机构的整体素质。

1. 项目监理机构的人员结构

项目监理机构应具有合理的人员结构，包括以下两方面：

（1）合理的专业结构。项目监理机构应由与所监理工程的性质（专业性强的生产项目或是民用项目）及建设单位对建设工程监理的要求（是否包含相关服务内容，是工程质量、造价、进度的多目标控制或是某一目标的控制）相适应的各专业人员组成，也即各专业人员要配套，以满足项目各专业监理工作要求。

通常，项目监理机构应具备与所承担的监理任务相适应的专业人员。但当监理的工程局部有特殊性或建设单位提出某些特殊监理要求而需要采用某种特殊监控手段时，如局部的钢结构、网架、球罐体等质量监控需采用无损探伤、X 光及超声探测，水下及地下混凝土桩需要采用遥测仪器探测等。此时，可将这些局部专业性强的监控工作另行委托给具有相应资质的咨询机构来承担，这也应视为保证了监理人员合理的专业结构。

（2）合理的技术职称结构。为了提高管理效率和经济性，应根据建设工程的特点和建设工程管理工作需要，确定项目监理机构中监理人员的技术职称结构。合理的技术职称结构表现为监理人员的高级职称、中级职称和初级职称的比例应与监理工作要求相适应。

通常，工程勘察设计阶段的服务对人员职称要求更高些，具有高级职称及中级职称的人员在整个监理人员构成中应占绝大多数。施工阶段监理，可由较多的初级职称人员从事实际操作工作，如旁站、见证取样、检查工序施工结果、复核工程计量有关数据等。

这里所称的初级职称是指助理工程师、助理经济师、技术员等，也可包括具有相应能力的实践经验丰富的工人（应能看懂图纸、正确填报有关原始凭证）。施工段项目监理机构监理人员应具有的技术职称结构见表4-1。

表 4-1　施工阶段项目监理机构监理人员应具有的技术职称结构

层次	人员	职能	职称要求		
决策层	总监理工程师、总监理工程师代表、专业监理工程师	项目监理的策划、规划；组织、协调、控制、评价等	高级职称		
执行层/协调层	专业监理工程师	项目监理实施的具体组织、指挥、控制、协调		中级职称	
作业层/操作层	监理员	具体业务的执行			初级职称

2. 项目监理机构监理人员数量的确定

（1）影响项目监理机构人员数量的主要因素，主要包括以下几个方面：

1）工程建设强度。工程建设强度是指单位时间内投入的建设工程资金的数量，即

$$工程建设强度＝投资/工期$$

式中，投资和工期是指监理单位所承担监理任务的工程的建设投资和工期。投资可按工程概算投资额或合同价计算，工期可根据进度总目标及其分目标计算。

显然，工程建设强度越大，需投入的监理人数越多。

2）建设工程复杂程度。通常，工程复杂程度涉及以下因素：设计活动、工程地点位置、气候条件、地形条件、工程地质、工程性质、工程结构类型、施工方法、工期要求、材料供应、工程分散程度等。

根据上述各项因素，可将工程分为若干工程复杂程度等级，不同等级的工程需要配备的监理人员数量有所不同。例如，可将工程复杂程度按5级划分：简单、一般、较复杂、复杂、很复杂。工程复杂程度定级可采用定量办法：对构成工程复杂程度的每一因素通过专家评估，根据工程实际情况给出相应权重，将各影响因素的评分加权平均后根据其值的大小确定该工程的复杂程度等级。例如，将工程复杂程度按10分制考虑，则平均分值1～3分、3～5分、5～7分、7～9者依次为简单工程、一般工程、较复杂工程和复杂工程，9分以上为很复杂工程。

显然，建设工程越复杂，需要的监理人员越多。

3）工程监理单位的业务水平。每个工程监理单位的业务水平和对某类工程的熟悉程度不完全相同，在监理人员素质、管理水平和监理设备手段等方面也存在差异，这些都会直接影响到监理效率的高低。高水平的监理单位可以投入较少的监理人力完成一个建设工程的监理工作，而一个经验不多或管理水平不高的监理单位则需投入更多的监理人力。因此，各监理单位应当

根据自己的实际情况制定监理人员需要量定额。

4）项目监理机构的组织结构和任务职能分工。项目监理机构的组织结构情况关系到具体的监理人员配备，务必使项目监理机构任务职能分工的要求得到满足。必要时，还需要根据项目监理机构的职能分工对监理人员的配备做进一步调整。

有时，监理工作需要委托专业咨询机构或专业监测、检验机构进行。当然，项目监理机构的监理人员数量可适当减少。

（2）项目监理机构人员数量的确定方法。根据建设工程项目目标、任务的特点及上述影响因素，可以通过编制项目监理人员需要量定额的方法来确定项目监理机构人数，也可以按当地建设行政主管部门的要求来合理配备监理机构的人员。

（二）项目监理机构各类人员基本职责

根据《建设工程监理规范》（GB/T 50319—2013），总监理工程师、总监理工程师代表、专业监理工程师和监理员应分别履行下列职责：

1. 总监理工程师职责

（1）确定项目监理机构人员及其岗位职责；

（2）组织编制监理规划，审批监理实施细则；

（3）根据工程进展及监理工作情况调配监理人员，检查监理人员工作；

（4）组织召开监理例会；

（5）组织审核分包单位资格；

（6）组织审查施工组织设计、（专项）施工方案；

（7）审查开复工报审表，签发工程开工令、暂停令和复工令；

（8）组织检查施工单位现场质量、安全生产管理体系的建立及运行情况；

（9）组织审核施工单位的付款申请，签发工程款支付证书，组织审核竣工结算；

（10）组织审查和处理工程变更；

（11）调解建设单位与施工单位的合同争议，处理工程索赔；

（12）组织验收分部工程，组织审查单位工程质量检验资料；

（13）审查施工单位的竣工申请，组织工程竣工预验收，组织编写工程质量评估报告，参与工程竣工验收；

（14）参与或配合工程质量安全事故的调查和处理；

（15）组织编写监理月报、监理工作总结，组织整理监理文件资料。

2. 总监理工程师代表职责

按总监理工程师的授权，负责总监理工程师指定或交办的监理工作，行使总监理工程师的部分职责和权力。但其中涉及工程质量、安全生产管理及工程索赔等重要职责不得委托给总监理工程师代表。具体而言，总监理工程师不得将下列工作委托给总监理工程师代表：

（1）组织编制监理规划，审批监理实施细则；

（2）根据工程进展及监理工作情况调配监理人员；

（3）组织审查施工组织设计、（专项）施工方案；

（4）签发工程开工令、暂停令和复工令；

（5）签发工程款支付证书，组织审核竣工结算；

（6）调解建设单位与施工单位的合同争议，处理工程索赔；

（7）审查施工单位的竣工申请，组织工程竣工预验收，组织编写工程质量评估报告，参与工程竣工验收；

(8) 参与或配合工程质量安全事故的调查和处理。

3. 专业监理工程师职责

(1) 参与编制监理规划，负责编制监理实施细则；

(2) 审查施工单位提交的涉及本专业的报审文件，并向总监理工程师报告；

(3) 参与审核分包单位资格；

(4) 指导、检查监理员工作，定期向总监理工程师报告本专业监理工作实施情况；

(5) 检查进场的工程材料、构配件、设备的质量；

(6) 验收检验批、隐蔽工程、分项工程，参与验收分部工程；

(7) 处置发现的质量问题和安全事故隐患；

(8) 进行工程计量；

(9) 参与工程变更的审查和处理；

(10) 组织编写监理日志，参与编写监理月报；

(11) 收集、汇总、参与整理监理文件资料；

(12) 参与工程竣工预验收和竣工验收。

4. 监理员职责

(1) 检查施工单位投入工程的人力、主要设备的使用及运行状况；

(2) 进行见证取样；

(3) 复核工程计量有关数据；

(4) 检查工序施工结果；

(5) 发现施工作业中的问题，及时指出并向专业监理工程师报告。

专业监理工程师和监理员的上述职责为其基本职责，在建设工程监理实施过程中，项目监理机构还应针对建设工程实际情况，明确各岗位专业监理工程师和监理员的职责分工。

四、注册监理工程师素质与职业道德

1. 注册监理工程师的素质

从事监理工作的监理人员不仅要有一定的工程技术或工程经济方面的专业知识、较强的专业技术能力、能够对工程建设进行监督管理并提出指导性的意见，而且要有一定的组织协调能力，能够组织、协调工程建设有关各方共同完成工程建设任务。因此，监理工程师应具备以下素质：

(1) 较高的专业学历和复合型的知识结构。

(2) 丰富的工程建设实践经验。

(3) 良好的品德。监理工程师的良好品德主要体现在以下几个方面：

1) 热爱本职工作；

2) 具有科学的工作态度；

3) 具有廉洁奉公、为人正直、办事公道的高尚情操；

4) 能够听取不同方面的意见、冷静分析问题。

(4) 健康的体魄和充沛的精力。我国对年满65周岁的监理工程师不再进行注册，主要就是考虑监理从业人员身体健康状况而设定的条件。

2. 注册监理工程师职业道德

国际咨询工程师联合会（FIDIC）等组织都规定有职业道德准则。注册监理工程师也应严格遵守以下职业道德守则：

（1）维护国家的荣誉和利益，按照"守法、诚信、公平、科学"的准则执业；

（2）执行有关工程建设法律、法规、标准和制度，履行建设工程监理合同规定的义务；

（3）努力学习专业技术和建设工程监理知识，不断提高业务能力和监理水平；

（4）不以个人名义承揽监理业务；

（5）不同时在两个或两个以上监理单位注册和从事监理活动，不在政府部门和施工、材料设备的生产供应等单位兼职；

（6）不为所监理项目指定承包商、建筑构配件、设备、材料生产厂家和施工方法；

（7）不收受被监理单位的任何礼金、有价证券等；

（8）不泄露所监理工程各方认为需要保密的事项；

（9）坚持独立自主地开展工作。

知识拓展

注册监理工程师制度

1. 监理工程师资格制度的建立和发展

注册监理工程师是实施工程监理制的核心和基础。1990 年，原建设部和原人事部按照有利于国家经济发展、得到社会公认、具有国际可比性、事关社会公共利益 4 项原则，率先在工程建设领域建立了监理工程师执业资格制度，以考核形式确认了 100 名监理工程师的执业资格。随后，又相继认定了两批监理工程师的执业资格，前后共认定了 1 059 名监理工程师。实行监理工程师执业资格制度的意义在于：一是与工程监理制度紧密衔接；二是统一监理工程师执业能力标准；三是强化工程监理人员执业责任；四是促进工程监理人员努力钻研业务知识，提高业务水平；五是合理建立工程监理人才库，优化调整市场资源结构；六是便于开拓国际工程监理市场。1992 年 6 月，原建设部发布《监理工程师资格考试和注册试行办法》（建设部第 18 号令），明确了监理工程师考试、注册的实施方式和管理程序，我国从此开始实施监理工程师执业资格考试。

1993 年，原建设部、人事部印发《关于〈监理工程师资格考试和注册试行办法〉实施意见的通知》（建监〔1993〕415 号），提出加强对监理工程师资格考试和注册工作的统一领导与管理，并提出了实施意见。1994 年，原建设部与原人事部在北京、天津、上海、山东、广东五省市组织了监理工程师执业资格试点考试。1996 年 8 月，原建设部、原人事部发布《建设部、原人事部关于全国监理工程师执业资格考试工作的通知》（建监〔1996〕462 号），从 1997 年开始，监理工程师执业资格考试实行全国统一管理、统一考纲、统一命题、统一时间、统一标准的办法，考试工作由建设部、人事部共同负责。监理工程师执业资格考试合格者，由各省、自治区、直辖市人事（职改）部门颁发人事部统一印制的人事部与建设部共同用印的《中华人民共和国监理工程师执业资格证书》，该证书在全国范围内有效。

2020 年，住房和城乡建设部、交通运输部、水利部、人力资源社会保障部联合印发《监理工程师职业资格制度规定》及《监理工程师职业资格考试实施办法》，其中明确规定：国家设置监理工程师准入类职业资格，纳入国家职业资格目录。住房和城乡建设部、交通运输部、水利部、人力资源社会保障部共同制定监理工程师职业资格制度，并按照职责分工分别负责监理工程师职业资格制度的实施与监管。

监理工程师职业资格考试全国统一大纲、统一命题、统一组织。监理工程师职业资格考试合格者，由各省、自治区、直辖市人力资源社会保障行政主管部门颁发中华人民共和国监理工程师职业资格证书（或电子证书）。该证书由人力资源社会保障部统一印制，住房和城乡建设部、交通运输部、水利部按专业类别分别与人力资源社会保障部用印，在全国范围内有效。

2. 监理工程师资格考试科目及报考条件

（1）监理工程师资格考试科目。监理工程师职业资格考试原则上每年举行一次，考试设 4 个科目，即"建设工程监理基本理论和相关法规""建设工程合同管理""建设工程目标控制""建设工程监理案例分析"。其中，"建设工程监理基本理论和相关法规""建设工程合同管理"为基础科目，"建设工程目标控制""建设工程监理案例分析"为专业科目。"建设工程监理案例分析"科目为主观题，在试卷上作答；其余 3 个科目均为客观题，在答题卡上作答。考试分 3 个专业类别，分别为土木建筑工程、交通运输工程、水利工程。考生在报名时可根据实际工作需要选择。土木建筑工程专业由住房和城乡建设部负责，交通运输工程专业由交通运输部负责，水利工程专业由水利部负责。

监理工程师职业资格考试成绩实行 4 年为一个周期的滚动管理办法，在连续的 4 个考试年度内通过全部考试科目，方可取得监理工程师职业资格证书。

已取得监理工程师一种专业职业资格证书的人员，报名参加其他专业科目考试的，可免考基础科目。考试合格后，核发人力资源社会保障部门统一印制的相应专业考试合格证明。该证明作为注册时增加执业专业类别的依据。免考基础科目和增加专业类别的人员，专业科目成绩按照 2 年为一个周期滚动管理。

（2）监理工程师执业资格报考条件。凡遵守中华人民共和国宪法、法律、法规，具有良好的业务素质和道德品行，具备下列条件之一者，可以申请参加监理工程师职业资格考试（取消了中级职称的要求）：

1）具有各工程类专业大学专科学历（或高等职业教育），从事工程施工、监理、设计等业务工作满 6 年；

2）具有工学、管理科学与工程类专业大学本科学历或学位，从事工程施工、监理、设计等业务工作满 4 年；

3）具有工学、管理科学与工程一级学科硕士学位或专业学位，从事工程施工、监理、设计等业务工作满 2 年；

4）具有工学、管理科学与工程一级学科博士学位。

经批准同意开展试点的地区，申请参加监理工程师职业资格考试的，应当具有大学本科及以上学历或学位。

考试成绩实行 4 年为一个周期的滚动管理办法，在连续的 4 个考试年度内通过全部考试科目，方可取得监理工程师职业资格证书。

（3）免试基础科目的条件。具备以下条件之一的，参加监理工程师职业资格考试可免考基础科目：已取得公路水运工程监理工程师资格证书；已取得水利工程建设监理工程师资格证书。申请免考部分科目的人员在报名时应提供相应材料。

3. 内地监理工程师与香港建筑测量师资格互认

根据《关于建立更紧密经贸关系的安排》（CEPA 协议），为加强内地监理工程师和香港建筑测量师的交流与合作，促进两地共同发展，2006 年，内地有关部门与香港测量师学会就内地监理工程师和香港建筑测量师资格互认工作进行了考察评估，双方对资格互认工作的必要性及可行性取得了共识，同意在互惠互利、对等、总量与户籍控制等原则下，实施内地监理工程师与香港建筑测量师资格互认，签署"内地监理工程师和香港建筑测量师资格互认协议"，内地 255 名监理工程师与香港 228 建筑测量师取得了对方互认资格。

4. 监理工程师注册

我国对监理工程师职业资格实行执业注册管理制度，监理工程师注册是政府对工程监理执业人员实行市场准入控制的有效手段。取得监理工程师职业资格证书且从事工程监理及相关业务活动的人员，经过注册方可以注册监理工程师名义执业。住房和城乡建设部、交通运输部、水利部按专业类别分别负责监理工程师注册及相关工作。

5. 监理工程师执业

住房和城乡建设部、交通运输部、水利部按照职责分工建立健全监理工程师诚信体系，制定相关规章制度或从业标准规范，并指导监督信用评价工作。

监理工程师不得同时受聘于两个或两个以上单位，不得允许他人以本人名义执业，严禁"证书挂靠"。出租、出借注册证书的，依据相关法律、法规进行处罚；构成犯罪的，依法追究刑事责任。

监理工程师可以从事建设工程监理、全过程工程咨询及工程建设某一阶段或某一专项工程咨询以及国务院有关部门规定的其他业务。

监理工程师依据职责开展工作、在本人执业活动中形成的工程监理文件上签章，并承担相应责任。

监理工程师未执行法律、法规和工程建设强制性标准实施监理，造成质量安全事故的，依据相关法律、法规进行处罚；构成犯罪的，依法追究刑事责任。

6. 监理工程师继续教育

随着现代科学技术日新月异地发展，监理工程师不能一劳永逸地停留在原有知识水平上，要随着时代的进步不断更新知识、扩大知识面，学习新的理论知识、法规政策及标准，了解新技术、新工艺、新材料、新设备，这样才能不断提高执业能力和工作水平，以适应工程建设事业发展及监理实务的需要。

取得监理工程师注册证书的人员，应当按照国家专业技术人员继续教育的有关规定接受继续教育，更新专业知识，提高业务水平。

7. 注册监理工程师新规

（1）执业范围扩大。2019 年 12 月，住房和城乡建设部、国家发改委联合印发《房屋建筑和市政基础设施项目工程总承包管理办法》明确：自 2020 年 3 月 1 日起，注册监理工程师可以担任工程总承包项目经理。

（2）执业门槛提高。北京、上海、广州、重庆已正式发文，非本科及以上学历不得担任总监理工程师/监理工程师。

北京：2019 年 3 月，《北京市房屋建筑和市政基础设施工程监理人员配备管理规定》明确，担任总监理工程师应当具备工程类相关专业大学本科及以上学历，具有 3 年以上监理工作经验。

上海：2019 年 3 月 27 日，上海市住建委下发通知，要求担任总监理工程师，除需符合注册监理工程师及最低从业年限以外，同时应满足本科及以上学历要求。

广州：担任总监理工程师，需具备《注册监理工程师》资格，并具备本科或以上学历；担任小型工程施工现场监理工程师，需具备《注册监理工程师》资格，并具备本科或以上学历。

重庆：总监理工程师除需符合现行《建设工程监理规范》（GB/T 50319—2013）规定的任职资格外，同时应具有建筑学、工程学或建设工程管理类专业大学本科及以上学历。

（3）同行业竞争加大。2020年，中国建设监理协会颁布了《项目监理机构人员配置标准》（试行）（房屋建筑工程部分），增加了总监理工程师岗位对一级和二级类注册证的认可。

其中 2.0.6 条明确："总监理工程师：由工程监理单位法定代表人书面任命，负责履行建设工程监理合同、主持项目监理机构工作的注册监理工程师或符合本标准规定的其他工程技术、经济类注册人员。"这句话和以往表述不同，明确其他工程技术、经济类注册人员也可担任总监理工程师。

实训案例

背景：

某实施监理的市政工程，分成 A、B 两个施工标段。工程监理合同签订后，监理单位将项目监理机构组织形式、人员构成和对总监理工程师的任命书面通知建设单位。该总监理工程师担任总监理工程师的另一工程项目尚有一年方可竣工。根据工程专业特点，市政工程 A、B 两个标段分别设置了总监理工程师代表甲和乙。甲、乙均不是注册监理工程师，但甲具有高级专业技术职称，在监理岗位任职 15 年；乙具有中级专业技术职称，已取得了建造师执业资格证书（尚未注册），有 5 年施工管理经验，2 年前经培训开始在监理岗位就职。工程实施中发生以下事件：

事件1：建设单位同意对总监理工程师的任命，但认为甲、乙二人均不是注册监理工程师，不同意二人担任总监理工程师代表。

事件2：工程质量监督机构以同时担任另一项目的总监理工程师有可能"监理不到位"为由，要求更换总监理工程师。

事件3：监理单位对项目监理机构人员进行了调整，安排乙担任专业监理工程师。

事件4：总监理工程师考虑到身兼两项工程比较忙，委托总监理工程师代表开展若干项工作，其中有组织召开监理例会、组织审查施工组织设计、签发工程款支付证书、组织审查和处理工程变更、组织分部工程验收。

事件5：总监理工程师在安排工程计量工作时，要求监理员进行具体计量，由专业监理工程师进行复核检查。

问题：

1. 事件1中，建设单位不同意甲、乙担任总监理工程师代表的理由是否正确？甲和乙是否可以担任总监理工程师？分别说明理由。

2. 事件2中，工程质量监督机构的要求是否妥当？说明理由。

3. 事件3中，监理单位安排乙担任专业监理工程师是否妥当？说明理由。

4. 指出事件4中总监理工程师对所列工作的委托，哪些是正确的？哪些不正确？

5. 事件5中，总监理工程师的做法是否妥当？说明理由。

案例解析：

1. 根据《建设工程监理规范》（GB/T 50319—2013）规定，总监理工程师代表可由具有工程类注册执业资格的人员担任，也可由具有中级及以上专业技术职称、3 年及以上工程实践经验并经监理业务培训的人员担任，所以，建设单位不同意的理由不正确。甲符合任职条件，可担任总监理工程师代表；乙的建造师资格证书未注册，且仅有 2 年工程监理经验，不符合任职条件，不能担任总监理工程师代表。

2. 工程质量监督机构的要求不妥。理由：根据《建设工程监理规范》规定，经建设单位同意，一名注册监理工程师可同时担任不超过 3 个项目的总监理工程师。

3. 监理单位安排乙担任专业监理工程师妥当。因为《建设工程监理规范》（GB/T 50319—2013）规定，专业监理工程师可由具有中级及以上专业技术职称、2 年及以上工程经验并经监理业务培训的人员担任。乙符合该条件。

4. 根据《建设工程监理规范》（GB/T 50319—2013）规定，总监理工程师委托其代表组织召开监理例会、组织审查和处理工程变更、组织分部工程验收正确；委托组织审查施工组织设计、签发工程款支付证书不正确。

5. 根据《建设工程监理规范》（GB/T 50319—2013）规定，由专业监理工程师进行工程计量，监理员复核工程计量有关数据。故总监理工程师的做法不妥。

基础练习

一、单项选择题

1. 工程监理单位在组建项目监理机构时，确定监理工作内容前应进行的工作是（　　）。
   A. 确定管理层次与跨度　　　　　　　　B. 制定工作流程和信息流程
   C. 设计项目监理机构组织结构　　　　　D. 确定项目监理机构目标

2. 下列属于矩阵制组织形式优点的是（　　）。
   A. 决策迅速、隶属关系明确　　　　　　B. 组织机构简单、权力集中
   C. 有利于解决复杂问题　　　　　　　　D. 纵横向协调工作量小

3. 下列能够体现项目监理机构应规范化地开展监理工作的是（　　）。
   A. 监理期限的及时性　　　　　　　　　B. 职责分工的严密性
   C. 工作质量的复杂性　　　　　　　　　D. 工作内容的确定性

4. 工程监理单位受建设单位委托实施建设工程监理时，要遵循总监理工程师负责制的原则，其核心内容是（　　）。
   A. 总监理工程师是建设工程监理工作的质量主体
   B. 总监理工程师是建设工程监理工作的责任主体
   C. 总监理工程师是建设工程监理工作的权力主体
   D. 总监理工程师是建设工程监理工作的利益主体

5. 关于建设工程监理委托方式的说法，正确的是（　　）。
   A. 在平行承包模式下，建设单位可委托一家工程监理单位实施监理
   B. 在平行承包模式下，建设工程监理委托方式具有唯一性
   C. 在施工总承包模式下，建设单位应委托多家监理单位针对不同施工单位实施监理
   D. 在工程总承包模式下，建设单位可委托一家工程监理单位实施监理

6. 建设工程监理实施程序包括：①组建项目监理机构；②收集建设工程监理有关资料；③编制监理规划及监理实施细则；④规范化地开展监理工作。仅就上述工作而言，正确的排序是（　　）。
   A. ②①③④　　　　B. ②③①④　　　　C. ①③②④　　　　D. ①②③④

7. 根据《建设工程监理规范》(GB/T 50319—2013)，关于项目监理机构设立的基本要求的说法，正确的是（　　）。

A. 工程监理单位调换总监理工程师，应征得监理单位法定代表人书面同意

B. 工程监理单位调换专业监理工程师，应征得建设单位书面同意

C. 工程规模较大、地域比较分散，可按工程地域设置总监理工程师代表

D. 一名注册监理工程师最多可担任 5 项建设工程监理合同的总监理工程师

8. （　　）组织形式的特点是各级部门主管人员对各自所属部门的事务负责，项目监理机构中不再另设职能部门。

A. 职能制　　　　　　　B. 曲线制　　　　　　　C. 直线制　　　　　　　D. 矩阵制

9. 根据《建设工程监理规范》(GB/T 50319—2013)，专业监理工程师应履行的职责不包括（　　）。

A. 参与验收分部工程　　　　　　　　　B. 参与整理监理文件资料

C. 处置发现的质量问题　　　　　　　　D. 检查施工单位投入工程的人力

10. 下列属于项目监理机构内部工作制度的是（　　）。

A. 单项工程验收制度　　　　　　　　　B. 监理工作日志制度

C. 工程变更处理制度　　　　　　　　　D. 招标管理制度

二、多项选择题

1. 项目监理机构的组织结构设计工作包括（　　）。

A. 选择组织结构形式　　　　　　　　　B. 确定管理层次和管理跨度

C. 确定监理工作内容　　　　　　　　　D. 制定工作流程和信息流程

E. 划分项目监理机构部门

2. 影响项目监理机构人员数量的主要因素包括（　　）。

A. 工程建设强度　　　　　　　　　　　B. 建设工程复杂程度

C. 建设工期长短　　　　　　　　　　　D. 监理单位的业务水平

E. 项目监理机构的组织结构和任务职能分工

3. 根据《建设工程监理规范》(GB/T 50319—2013)，专业监理工程师需要履行的职责有（　　）。

A. 组织编制监理规划　　　　　　　　　B. 参与编制监理实施细则

C. 参与验收分部工程　　　　　　　　　D. 组织编写监理日志

E. 参与审核分包单位资格

4. 项目监理机构的组织形式有（　　）。

A. 直线制监理组织形式　　　　　　　　B. 职能制监理组织形式

C. 直线职能制监理组织形式　　　　　　D. 矩阵制监理组织形式

E. 纵横向的子项目系统

5. 关于建设工程监理机构组织形式的说法，正确的是（　　）。

A. 直线制组织形式的特点是监理机构中任何一个下级只接受唯一上级的命令

B. 直线制组织形式要求总监理工程师通晓各种业务和多种专业技能

C. 职能制组织形式下级人员受多头指挥，容易在工作中无所适从

D. 直线职能制组织形式的缺点是职能部门与指挥部门易产生矛盾，信息传递路线长，不利于互通信息

E. 直线职能制组织形式纵横向协调工作量大，处理不当会造成扯皮现象

6. 下列不属于总监理工程师代表职责的是（　　）。

A. 调解建设单位与施工单位的合同争议，处理工程索赔

B. 组织验收分部工程，组织审查单位工程质量检验资料

C. 组织审核分包单位资格

D. 参与或配合工程质量安全事故的调查和处理

E. 组织审查和处理工程变更

7. 关于直线职能制组织形式的说法，正确的有（　　）。

A. 由纵、横两套管理系统组成的矩阵组织结构

B. 职能部门在其职能范围内有权直接发布指令指挥下级

C. 是吸收直线制和职能制的优点而形成的一种组织形式

D. 加强了各职能部门的横向联系，具有较大的机动性和适应性

E. 职能部门与指挥部门易产生矛盾，信息传递路线长，不利于互通信息

8. 根据《建设工程监理规范》（GB/T 50319—2013），属于总监理工程师应履行的职责有（　　）。

A. 组织工程竣工验收　　　　　　　　B. 组织审查施工组织设计

C. 组织工程质量安全事故的调查　　　D. 组织召开监理例会

E. 组织编写工程质量评估报告

9. 根据《建设工程监理规范》（GB/T 50319—2013），属于监理员应履行的职责有（　　）。

A. 进行见证取样　　　　　　　　　　B. 进行工程计量

C. 组织编写监理日志　　　　　　　　D. 参与审核分包单位资格

E. 检查施工单位投入工程的人力

10. 建设工程采用平行承包模式的主要优点是（　　）。

A. 可减少设计变更和修改　　　　　　B. 有利于建设单位合同管理

C. 有利于控制工程造价　　　　　　　D. 有利于控制工程质量

E. 有利于缩短工期

三、简答题

1. 项目监理机构的组织形式有哪些？

2. 如何配备项目监理机构中的人员？

3. 项目监理机构中各类人员的基本职责有哪些？

4. 建设工程监理的委托方式有哪些？

5. 建设工程监理实施程序和原则有哪些？

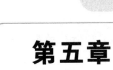

第五章

监理规划与监理实施细则

监理规划是项目监理机构全面开展建设工程监理工作的指导性文件，监理实施细则是在监理规划的基础上，针对工程项目中某一专业或某一方面监理工作编制的操作性文件。监理规划和监理实施细则的内容全面具体，而且需要按程序报批后才能实施。

第一节　监理规划

一、监理规划编写依据

1. 工程建设法律、法规和标准

（1）国家层面工程建设有关法律、法规及政策。无论在任何地区或任何部门进行工程建设，都必须遵守国家层面工程建设相关法律、法规及政策。

（2）工程所在地或所属部门颁布的工程建设相关法规、规章及政策。建设工程必然是在某一地区实施的，有时也由某一部门归口管理，这就要求工程建设必须遵守工程所在地或所属部门颁布的工程建设相关法规、规章及政策。

（3）工程建设标准。工程建设必须遵守相关标准、规范及规程等工程建设技术标准和管理标准。

2. 建设工程外部环境调查研究资料

（1）自然条件方面的资料；

（2）社会和经济条件方面的资料。

3. 政府批准的工程建设文件

（1）政府发展改革部门批准的可行性研究报告、立项批文；

（2）政府规划、土地、环保等部门确定的规划条件、土地使用条件、环境保护要求、市政管理规定。

4. 建设工程监理合同文件

建设工程监理合同的相关条款和内容是编写监理规划的重要依据，主要包括监理工作范围和内容、监理与相关服务依据、工程监理单位的义务和责任、建设单位的义务和责任等。

5. 建设工程合同

在编写监理规划时，也要考虑建设工程合同（特别是施工合同）中关于建设单位和施工单位义务和责任的内容，以及建设单位对于工程监理单位的授权。

6. 建设单位的合理要求

工程监理单位应竭诚为客户服务，在不超出合同职责范围的前提下，工程监理单位应最大限度地满足建设单位的合理要求。

7. 工程实施过程中输出的有关工程信息

工程实施过程中输出的有关工程信息主要包括方案设计、初步设计、施工图设计、工程实施状况、工程招标投标情况、重大工程变更、外部环境变化等。

二、监理规划编写要求

1. 监理规划的基本构成内容应当力求统一

监理规划在总体内容组成上应力求做到统一，这是监理工作规范化、制度化、科学化的要求。

监理规划基本构成内容主要取决于工程监理制度对于工程监理单位的基本要求。根据建设工程监理的基本内涵，工程监理单位受建设单位委托，需要控制建设工程质量、造价、进度三大目标，需要进行合同管理和信息管理，协调有关单位间的关系，还需要履行安全生产管理的法定职责。工程监理单位的上述基本工作内容决定监理规划的基本构成内容，而且由于监理规划对于项目监理机构全面开展监理工作具有指导性作用，对整个监理工作的组织、控制及相应的方法和措施的规划等也成为监理规划必不可少的内容。

就某一特定建设工程而言，监理规划应根据建设工程监理合同所确定的监理范围和深度编制，但其主要内容应力求体现上述内容。

2. 监理规划的内容应具有针对性、指导性和可操作性

监理规划作为指导项目监理机构全面开展监理工作的纲领性文件，其内容应具有很强的针对性、指导性和可操作性。每个项目的监理规划既要考虑项目自身特点，也要根据项目监理机构的实际状况，在监理规划中应明确规定项目监理机构在工程实施过程中各个阶段的工作内容、工作人员、工作时间和地点、工作的具体方式方法等。只有这样，监理规划才能起到有效的指导作用，真正成为项目监理机构进行各项工作的依据。监理规划只要能够对有效实施建设工程监理做好指导工作，使项目监理机构能圆满完成所承担的建设工程监理任务，就是一个合格的监理规划。

3. 监理规划应由总监理工程师组织编制

《建设工程监理规范》（GB/T 50319—2013）明确规定，总监理工程师应组织编制监理规划。当然，真正要编制一份合格的监理规划，还要充分调动整个项目监理机构中专业监理工程师的积极性，广泛征求各专业监理工程师和其他监理人员的意见，并吸收水平较高的专业监理工程师共同参与编写。

监理规划的编写还应听取建设单位的意见，以便能最大限度满足其合理要求，使监理工作得到有关各方的理解和支持，为进一步做好监理服务奠定基础。

4. 监理规划应把握工程项目运行脉搏

监理规划是针对具体工程项目编写的，而工程项目的动态性决定了监理规划的具体可变性。监理规划要把握工程项目运行脉搏，是指其可能随着工程进展进行不断地补充、修改和完善。在工程项目运行过程中，内外因素和条件不可避免地要发生变化，造成工程实际情况偏离计划，往往需要调整计划乃至目标，这就可能造成监理规划在内容上也要进行相应调整。

5. 监理规划应有利于建设工程监理合同的履行

监理规划是针对特定的一个工程的监理范围和内容来编写的，而建设工程监理范围和内容是由工程监理合同来明确的。项目监理机构应充分了解工程监理合同中建设单位、工程监理单位的义务和责任，对工程监理合同目标控制任务的主要影响因素进行分析，制定具体的措施和方法，确保工程监理合同的履行。

6. 监理规划的表达方式应当标准化、格式化

监理规划的内容需要选择最有效的方式和方法来表示，如图、表和简单的文字说明。规范化、标准化是科学管理的标志之一。所以，编写监理规划应当对采用什么表格、图示及哪些内容需要采用简单的文字说明作出统一规定。

7. 监理规划的编制应充分考虑时效性

应当对监理规划的编写时间事先作出明确规定，以免编写时间过长，从而耽误监理规划对监理工作的指导，使监理工作陷于被动和无序。

8. 监理规划经审核批准后方可实施

监理规划在编写完成后需进行审核并经批准。监理单位的技术管理部门是内部审核单位，技术负责人应当签认，同时，还应当按照工程监理合同约定提交给建设单位，由建设单位确认。

三、监理规划主要内容

《建设工程监理规范》（GB/T 50319—2013）明确规定，监理规划的内容12项，包括：工程概况；监理工作的范围、内容、目标；监理工作依据；监理组织形式、人员配备及进退场计划、监理人员岗位职责；监理工作制度；工程质量控制；工程造价控制；工程进度控制；安全生产管理的监理工作；合同与信息管理；组织协调；监理工作设施。

四、监理规划报审

1. 监理规划报审程序

监理规划报审程序的时间节点安排、各节点工作内容及负责人见表5-1。

表5-1 监理规划报审程序

序号	时间节点安排	工作内容	负责人
1	签订监理合同及收到工程设计文件后	编制监理规划	总监理工程师组织专业监理工程师参与
2	编制完成、总监签字后	监理规划审批	监理单位技术负责人审批
3	第一次工地会议前	报送建设单位	总监理工程师报送
4	设计文件、施工组织计划和施工方案等发生重大变化时	调整监理规划	总监理工程师组织专业监理工程师参与
		重新审批监理规划	监理单位技术负责人重新审批

2. 监理规划的审核内容

监理规划审核的内容主要包括以下几个方面：

（1）监理范围、工作内容及监理目标的审核。依据监理招标文件和建设工程监理合同，审核是否理解建设单位的工程建设意图，监理范围、监理工作内容是否已包括全部委托的工作任务，监理目标是否与建设工程监理合同要求和建设意图相一致。

（2）项目监理机构的审核。

1）组织机构方面。组织形式、管理模式等是否合理，是否已结合工程实施特点，是否能够与建设单位的组织关系和施工单位的组织关系相协调等。

2）人员配备方面。人员配备方案应从以下几个方面审查：

①派驻监理人员的专业满足程度。应根据工程特点和建设工程监理任务的工作范围，不仅要考虑专业监理工程师如土建监理工程师、安装监理工程师等能否满足开展监理工作的需要，而且还要看其是否覆盖了工程实施过程中的各种专业要求，以及高、中级职称和年龄结构的组成。

②人员数量的满足程度。主要审核从事监理工作人员在数量和结构上的合理性。按照我国已完成监理工作的工程资料统计测算，在施工阶段，大、中型建设工程每年完成 100 万元的工程量所需监理人员为 0.6～1 人，专业监理工程师、一般监理人员和行政文秘人员的结构比例为 2：6：2。专业类别较多的工程的监理人员数量应适当增加。

③专业人员不足时采取的措施是否恰当。大、中型建设工程由于技术复杂、涉及的专业面宽，当工程监理单位的技术人员不足以满足全部监理工作要求时，对拟临时聘用的监理人员的综合素质应认真审核。

④派驻现场人员计划表。对于大、中型建设工程，不同阶段对所需要的监理人员在人数和专业等方面的要求不同，应对各阶段所派驻现场监理人员的专业、数量计划是否与建设工程进度计划相适应进行审核，还应平衡正在其他工程上执行监理业务的人员。使其能按照预定计划进入本工程参加监理工作。

（3）工作计划的审核。在工程进展中各个阶段的工作实施计划是否合理、可行，审查其在每个阶段中如何控制建设工程目标及组织协调方法。

（4）工程质量、造价、进度控制方法的审核。对三大目标控制方法和措施应重点审查，看其如何应用组织、技术、经济、合同措施保证目标的实现，方法是否科学、合理、有效。

（5）对安全生产管理监理工作内容的审核。主要是审核安全生产管理的监理工作内容是否明确；是否制定了相应的安全生产管理实施细则；是否建立了对施工组织设计、专项施工方案的审查制度；是否建立了对现场安全隐患的巡视检查制度；是否建立了安全生产管理状况的监理报告制度；是否制定了安全生产事故的应急预案等。

（6）监理工作制度的审核。主要审查项目监理机构内、外工作制度是否健全、有效。

第二节　监理实施细则

一、监理实施细则编写依据

《建设工程监理规范》（GB/T 50319—2013）规定了监理实施细则编写的依据：

（1）监理规划；

（2）工程建设的标准、工程设计文件；

（3）施工组织设计、（专项）施工方案。

除《建设工程监理规范》（GB/T 50319—2013）中规定的相关依据，监理实施细则在编制过程中，还可以融入工程监理单位的规章制度和经认证发布的质量体系，以达到监理内容的全面、完整，有效提高建设工程监理自身的工作质量。

二、监理实施细则编写要求

《建设工程监理规范》（GB/T 50319—2013）规定，采用新材料、新工艺、新技术、新设备的工程，以及专业性较强、危险性较大的分部分项工程，应编制监理实施细则。对于工程规模较小、技术较为简单且有成熟监理经验和施工技术措施的情况下，可以不必编制监理实施细则。

监理实施细则应符合监理规划的要求，并应结合工程专业特点，做到详细具体、具有可操作性。监理实施细则可随工程进展编制，但应在相应工程开始前由专业监理工程师编制完成，并经总监理工程师审批后实施。可根据建设工程实际情况及项目监理机构工作需要增加其他内容。当工程发生变化导致监理实施细则所确定的工作流程、方法和措施需要调整时，专业监理工程师应对监理实施细则进行补充、修改。

从监理实施细则目的角度，监理实施细则应满足以下 3 个方面的要求。

1. 内容全面

监理工作包括"三控两管一协调一履职"，监理实施细则作为指导监理工作的操作性文件应涵盖这些内容。在编制监理实施细则前，专业监理工程师应依据建设工程监理合同和监理规划确定的监理范围和内容，结合需要编制监理实施细则的专业工程特点，对工程质量、造价、进度主要影响因素，以及安全生产管理的监理工作的要求，制定内容细致、翔实的监理实施细则，确保监理目标的实现。

2. 针对性强

独特性是工程项目的本质特征之一，没有两个完全一样的项目。因此，监理实施细则应在相关依据的基础上，结合工程项目实际建设条件、环境、技术、设计、功能等进行编制，确保监理实施细则的针对性。为此，在编制监理实施细则前，各专业监理工程师应组织本专业监理人员熟悉本专业的设计文件、施工图纸和施工方案，应结合工程特点，分析本专业监理工作的难点、重点及其主要影响因素，制定有针对性地组织、技术、经济和合同措施。同时，在监理工作实施过程中，监理实施细则要根据实际情况进行补充、修改和完善。

3. 可操作性强

监理实施细则应有可行的操作方法、措施，详细、明确的控制目标值和全面的监理工作计划。

三、监理实施细则主要内容

《建设工程监理规范》（GB/T 50319—2013）明确规定了监理实施细则应包含的内容，即专业工程特点、监理工作流程、监理工作控制要点，以及监理工作方法及措施。

1. 专业工程特点

专业工程特点是指需要编制监理实施细则的工程专业特点，而不是简单的工程概述。专业工程特点应从专业工程施工的重点和难点、施工范围和施工顺序、施工工艺、施工工序等内容进行有针对性的阐述，体现为工程施工的特殊性、技术的复杂性、与其他专业的交叉和衔接，以及各种环境约束条件。

除专业工程外，新材料、新工艺、新技术，以及对工程质量、造价、进度应加以重点控制等特殊要求也需要在监理实施细则中体现。

2. 监理工作流程

监理工作流程是结合工程相应专业制定的具有可操作性和可实施性的流程图。监理工作流程不仅涉及最终产品的检查验收，还涉及施工中各个环节及中间产品的监督检查与验收。

监理工作涉及的流程包括开工审核工作流程、施工质量控制流程、进度控制流程、造价（工程量计量）控制流程、安全生产和文明施工监理流程、测量监理流程、施工组织设计审核工作流程、分包单位资格审核流程、建筑材料审核流程、技术审核流程、工程质量问题处理审核流程、旁站检查工作流程、隐蔽工程验收流程、工程变更处理流程、信息资料管理流程等。

某建筑工程预制混凝土空心管桩分项工程监理工作流程如图 5-1 所示。

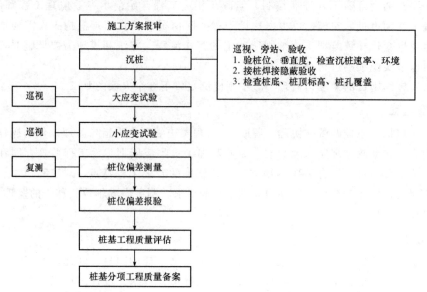

图 5-1 某建筑工程预制混凝土空心管桩分项监理工作流程

3. 监理工作要点

监理工作控制要点及目标值是对监理工作流程中工作内容的增加和补充，应将流程图设置的相关监理控制点和判断点进行详细而全面的描述。将监理工作目标和检查点的控制指标、数据和频率等阐释清楚。

例如，某工程预制混凝土空心管桩工程监理工作要点如下：

（1）预制桩进场检验：保证资料、外观检查（管桩壁厚，内外平整）。

（2）压桩顺序：压桩宜按中间向四周、中间向两端，先长后短、先高后低的原则确定压桩顺序。

（3）桩机就位：桩架龙口必须垂直。确保桩机桩架、桩身在同一轴线上，桩架要坚固、稳定、并有足够刚度。

（4）桩位：放样后认真复核，控制吊桩就位准确。

（5）桩垂直度：第一节管桩起吊就位插入地面时的垂直度用长条水准尺或两台经纬仪随时校正，垂直度偏差不得大于桩长的 0.5%、必要时拔出重插，每次接桩应用长条水准尺测垂直度，偏差控制在 0.5% 内；在静压过程中，桩机桩架、桩身的中心线应重合，当桩身倾斜超过 0.8% 时，应找出原因并设法校正，当桩尖进入硬土层后，严禁使用移动桩架等强行回扳的方法纠偏。

（6）沉桩前，施工单位应提交沉桩先后顺序和每日班沉桩数量。

（7）管桩接头焊接：管桩入土部分桩头高出地面 0.5～1.0 m 时接桩。接桩时，上节桩应对直，轴向错位不得大于 2 mm。采用焊接接桩时，上下节桩之间的空隙用铁片填实焊牢，结合面的间隙不得大于 2 mm。焊接坡口表面用铁刷子刷干净，露出金属光泽。焊接时宜先在坡口圆周上对称焊 6 点，待上、下桩节固定后拆除导向箍再分层施焊。施焊宜由 2～3 名焊工对称进行，焊缝应连续饱满，焊接层数不少于 3 层，必须将内层焊渣清理干净后方能施焊外一层，焊好的桩必须自然冷却 8 min 后方可施打，严禁焊接后用水冷却后立即施打。

（8）送桩：当桩顶打至地面需要送桩时，应测出桩垂直度并检查桩顶质量，合格后立即送桩。用送桩器将桩送入设计桩顶位置。送桩时，送桩器应保证与压入的桩垂直一致，送桩器下端与桩顶断面应平整接触，以免桩顶面受力不均匀而发生偏位或桩顶破碎。

（9）截桩头：桩头截除应采用锯桩器截割，严禁用大锤横向敲击或强行扳拉截桩，截桩后桩顶标高偏差不得大于 10 cm。

4. 监理工作方法及措施

监理规划中的方法是针对工程总体概括要求的方法和措施，监理实施细则中的监理工作方法和措施是针对专业工程而言，应更具体、更具有可操作性和可实施性。

（1）监理工作方法。监理工程师通过旁站、巡视、见证取样、平行检测等监理方法，对专业工程做全面监控，对每一个专业工程的监理实施细则而言，其工作方法必须加以详尽阐明。

除上述 4 种常规方法外，监理工程师还可采用指令文件、监理通知、支付控制手段等方法实施监理。

（2）监理工作措施。各专业工程的控制目标要有相应的监理措施以保证控制目标的实现。制定监理工作措施通常有两种方式：

1）根据措施实施内容不同，可将监理工作措施分为技术措施、经济措施、组织措施和合同措施。

例如，某建筑工程钻孔灌注桩分项工程监理工作组织措施和技术措施如下。

①组织措施：根据钻孔桩工艺和施工特点，对项目监理机构人员进行合理分工，现场专业监理人员分 2 班（8：00～20：00 和 20：00～次日 8：00，每班 1 人），进行全程巡视、旁站、检查和验收。

②技术措施：

a. 组织所有监理人员全面阅读图纸等技术文件，提出书面意见，参加设计交底，制定详细的监理实施细则。

b. 详细审核施工单位提交的施工组织设计；严格审查施工单位现场质量管理体系的建立和实施。

c. 研究分析钻孔桩施工质量风险点，合理确定质量控制关键点，包括桩位控制、桩长控制、桩径控制、桩身质量控制和桩端施工质量控制。

2）根据措施实施时间不同，可将监理工作措施分为事前控制措施、事中控制措施及事后控制措施。

事前控制措施是指为预防发生差错或问题而提前采取的措施；事中控制措施是指监理工作过程中，及时获取工程实际状况信息，以供及时发现问题、解决问题而采取的措施；事后控制措施是指发现工程相关指标与控制目标或标准之间出现差异后而采取的纠偏措施。

例如，某工程预制混凝土空心管桩工程监理工作措施包括：

①工程质量事前控制。

a. 认真学习和审查工程地质勘察报告，掌握工程地质情况。

b. 认真学习和审查桩基设计施工图纸，并进行图纸会审，组织或协助建设单位组织技术交底（技术交底主要内容为地质情况、设计要求、操作规程、安全措施和监理工作程序及要求等）。

c. 审查施工单位的施工组织设计、技术保障措施、施工机械配置的合理性及完好率、施工人员到位情况、施工前期情况、材料供应情况并提出整改意见。

d. 审查预制桩生产厂家的资质情况、生产工艺、质量保证体系、生产能力产品合格证、各种原材料的试验报告、企业信誉，并提出审查意见（若条件许可，监理人员应到生产厂家进行实地考察）。

e. 审查桩机备案情况，检查桩机的显著位置标注单位名称、机械备案编号。进入施工现场时，机长及操作人员必须备齐基础施工机械备案卡及上岗证，供项目监理机构、安全监管机构、质量监督机构检查。未经备案的桩机不得进入施工现场施工。

f. 要求施工单位在桩基平面布置图上对每根桩进行编号。

g. 要求施工单位设专职测量人员、按桩基平面布置图测放轴线及桩位，其尺寸允许偏差应符合基础工程施工质量验收标准要求。

h. 建筑物四大角轴线必须引测到建筑物外并设置龙门桩或采用其他固定措施，压桩前应复核测量轴线、桩位及水准点，确保无误，且须经签认验收证明后方可压桩。

i. 要求施工单位提出书面技术交底资料，出具预制桩的配合比、钢筋、水泥出厂合格证及试验报告，提供现场相关人员操作上岗证资料供监理审查、并留复印件备案，各种操作人员均须持证上岗。

j. 检查预制桩的标志、产品合格证书等。

k. 施工现场准备情况的检查：施工场地平整情况；场区测量检查；检查压桩设备及起重工具；铺设水电管网，进行设备架立组装、调试和试压；在桩架上设置标尺，以便观测桩身入土深度；检查桩质量。

②工程质量事中控制。

a. 确定合理的压桩程序。按尽量避免各工程桩相互挤压而造成桩位偏差的原则，根据地基土质情况、桩基平面布置、桩的尺寸、密集程度、深度、桩机移动方向及施工现场情况等因素确定合理的压桩程序。定期复查轴线控制桩、水准点是否有变化，应使其不受压桩及运输的影响。复查周期每 10 天不少于 1 次。

b. 管桩数量及位置应严格按照设计图纸要求确定，施工单位应详细记录试桩施工过程中沉降速度及最后压桩力等重要数据，作为工程桩施工过程中的重要数据，并借此校验压桩设备、施工工艺及技术措施是否适宜。

c. 经常检查各工程桩定位是否准确。

d. 开始沉桩时应注意观察桩身、桩架等是否垂直一致，确认垂直后，方可转入正常压桩。桩插入时的垂直度偏差不得超过 0.5％。在施工过程中，应密切注意桩身的垂直度，如发现桩身不垂直要督促施工单位设法纠正，但不得采用移动桩架的方法纠正（因为这样做会造成桩身弯曲，继续施压会发生桩身断裂）。

e. 按设计图纸要求，进行工程桩标高和压力桩的控制。

f. 在沉桩过程中，若遇桩身突然下沉且速度较快及桩身回弹时，应立即通知设计人员及有关各方人员到场，确定处理方案。

g. 当桩顶标高较低须送桩入土时，应用钢制送桩器放于桩头上，将桩送入土中。

h. 若需接桩时，常用接头方式有焊接、法兰盘连接及硫黄胶泥锚接。前两种可用于各类土层，硫黄胶泥锚接适用于软土层。

i. 接桩用焊条或半成品硫黄胶泥应有产品质量合格证书，或送有关部门检验，半成品硫黄胶泥应每 100 kg 做一组试件（3 件）；重要工程应对焊接接头做 10％的探伤检查。

j. 应经常检查压力、桩垂直度、接桩间歇时间、桩的连接质量及压入深度；检查已施压的工程桩有无异常情况，如桩顶水平位移或桩身上升等，如有异常情况应通知有关各方人员到场确定处理意见。

k. 工程桩应按设计要求和基础工程施工质量验收标准进行承载力和桩身完整性检验，检验标准应按《建筑基桩检测技术规范》（JGJ 106—2014）的规定执行。

l. 预制桩的质量检验标准应符合基础工程施工质量验收标准要求。

m. 认真做好压桩记录。

③工程质量事后控制（验收）。工程质量验收，均应在施工单位自检合格的基础上进行。施工单位确认自检合格后提出工程验收申请，由项目监理机构进行验收。

四、监理实施细则报审

1. 监理实施细则报审程序

监理实施细则报审程序见表 5-2。

表 5-2　监理实施细则报审程序

序号	节点	工作内容	负责人
1	相应工程施工前	编制监理实施细则	专业监理工程师编制
2	相应工程施工前	监理实施细则审批、批准	专业监理工程师送审，总监理工程师批准
3	工程施工过程中	若发生变化，监理实施细则中工作流程与方法措施调整	专业监理工程师调整，总监理工程师批准

2. 监理实施细则的审核内容

监理实施细则审核的内容主要包括以下几个方面：

（1）编制依据、内容的审核。监理实施细则的编制是否符合监理规划的要求，是否符合专业工程相关的标准，是否符合设计文件的内容，与提供的技术资料是否相符合，是否与施工组织设计、（专项）施工方案使用的规范、标准、技术要求相一致。监理的目标、范围和内容是否与监理合同和监理规划相一致，编制的内容是否涵盖专业工程的特点、重点和难点，内容是否全面、翔实、可行，是否能确保监理工作质量等。

（2）项目监理人员的审核。

1）组织方面。组织方式、管理模式是否合理，是否结合了专业工程的具体特点，是否便于监理工作的实施，制度、流程上是否能保证监理工作，是否与建设单位和施工单位相协调等。

2）人员配备方面。人员配备的专业满足程度、数量等是否满足监理工作的需要，专业人员不足时采取的措施是否恰当，是否有操作性较强的现场人员计划安排表等。

（3）监理工作流程、监理工作要点的审核。监理工作流程是否完整、翔实，节点检查验收的内容和要求是否明确，监理工作流程是否与施工流程相衔接，监理工作要点是否明确、清晰，目标值控制点设置是否合理、可控等。

（4）监理工作方法和措施的审核。监理工作方法是否科学、合理、有效，监理工作措施是否具有针对性、可操作性、安全可靠，是否能确保监理目标的实现等。

（5）监理工作制度的审核。针对专业建设工程监理，其内、外监理工作制度是否能有效保证监理工作的实施，监理记录、检查表格是否完备等。

知识拓展

监理工作制度（选编）

1. 监理日志制度

（1）每天做好监理日志工作。

（2）总监理工程师应负责建立项目监理日志。并督促检查专业监理工程师严谨书写《监理日志》。

（3）监理日志是详尽记录工程建设中各种情况的资料，是考核工程状况的依据。应按统一格式书写，叙述准确严谨、文字通顺清晰。

（4）总监理工程师定期检查监理工程师日志的记录情况。

2. 监理月报制度

（1）监理月报是反映工程进度、投资、质量等情况的资料，应由总监理工程师组织完成；

（2）监理月报内容：

1）本月工程情况概要；

2）本月工程质量控制情况评析；

3）本月施工安全管理工作评析；

4）本月工程进度控制情况评析；

5）本月费用控制情况评析；

6）本月工程其他事项；

7）本月工程图片；

8）其他资料文件，包括认为有必要上报的事项与监理建议。

（3）填写注意事项：

1）按表中要求项目填写，如实填写、无斜画线，不准漏项；

2）语言简明、清晰。

（4）监理月报完成后报总监理工程师审核签章；

（5）监理月报应于每个月初5天内报送业主。

3. 设计交底与图纸会审制度

（1）各专业监理工程师应在总监理工程师规定期限内审阅本专业施工图，填写审图意见表，交总监理工程师。

（2）图纸会审由建设单位通知设计、施工及设备供货等有关单位参加。

（3）进行程序。

1）由监理工程师组织图纸会审，组织设计单位向承包单位进行设计交底（如果由监理工程师组织则需要建设单位委托，规范规定由建设单位组织图纸会审）。

① 首先由设计单位介绍设计意图、结构特点、施工要求、技术措施和有关注意事项；

② 由承包单位分专业提出图纸中存在的问题和需要解决的技术难题。

2）研究协商，拟定解决的办法。

3）写出会审纪要，四方签字盖章、归档，作为施工、结算依据；

（4）审阅施工图内容主要是图中是否存在错、漏、碰、缺，是否存在严重的技术经济问题，对特殊部位的质量要求和验评标准是否明确，设备的选型是否安全适用、可靠。

1）图纸是否经设计单位正式签署、是否经过施工图纸审查、建设单位确认盖章。

2）地质勘探资料是否齐全。

3）设计图纸与说明是否齐全，有无分期供图时间表。

4）设计地震烈度是否符合当地要求，是否执行强制性标准。

5）多个设计单位共同设计的图纸相互间有无矛盾；专业图纸之间、平立面图之间有无矛盾；标注有无遗漏。

6）总平面图与施工图的几何尺寸、平面位置、标高等是否一致。

7）防火、消防设计是否满足消防局批文要求。

8）建筑结构与各专业图纸本身是否有差错及矛盾、结构图与建筑图的平面尺寸及标高是否一致、建筑图与结构图的表示方法是否清楚、预埋件是否表示清楚、有无钢筋明细表或钢筋的构造要求在图中是否表示清楚，关键部位标高（车道、设备房、管道密集部位）要进行逐项核对。

9）施工图中所列各种标准图册施工单位是否具备。

10）材料来源有无保证，能否代换；图中所要求的条件能否满足；新材料、新技术的应用有无问题。

11）地基处理方法是否合理，建筑与结构构造是否存在不能施工、不便于施工的技术问题，或易导致质量、安全、工程费用增加等方面的问题。

12）工艺管道、电气线路设备装置、运输道路与建筑物或相互之间有无矛盾，布置是否合理，有无碰、撞，安装标高是否合理，与土建±0.000是否一致。

13）施工安全、环境卫生有无保证。

14）给水排水专业排水管出户标高与结构图（梁）、与室外排水接口标高是否有矛盾，排水条件如何。

15）生活贮水池是否符合卫生防疫站的要求。

16）水表规格安装位置是否符合自来水公司的安装要求。

17）电气防雷等图是否齐全，参数选择是否满足施工需要。

4. 施工组织设计审核制度

（1）大型重点工程施工组织设计审核工作可由监理公司总工程师负责组织主持，正常工程由总监理工程师主持。

（2）专业监理工程师配合做好施工组织设计审核工作。

（3）总监理工程师接到承建商提交的《施工组织设计》及《施工组织（方案）设计报审表》后，及时组织审核，必要时组织业主、承建商、设计单位举行会审。

（4）施工组织设计由施工单位在施工前编制。规模大、施工期长的工程可根据组织总体情况分项目、分单位工程、分阶段进行编制，未经监理方审批不得实施。

（5）施工单位报给监理方的施工组织设计应有编制人、审批人签名，并盖公司公章，并填写施工组织设计报审表。

（6）会审的主要内容为质量、进度是否符合合同规定，机械、人员安排是否满足工程要求，所选用施工机械、施工方案是否在技术上先进、经济上节省、操作上可行，安全措施是否足够。

（7）会审完毕后，应形成会审意见，并由总监理工程师填写《施工组织设计（方案）审报表》。

（8）施工单位根据报审表的审核意见修改完善后，再送交总监理工程师审批合格后，填写《施工组织设计（方案）审批表》。

（9）审批表应及时送业主和承建商。

5. 工程开工申请制度

（1）总监理工程师主持审查开工条件。

（2）开工的主要条件包括：

1）设计交底和图纸会审已完成；

2）施工组织设计已由总监理工程师签认；

3）施工单位现场质量、安全生产管理体系已建立，管理及施工人员已到位，主要工程材料已落实；

4）承建商进场的主要建筑设备应报项目监理组检查，并填报"主要建筑安装设备报审表"；

5）承建商进场人员符合施工组织设计要求，特殊工种持证上岗；

6）进场道路、水、电、通信等已满足开工要求。

（3）施工单位报送"工程开工报审表"，经审查具备初步条件，并经业主签认后，总监理工程师向承建商发出"工程开工令"。

6. 工地例会制度

（1）项目总监理工程师（可委托总监理工程师代表）必须按时组织/主持召开工地例会；

（2）工地例会参加人员：监理组全体成员、建设单位代表、承包单位项目经理、质保体系有关人员；

（3）会议使用《会议纪要》首页签到；

（4）会议指定专人记录，形成文件，发给参加会议的有关单位；

（5）会议内容：

1）总监理工程师、总监代表总结上周监理工作。包括质量控制方面、进度方面、投资、文明施工安全生产等情况，对施工单位的协调等，上周工地例会的跟踪结果，下周工作安排及工作跟进；

2）承包单位项目经理总结上周施工质量、进度、投资、文明施工安全生产情况及需建设单位、监理协调的问题；

　　3）建设单位意见、对承包单位工作、监理工作要求和意见等；

　　4）各专业监理工程师对其本专业等存在的问题，对承包单位的要求、建议。

　　（6）将各方意见统一形成决议，供各方执行、检查、跟进；

　　（7）会议中如有重要问题需经公司解决，要报公司监理部及有关领导。

7. 旁站制度

　　建设工程实施旁站监理的施工部位一般有基础回填、梁柱节点钢筋，混凝土浇筑、屋面、卫间防水、超过一定规模的危险性较大分项工程、管道的压力试验、电气绝缘测试、电机试运转和电力系统满负荷试运转和塔机（施工电梯）的安拆过程。

　　（1）旁站监理人员的主要职责。

　　1）检查施工企业现场质检人员到岗、特殊工种人员持证上岗及施工机械、建筑材料准备情况；

　　2）在现场跟班监督关键部位、关键工序的施工执行施工方案及工程建设强制性标准情况；

　　3）核查进场建筑材料、建筑构配件、设备和商品混凝土的质量检验报告等，并可在现场监督施工企业进行检验或者委托具有资格的第三方进行复验；

　　4）做好旁站监理记录和监理日记，保存旁站监理原始资料。

　　（2）对旁站监理的要求。旁站监理人员应当认真履行职责，对需要实施旁站监理的关键部位、关键工序在施工现场跟班监督，及时发现和处理旁站监理过程中出现的质量问题，如实、准确地做好旁站监理记录。

　　（3）旁站监理人员的权力。旁站监理人员实施旁站监理时，发现施工企业有违反工程建设强制性标准行为的，有权责令施工企业立即整改；发现其施工活动已经或者可能危及工程质量的，应当及时向监理工程师或者总监理工程师报告，由总监理工程师下达局部暂停施工指令或者采取其他应急措施。

　　（4）旁站监理的资料管理。旁站监理记录是监理工程师或者总监理工程师依法行使有关签字权的重要依据。对于需要旁站监理的关键部位、关键工序施工，凡没有实施旁站监理或者没有旁站监理记录的，监理工程师或者总监理工程师不得在相应文件上签字。在工程竣工验收后，应当将旁站监理记录存档备查。

8. 巡视制度

　　（1）总监理工程师每周至少巡视现场1次；

　　（2）总监理工程师应参加每次工程现场例会，主持工程现场例会，根据工程需要召开并主持监理现场会议；

　　（3）总监理工程师巡视应履行总监理工程师职责；

　　（4）总监理工程师巡视现场，当日应由驻地监理工程师记录备案，填写"巡视记录"。

9. 工程材料、半成品检验制度

　　（1）用于工程的主要材料，进场时承包单位必须填报"工程材料、购配件、设备报审表"；

　　（2）材料进场应有出厂合格证明、材料检验单和质量保证书；

　　（3）进场工程材料、半成品、成品均应按国家标准抽样送检，需见证取样的材料应见证抽样送检；

　　（4）材料质量抽样和检验的方法，应符合"建筑材料质量标准与管理规程"，要能反映该批材料的质量性能，对于重要的构件和非均质材料，还应酌情增加采样的数量；

（5）所有材料检验合格，并经监理工程师验证，否则一律不准用于工程；

（6）对于进口的材料设备、重要工程、关键施工部位所用的材料，则应进行全部检验；对进口设备、材料应会同商检局检验，如核对凭证中发现问题，应取得供方和商检局人员签署的商务记录，按期提出索赔；

（7）高压电缆、电压绝缘材料，要按有关部门的要求进行试验；

（8）承包单位应在使用材料前的一定期限内，向监理组报送有关材料、试验报告，申请核定；

（9）如在施工中发现缺陷，监理机构有权停止使用，并组织调查研究，取得证明，决定继续使用或不使用；

（10）不合格材料应由见证人监督退场并填写退场证明书，报总监理工程师备案。与本工程无关的、不合格的材料，不准在现场堆放。

10. 隐蔽工程、分项（部）工程验收制度

（1）一般的隐蔽、预检工作可由监理员或专业监理工程师进行，重要的隐蔽、预检工作必须由专业监理工程师参加，一般的分项工程验收由专业监理工程师负责进行，分部工程及重要的分项工程验收，必须由总监理工程师主持；

（2）验收应在该项工程完工后，承建商已经自检合格后提出申请方可进行；

（3）隐蔽验收主要内容：

1）是否符合图纸要求；

2）是否符合规范要求；

3）隐蔽工程应实测实量并做好签证。

（4）重要隐蔽工程应由监理组织设计、质监、承建商等单位验收；

（5）验收不合格应签发"不合格通知单"或整改通知书；

（6）经检查确认工程出现事故，承建商应申报"质量事故报告单"，整改达到复工条件后，承建商应填写"复工申请表"，经总监理工程师审核确认发出"工程复工令"后方可复工。

（7）验收或经整改后验收合格，应会同验收单位做好验收签证；

（8）若是混凝土施工项目，应填写"混凝土工程浇灌审批表"，经批准后，方可浇注砼。

11. 施工现场紧急情况处理制度

（1）施工现场出现紧急情况后，必须迅速逐级报告。

（2）现场出现紧急情况后，专业监理工程师应根据情况，采取有效措施，避免事态扩大，尽可能地减少或避免人员伤亡，减少财产损失。

（3）出现紧急情况后，专业监理工程师应尽快通知总监理工程师。

（4）总监理工程师应立即通知业主、承建商负责人并报公司，立即赴现场处理。

（5）公司应按具体情况分类上报有关部门并赴现场协助处理。

（6）总监理工程师应协助有关单位组织善后处理。

（7）有关单位组织调查处理，总监理工程师应协助做好调查。

（8）公司应组织有关人员调查原因、认真研究、吸取教训，杜绝同类事故发生。

12. 工程质量事故处理制度

（1）工程质量事故是指由于建设、勘察、设计、施工、监理等单位违反工程质量有关法律、法规和工程建设标准，使工程产生结构安全、重要使用功能等方面的质量缺陷，造成人身伤亡或者重大经济损失的事故。监理工程师应加强质量控制，避免或尽量减少质量事故的

发生。

（2）工程质量事故发生后施工单位应立即报告项目监理机构，项目监理机构应立即通知业主、监理公司有关领导，必要时还应报有关部门以及设计单位，各方共同组织调查，提出处理方案，关于伤亡人员的处理，监理机构原则上不介入。

（3）如事故非常严重，需部分或全部停工时，按工程停工、复工规定执行。

（4）事故处理完毕后，总监应组织有关人员对处理的结果进行严格的检查、鉴定和验收，编写质量事故处理报告，提交业主和有关主管部门，并报公司备案。

（5）监理工程师应及时对质量事故尤其是反复频发的质量事故的处理情况进行认真的分析总结，以便采取或督促承建商采取预防措施。

13. 设计变更处理制度

（1）设计变更必须由设计单位出具施工修改图或设计变更通知单，才能实施工程施工。

（2）设计更必须经建设单位同意并提出。

（3）经批准的设计变更由设计单位将更改的图纸或通知送交业主，再由业主转发监理、承建商、质量监督等单位。

（4）设计变更效力等同于原设计图纸，应按图纸性质分类归档。

14. 工程款支付签审制度

（1）每个月承建商应申报本月完成工程量，填报"合同外工程月计量申报表"，"本月完成工程量结算表"及"工程款支付申请表""工程款支付清单"。

（2）总监理工程师收悉上述资料后，应尽快组织有关监理工程师审核确认。工程量表由相关专业监理工程师确认，报总监理工程师审核。

（3）总监理工程师根据合同条款规定和审核的工程造价，签发工程付款报告，报送业主。经审核申请支付款项与实际出入太大、问题过多，可拒签或要求施工单位重新申报。

（4）总监理工程师应督促业主按合同规定付款，避免由于支付款项推迟而引起索赔。

15. 工程竣工验收制度

（1）项目监理机构收到承包单位提出的竣工验收申请后，应检查该项目的完成情况、工程质量状况以及竣工资料。

（2）在承包单位自检合格的基础上，由总监理工程师组织监理机构各专业成员对工程质量及竣工资料逐项进行检查评审。如不符合要求，应责令施工单位完善。

（3）检查合格后由总监主持，监理工程师及有关人员、承包单位及其他相关部门进行初验。对初验发现的问题，监理组应责成施工单位抓紧整改，再进行检查验收。

（4）竣工验收由建设单位主持，相关部门参加，监理组协助建设单位做好验收工作。

（5）监理机构检查承包单位是否对验收中的问题进行改正，审核施工单位提交的资料，竣工资料完成后移交建设单位。

16. 监理工作总结报告制度

（1）工程竣工后，由总监理工程师组织本项目监理机构人员编写监理工作总结。

（2）监理工作总结应包括内容：

1）工程概况；

2）监理过程的情况；

3）取得的成绩；

4）存在的问题；

（3）监理工作总结报告应报总工程师签章后送业主一份。

（4）监理工作总结报告应按规定存档。

17. 保修期内质量问题的处理制度

（1）在保修期内出现的质量问题应及时处理。

（2）质量问题的处理应由该项目总监理工程师主持。

（3）总监理工程师接到质量问题的反映后，应组织承建商到场调研分析。

（4）保修期内出现的质量问题，应明确造成问题的原因和责任，若责任在多家相关单位，应量化承担的责任。

（5）总监理工程师在明确责任的基础上，发出保修期内的保修通知单，要求承建商一周内进场整改。

（6）若承建商不在规定期限或者按规定质量保修，应通知业主另择承建商整改，费用从保修费中扣除。

（7）保修期内的重大问题应向公司书面报告。

18. 驻现场监理人员廉政制度与措施

（1）不得与承包单位、设备制造和材料供应单位发生经营性隶属关系，也不得是这些单位的合伙经营者。

（2）监理工程师不得接受承包单位组织的宴请、礼品、红包及其他财物。

（3）监理人员在施工单位食堂就餐必须征得建设单位同意并且缴纳费用。

（4）监理工程师不得向承包单位提出与施工无关的其他要求，不得以权谋私，刁难施工单位。

实训案例

背景：

某工程，建设单位通过招标方式选择施工阶段监理单位。工程实施过程中发生下列事件。

事件 1：监理合同签订后，总监理工程师委托总监理工程师代表负责如下工作。

①组织编制项目监理规划；②审批项目监理实施细则；③审查和处理工程变更；④调解合同争议；⑤调换不称职监理人员。

事件 2：该项目监理规划内容包括：①工程项目概况；②监理工作范围；③监理单位的经营目标；④监理工作依据；⑤项目监理机构人员岗位职责；⑥监理单位的权利和义务；⑦监理工作方法及措施；⑧监理工作制度；⑨监理工作程序；⑩工程项目实施的组织；⑪监理设施；⑫施工单位需配合监理工作的事宜。

事件 3：在第一次工地会议前，项目监理机构将项目监理规划报送建设单位，会后，结合工程开工条件和建设单位的准备情况，又将修改后的项目监理规划直接报送建设单位。

事件 4：专业监理工程师在巡视时发现，施工人员正在处理地下障碍物。经认定，该障碍物确属地下文物，项目监理机构及时采取措施并按有关程序进行了处理。

问题：

1. 指出事件 1 中的不妥之处，说明理由。

2. 指出事件 2 中项目监理规划内容中的不妥之处。根据《建设工程监理规范》

（GB/T 50319—2013），写出该项目监理规划还应包括哪些内容。

3. 指出事件 3 中的不妥之处，说明理由。

4. 写出项目监理机构处理事件 4 的程序。

案例解析：

1. 事件 1 中，总监理工程师不应将下列工作委托给总监理工程师代表：

（1）组织编制项目监理规划；

（2）审批项目监理实施细则；

（3）调解合同争议；

（4）调换不称职监理人员。

2. 事件 2 中，项目监理规划内容中的不妥之处如下：

（1）监理单位的经营目标；

（2）监理单位的权利和义务；

（3）工程项目实施的组织；

（4）施工单位需配合监理工作的事宜。

该项目监理规划还应包括的内容：

（1）监理工作内容；

（2）监理工作目标；

（3）项目监理机构的组织形式；

（4）项目监理机构的人员配备计划。

3. 事件 3 中，项目监理规划修改后直接报送建设单位不妥。理由：监理规划编写完成后必须进行审核并经监理单位技术负责人签字认可。

4. 项目监理机构处理事件 4 的程序如下：

（1）报告建设单位；

（2）签发工程暂停令；

（3）就工期、费用补偿问题使建设单位和施工单位达成一致意见；

（4）督促文物保护措施方案的落实；

（5）文物保护措施落实后，签发复工令。

基础练习

一、单项选择题

1. 下列监理文件中，需要由总监理工程师组织编制，并由监理单位技术负责人审核签字的是（　　）。

    A. 监理规划 　　　　　　　　　　B. 监理细则

    C. 监理日志 　　　　　　　　　　D. 监理月报

2. 根据《建设工程监理规范》（GB/T 50319—2013），监理规划应在（　　）编制。

    A. 接到监理中标通知书及签订建设工程监理合同后，收到工程设计文件前

    B. 签订建设工程监理合同及递交监理投标文件前

    C. 接到监理投标邀请书及递交监理投标文件前

    D. 签订建设工程监理合同及收到工程设计文件后

3. 根据《建设工程监理规范》（GB/T 50319—2013），下列文件资料中，可作为监理实施细

则编制依据的是（　　）。

A. 工程质量评估报告 　　　　　　　　B. 专项施工方案

C. 已批准的可行性研究报告 　　　　　D. 监理月报

4. 监理实施细则需经（　　）审批后实施。

A. 总监理工程师代表 　　　　　　　　B. 工程监理单位技术负责人

C. 总监理工程师 　　　　　　　　　　D. 相应专业监理工程师

5. 下列文件中，由总监理工程师负责组织编制的是（　　）。

A. 监理细则 　　　　B. 监理规划 　　　　C. 监理大纲 　　　　D. 监理投标书

6. 根据《建设工程监理规范》（GB/T 50319—2013），监理规划应在（　　）后开始编制。

A. 收到设计文件和施工组织设计

B. 签订委托监理合同及收到设计文件和施工组织设计

C. 签订委托监理合同及收到施工组织设计

D. 签订委托监理合同及收到设计文件

7. 监理规划编制完成后，应经（　　）审核批准后实施。

A. 监理单位负责人 　　　　　　　　　B. 监理单位技术负责人

C. 总监理工程师 　　　　　　　　　　D. 项目监理机构技术负责人

8. 关于监理规划编写要求的说法，正确的是（　　）。

A. 监理规划在总体内容组成上应力求做到统一

B. 监理规划的编写无须依据监理合同要求

C. 监理规划应在收到施工组织设计文件后编制

D. 监理规划在编写完成后经总监理工程师审核批准后方可实施

9. 根据《建设工程监理规范》（GB/T 50319—2013），以下属于监理实施细则应包含的内容是（　　）。

A. 监理工作依据 　　B. 专业工程特点 　　C. 工程造价控制 　　D. 组织协调

10. 关于监理实施细则编写要求的说法，正确的是（　　）。

A. 监理实施细则应由总监理工程师组织编制，并经监理单位技术负责人审批后实施

B. 监理实施细则应在领取施工许可证之前编制完成

C. 采用新材料、新工艺、新技术、新设备的工程，应编制监理实施细则

D. 监理实施细则应满足内容全面、针对性强、指导性强的要求

二、多项选择题

1. 实施建设工程监理和编制监理规划共同的依据有（　　）。

A. 施工组织设计 　　　　　　　　　　B. 工程建设法律法规

C. 工程建设标准 　　　　　　　　　　D. 建设工程合同

E. 监理合同

2. 审核监理规划时，重点审核的内容有（　　）。

A. 监理组织形式和管理模式是否合理

B. 监理工作计划是否符合工程建设强制性标准

C. 监理工作制度是否健全完善

D. 监理工作内容是否已包括监理合同委托的全部工作任务

E. 监理设施是否满足监理工作需要

3. 根据《建设工程监理规范》（GB/T 50319—2013），监理实施细则包含的内容有（　　）。

A. 监理实施依据   B. 监理组织形式

C. 监理工作流程   D. 监理工作控制要点

E. 监理工作方法与措施

4. 根据《建设工程监理规范》（GB/T 50319—2013），属于监理规划内容的有（　　　）。

    A. 监理工作流程   B. 监理工作的范围

    C. 监理组织形式   D. 工程质量控制

    E. 合同与信息管理

5. 根据《建设工程监理规范》（GB/T 50319—2013），编写监理实施细则的依据有（　　）。

    A. 工程建设法律法规和标准   B. 已批准的建设工程监理规划

    C. 政府批准的工程建设文件   D. 建设工程监理合同文件

    E. 与专业工程相关的标准

6. 监理规划应在（　　）后组织编制，并应在召开第一次工地会议 7 天前报建设单位。

    A. 签订建设工程施工合同   B. 签订建设工程监理合同

    C. 收到工程设计文件   D. 收到施工组织设计文件

    E. 收到专项施工方案文件

7. 下列文件中，不属于监理规划编写依据的有（　　）。

    A. 政府批准的工程建设文件   B. 与专业工程相关的技术文件

    C. 建设工程监理合同文件   D. 建设工程合同文件

    E. 施工组织设计文件

三、简答题

1. 监理规划、监理实施细则之间的关系是什么？

2. 监理规划、监理实施细则的报审程序和审核内容分别是什么？

第六章

建设工程监理工作内容与主要方式

控制是建设工程监理的一项重要管理活动，是指管理人员按计划标准来衡量所取得的成果，纠正所发生的偏差，以保证目标和计划得以实现的管理活动。

建设工程监理工作的中心任务是帮助业主实现投资、质量、进度三大控制目标，即在计划的投资和工期内，按规定质量完成任务。建设工程监理目标控制工作的好坏直接影响业主的利益，同时也反映监理企业的监理效果。因此，监理工程师必须掌握有关目标控制的思想、理论和方法。

建设工程监理的主要工作内容是通过合同管理、信息管理和组织协调等手段，控制建设工程质量、造价和进度目标，并履行建设工程安全生产管理的法定职责。巡视、平行检验、旁站、见证取样则是建设工程监理的主要方式。

第一节　建设工程监理工作内容

一、目标控制

任何建设工程都有质量、造价、进度三大目标，这三大目标构成了建设工程目标系统。工程监理单位受建设单位委托，需要协调处理三大目标之间的关系，确定与分解三大目标，并采取有效措施控制三大目标。

（一）建设工程三大目标之间的关系

建设工程质量、造价、进度三大目标之间相互关联，共同形成一个整体。从建设单位角度出发，往往希望建设工程的质量好、投资省、工期短（进度快），但在工程实践中，几乎不可能同时实现上述目标。确定和控制建设工程三大目标，需要统筹兼顾三大目标之间的密切联系，防止发生盲目追求单一目标而冲击或干扰其他目标，也不可分割三大目标。

1. 三大目标之间的对立关系

在通常情况下，如果对质量有较高的要求，就需要投入较多的资金和花费较长的建设时间；如果要抢时间、争取进度，以极短的时间完成建设工程，势必增加投资或者使工程质量下降；如果要减少投资、节约费用，必会考虑降低工程项目的功能要求和质量标准。这些表明，建设工程三大目标之间存在着矛盾和对立的一面。

2. 三大目标之间的统一关系

在通常情况下，适当增加投资数量，为采取加快进度的措施提供经济条件，即可加快工程建设进度，缩短工期，使工程尽早动用，投资尽早收回，建设工程全寿命期经济效益得到提高；适当提高建设工程功能要求和质量标准，虽然会造成一次性投资增加和建设工期的延长，但能够节约工程项目动用后的运行费用和维修费用，从而获得更好的投资效益；如果建设工程进度计划既科学又合理，使工程进展具有连续性和均衡性，不仅可以缩短工期，而且可以获得较高的工程质量和合理（较低）的工程造价。这些表明，建设工程三大目标之间存在统一的一面。

（二）建设工程三大目标的确定与分解

控制建设工程的三大目标，需要综合考虑建设工程项目三大目标之间相互关系，在分析论证基础上明确建设工程项目质量、造价、进度总目标；需要从不同角度将建设工程总目标分解成若干分目标、子目标及可执行目标，从而形成"自上而下层层展开、自下而上层层保证"的目标体系，为建设工程三大目标动态控制奠定基础。

1. 建设工程总目标的分析论证

建设工程总目标是建设工程目标控制的基本前提，也是建设工程监理成功与否的重要判据。确定建设工程总目标，需要根据建设工程投资方及利益相关者需求，并结合建设工程本身及所处环境特点进行综合论证。

分析论证建设工程总目标，应遵循下列基本原则：

（1）确保建设工程质量目标符合工程建设强制性标准。工程建设强制性标准是有关人民生命财产安全、人体健康、环境保护和公众利益的技术要求，在追求建设工程质量、造价和进度三大目标间最佳匹配关系时，应确保建设工程质量目标符合工程建设强制性标准。

（2）定性分析与定量分析相结合。在建设工程目标系统中，部分质量目标通常采用定性分析方法，而造价、进度目标可采用定量分析方法。对于某一建设工程而言，采用不同的质量标准，会有不同的工程造价和工期，需要采用定性分析与定量分析相结合的方法综合论证建设工程三大目标。

（3）不同建设工程三大目标可具有不同的优先等级。建设工程质量、造价、进度三大目标的优先顺序并非固定不变。由于每一建设工程的建设背景、复杂程度、投资方及利益相关者需求等不同，决定了三大目标的重要性顺序不同。有的建设工程工期要求紧迫，有的建设工程资金紧张等，从而决定了三大目标在不同建设工程中具有不同的优先等级。

总之，三大目标之间相互联系、相互制约，应努力在"质量优、投资省、工期短"之间寻求最佳匹配。

2. 建设工程总目标的逐级分解

为了有效地控制建设工程三大目标，需要逐级分解建设工程总目标，按工程参建单位、工程项目的组成和时间进展等制定分目标、子目标及可执行目标，形成如图6-1所示的建设工程目标体系。在建设工程目标体系中，各级目标之间相互联系，上一级目标控制下一级目标，下一级目标保证上一级目标的实现，最终保证建设工程总目标的实现。

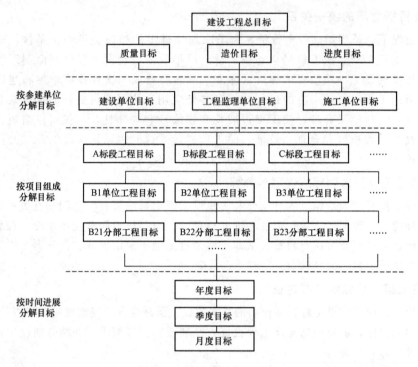

图 6-1　建设工程目标体系

（三）建设工程三大目标控制的任务和措施

1. 三大目标动态控制过程

建设工程目标体系构建后，建设工程监理工作的关键在于动态控制。为此，需要在建设工程实施过程中监测实施绩效，并将实施绩效与计划目标进行比较，采取有效措施纠正实施绩效与计划目标之间的偏差，力求使建设工程实现预定目标。建设工程目标体系的 PDCA（Plan－计划；Do－执行；Check－检查；Action－纠偏）动态控制过程如图 6-2 所示。

2. 三大目标控制任务

（1）建设工程质量控制任务。建设工程质量控制是指通过采取有效措施，在满足工程造价和进度要求的前提下，实现预定的工程质量目标。

项目监理机构在建设工程施工阶段质量控制的主要任务是通过对施工投入、施工和安装过程、施工产出品（分项工程、分部工程、单位工程、单项工程等）进行全过程控制，以及对施工单位及其人员的资格、材料和设备、施工机械和机具、施工方案和方法、施工环境实施全面控制，以期按标准实现预定的施工质量目标。

为完成施工阶段质量控制任务，项目监理机构需要做好以下工作：协助建设单位做好施工现场准备工作，为施工单位提交合格的施工现场；审查确认施工总包单位及分包单位资格；检查工程材料、构配件、设备质量；检查施工机械和机具质量；审查施工组织设计和施工方案；检查施工单位的现场质量管理体系和管理环境；控制施工工艺过程质量；验收分部分项工程和隐蔽工程；处置工程质量问题、质量缺陷；协助处理工程质量事故；审核工程竣工图，组织工程预验收；参加工程竣工验收等。

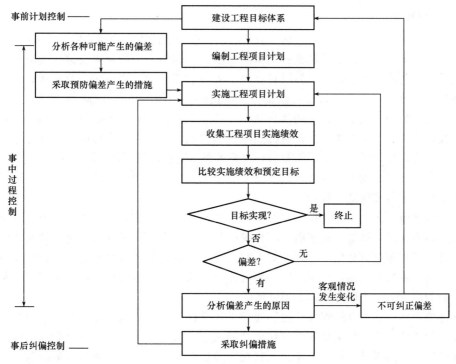

图 6-2 建设工程目标动态控制过程

（2）建设工程造价控制任务。建设工程造价控制是指通过采取有效措施，在满足工程质量和进度要求的前提下，力求使工程实际造价不超过预定造价目标。

项目监理机构在建设工程施工阶段造价控制的主要任务是通过工程计量、工程付款控制、工程变更费用控制、预防并处理好费用索赔、挖掘降低工程造价潜力等使工程实际费用支出不超过计划投资。

为完成施工阶段造价控制任务，项目监理机构需要做好以下工作：协助建设单位制订施工阶段资金使用计划、严格进行工程计量和付款控制，做到不多付、不少付、不重复付；严格控制工程变更，力求减少工程变更费用；研究确定预防费用索赔的措施，以避免、减少施工索赔；及时处理施工索赔，并协助建设单位进行反索赔；协助建设单位按期提交合格施工现场，保质、保量、适时、适地提供由建设单位负责提供的工程材料和设备；审核施工单位提交的工程结算文件等。

（3）建设工程进度控制任务。建设工程进度控制是指通过采取有效措施，在满足工程质量和造价要求的前提下，力求使工程实际工期不超过计划工期目标。

项目监理机构在建设工程施工阶段进度控制的主要任务是通过完善建设工程控制性进度计划、审查施工单位提交的进度计划、做好施工进度动态控制工作、协调各相关单位之间的关系、预防并处理好工期索赔，力求使实际施工进度满足计划施工进度的要求。

为完成施工阶段进度控制任务，项目监理机构需要做好以下工作：完善建设工程控制性进度计划；审查施工单位提交的施工进度计划；协助建设单位编制和实施由建设单位负责供应的材料和设备供应进度计划；组织进度协调会议，协调有关各方关系；跟踪检查实际施工进度；研究制定预防工期索赔的措施，做好工程延期审批工作等。

3. 三大目标控制措施

为了有效地控制建设工程项目目标，应从组织、技术、经济、合同等多方面采取措施。

（1）组织措施。组织措施是其他各类措施的前提和保障。包括：建立健全实施动态控制的组织机构、规章制度和人员，明确各级目标控制人员的任务和职责分工，改善建设工程目标控制的工作流程；建立建设工程目标控制工作考评机制，加强各单位（部门）之间的沟通协作；加强动态控制过程中的激励措施，调动和发挥员工实现建设工程目标的积极性和创造性等。

（2）技术措施。为了对建设工程目标实施有效控制，需要对多个可能的建设方案、施工方案等进行技术可行性分析。为此，需要对各种技术数据进行审核、比较，需要对施工组织设计、施工方案等进行审查、论证等。另外，在整个建设工程实施过程中，还需要采用工程网络计划技术、信息化技术等实施动态控制。

（3）经济措施。无论是对建设工程造价目标实施控制，还是对建设工程质量、进度目标实施控制，都离不开经济措施。经济措施不仅仅包括审核工程量、工程款支付申请及工程结算报告，还需要编制和实施资金使用计划、对工程变更方案进行技术经济分析等。而且通过投资偏差分析和未完工程投资预测，能够发现一些可能引起未完工程投资增加的潜在问题，从而便于以主动控制为出发点，采取有效措施加以预防。

（4）合同措施。加强合同管理是控制建设工程目标的重要措施。建设工程总目标及分目标将反映在建设单位与工程参建主体所签订的合同之中。由此可见，通过选择合理的承发包模式和合同计价方式，选定满意的施工单位及材料设备供应单位、拟订完善的合同条款，动态跟踪合同执行情况，处理好工程索赔等，是控制建设工程目标的重要合同措施。

二、合同管理

建设工程实施过程中会涉及许多合同，如勘察设计合同、施工合同、监理合同、咨询合同、材料设备采购合同等。合同管理是在市场经济体制下组织建设工程实施的基本手段，也是项目监理机构控制建设工程质量、造价、进度三大目标的重要手段。

完整的建设工程施工合同管理应包括施工招标的策划与实施；合同计价方式及合同文本的选择；合同谈判及合同条件的确定；合同协议书的签署；合同履行检查；合同变更、违约及纠纷的处理；合同订立和履行的总结评价等。

根据《建设工程监理规范》（GB/T 50319—2013），项目监理机构在处理工程暂停及复工、工程变更、索赔及施工合同争议、解除等方面的合同管理职责如下。

（一）工程暂停及复工处理

1. 签发工程暂停令的情形

项目监理机构发现下列情况之一时，总监理工程师应及时签发工程暂停令：

（1）建设单位要求暂停施工且工程需要暂停施工的；

（2）施工单位未经批准擅自施工或拒绝项目监理机构管理的；

（3）施工单位未按审查通过的工程设计文件施工的；

（4）施工单位违反工程建设强制性标准的；

（5）施工存在重大质量、安全事故隐患或发生质量、安全事故的。

总监理工程师在签发工程暂停令时，可根据停工原因的影响范围和影响程度，确定停工范围。总监理工程师签发工程暂停令，应事先征得建设单位同意，在紧急情况下未能事先报告时，应在事后及时向建设单位作出书面报告。

2. 工程暂停相关事宜

暂停施工事件发生时，项目监理机构应如实记录所发生的情况。总监理工程师应会同有关各方按施工合同约定，处理因工程暂停引起的与工期、费用有关的问题。

因施工单位原因暂停施工时，项目监理机构应检查、验收施工单位的停工整改过程、结果。

3. 复工审批或指令

当暂停施工原因消失、具备复工条件时，施工单位提出复工申请的，项目监理机构应审查施工单位报送的工程复工报审表及有关材料，符合要求后，总监理工程师应及时签署审查意见，并应报建设单位批准后签发工程复工令；施工单位未提出复工申请的，总监理工程师应根据工程实际情况指令施工单位恢复施工。

（二）工程变更处理

1. 施工单位提出的工程变更处理程序

项目监理机构可按下列程序处理施工单位提出的工程变更：

（1）总监理工程师组织专业监理工程师审查施工单位提出的工程变更申请，提出审查意见。对涉及工程设计文件修改的工程变更，应由建设单位转交原设计单位修改工程设计文件。必要时，项目监理机构应建议建设单位组织设计、施工等单位召开论证工程设计文件的修改方案的专题会议。

（2）总监理工程师组织专业监理工程师对工程变更费用及工期影响作出评估。

（3）总监理工程师组织建设单位、施工单位等共同协商确定工程变更费用及工期变化、会签工程变更单。

（4）项目监理机构根据批准的工程变更文件监督施工单位实施工程变更。

2. 工程变更价款的确定

项目监理机构可在工程变更实施前与建设单位、施工单位等协商确定工程变更的计价原则、计价方法或价款。

建设单位与施工单位未能就工程变更费用达成协议时，项目监理机构可提出一个暂定价格并经建设单位同意，作为临时支付工程款的依据。工程变更款项最终结算时，应以建设单位与施工单位达成的协议为依据。

3. 建设单位要求的工程变更处理职责

项目监理机构可对建设单位要求的工程变更提出评估意见，并应督促施工单位按会签后的工程变更单组织施工。

（三）工程索赔处理

工程索赔包括费用索赔和工程延期申请。项目监理机构应及时收集、整理有关工程费用、施工进度的原始资料，为处理工程索赔提供证据。

1. 费用索赔处理

（1）项目监理机构处理费用索赔的主要依据应包括下列内容：

1）法律法规；

2）勘察设计文件、施工合同文件；

3）工程建设标准；

4）索赔事件的证据。

（2）项目监理机构可按下列程序处理施工单位提出的费用索赔：

1）受理施工单位在施工合同约定的期限内提交的费用索赔意向通知书；

2）收集与索赔有关的资料；

3）受理施工单位在施工合同约定的期限内提交的费用索赔报审表；

4）审查费用索赔报审表。需要施工单位进一步提交详细资料时，应在施工合同约定的期限内发出通知；

5）与建设单位和施工单位协商一致后，在施工合同约定的期限内签发费用索赔报审表，并报建设单位。

（3）项目监理机构批准施工单位费用索赔应同时满足下列条件：

1）施工单位在施工合同约定的期限内提出费用索赔；

2）索赔事件是因非施工单位原因造成，且符合施工合同约定；

3）索赔事件造成施工单位直接经济损失。

（4）当施工单位的费用索赔要求与工程延期要求相关联时，项目监理机构可提出费用索赔和工程延期的综合处理意见，并应与建设单位和施工单位协商。

（5）因施工单位原因造成建设单位损失，建设单位提出索赔时，项目监理机构应与建设单位和施工单位协商处理。

2. 工程延期审批

（1）施工单位提出工程延期要求符合施工合同约定时，项目监理机构应予以受理。

（2）当影响工期事件具有持续性时，项目监理机构应对施工单位提交的阶段性工程临时延期报审表进行审查，并应签署工程临时延期审核意见后报建设单位。

当影响工期事件结束后，项目监理机构应对施工单位提交的工程最终延期报审表进行审查，并应签署工程最终延期审核意见后报建设单位。

（3）项目监理机构在批准工程临时延期、工程最终延期前，均应与建设单位和施工单位协商。

（4）项目监理机构批准工程延期应同时满足下列条件：

1）施工单位在施工合同约定的期限内提出工程延期；

2）因非施工单位原因造成施工进度滞后；

3）施工进度滞后影响到施工合同约定的工期。

（5）施工单位因工程延期提出费用索赔时，项目监理机构可按施工合同约定进行处理。

（6）发生工期延误时，项目监理机构应按施工合同约定进行处理。

（四）施工合同争议与解除的处理

1. 施工合同争议的处理

项目监理机构应按《建设工程监理规范》（GB/T 50319—2013）规定的程序处理施工合同争议。在处理施工合同争议过程中，对未达到施工合同约定的暂停履行合同条件的、应要求施工合同双方继续履行合同。

在施工合同争议的仲裁或诉讼过程中，项目监理机构应按仲裁机关或法院要求提供与争议有关的证据。

2. 施工合同解除的处理

（1）因建设单位原因导致施工合同解除时，项目监理机构应按施工合同约定与建设单位和施工单位从下列款项中协商确定施工单位应得款项，并签认工程款支付证书：

1) 施工单位按施工合同约定已完成的工作应得款项；

2) 施工单位按批准的采购计划订购工程材料、构配件、设备的款项；

3) 施工单位撤离施工设备至原基地或其他目的地的合理费用；

4) 施工单位人员的合理遣返费用；

5) 施工单位合理的利润补偿；

6) 施工合同约定的建设单位应支付的违约金。

（2）因施工单位原因导致施工合同解除时，项目监理机构应按施工合同约定，从下列款项中确定施工单位应得款项或偿还建设单位的款项，并应与建设单位和施工单位协商后，书面提交施工单位应得款项或偿还建设单位款项的证明：

1) 施工单位已按施工合同约定实际完成的工作应得款项和已给付的款项；

2) 施工单位已提供的材料、构配件、设备和临时工程等的价值；

3) 对已完工程进行检查和验收、移交工程资料、修复已完工程质量缺陷等所需的费用；

4) 施工合同约定的施工单位应支付的违约金。

（3）因非建设单位、施工单位原因导致施工合同解除时，项目监理机构应按施工合同约定处理合同解除后的有关事宜。

三、信息管理

建设工程信息管理贯穿工程建设全过程，其具体环节包括信息的收集、传递、加工、整理、分发、检索和存储。

1. 建设工程信息的收集

在建设工程的不同进展阶段，会产生大量的信息。工程监理单位的介入阶段不同，决定了信息收集的内容不同。如果工程监理单位接受委托在建设工程决策阶段提供咨询服务，则需要收集与建设工程相关的市场、资源、自然环境、社会环境等方面的信息；如果是在建设工程设计阶段提供项目管理服务，则需要收集的信息有：工程可行性研究报告及前期相关文件资料；同类工程相关资料；拟建工程所在地信息；勘察、设计、测量单位相关信息；拟建工程所在地政府部门相关规定；拟建工程设计质量保证体系及进度计划等。如果是在建设工程施工招标投标阶段提供相关服务，则需要收集的信息有：工程立项审批文件；工程地质、水文地质勘察报告；工程设计及概算文件；施工图设计审批文件；工程所在地工程材料、构配件、设备、劳动力市场价格及变化规律；工程所在地工程建设标准及招投标相关规定等。

在建设工程施工阶段，项目监理机构应从下列方面收集信息：

（1）建设工程施工现场的地质、水文、测量、气象等数据；地下、地上管线，地下洞室，地上既有建筑物、构筑物及树木、道路，建筑红线，水、电、气管道的引入标志；地质勘察报告、地形测量图及标桩等环境信息。

（2）施工机构组成及进场人员资格，施工现场质量及安全生产保证体系；施工组织设计及（专项）施工方案，施工进度计划；分包单位资格等信息。

（3）进场设备的规格型号、保修记录、工程材料、构配件、设备的进场、保管、使用等信息。

（4）施工项目管理机构管理程序；施工单位内部工程质量、成本、进度控制及安全生产管理的措施及实施效果；工序交接制度；事故处理程序；应急预案等信息。

（5）施工中需要执行的国家、行业或地方工程建设标准，施工合同履行情况。

（6）施工过程中发生的工程数据，如：地基验槽及处理记录；工序交接检查记录、隐蔽工程检查验收记录；分部分项工程检查验收记录。

（7）工程材料、构配件、设备质量证明资料及现场测试报告。

（8）设备安装试运行及测试信息，如电气接地电阻，绝缘电阻测试，管道漏水、通气、通风试验，电梯施工试验，消防报警、自动喷淋系统联动试验等信息。

（9）工程索赔相关信息，如索赔处理程序、索赔处理依据、索赔证据等。

2. 建设工程信息的加工、整理、分发、检索和存储

（1）信息的加工和整理。信息的加工和整理主要是指将所获得的数据和信息通过鉴别、选择、核对、合并、排序、更新、计算、汇总等，生成不同形式的数据和信息，目的是给各类管理人员使用，加工和整理数据和信息，往往需要按照不同的需求来分层进行。

工程监理人员对于数据和信息的加工要从鉴别开始。一般而言，工程监理人员自己收集的数据和信息的可靠度较高；而对于施工单位报送的数据就需要进行鉴别、选择、核对，对于动态数据需要及时更新。为了便于应用，还需要对收集来的数据和信息按照工程项目组成（单位工程、分部工程、分项工程等）工程项目目标（质量、造价、成本）等进行汇总和组织。

（2）信息的分发和检索。加工整理后的信息要及时提供给需要使用信息的部门和人员，信息的分发要根据需要来进行，信息的检索需要建立在一定的分级管理制度上。信息分发和检索的基本原则是需要信息的部门和人员，有权在需要的第一时间，方便地得到所需要的信息。

（3）信息的存储。存储信息需要建立统一数据库。需要根据建设工程实际、规范地组织数据文件。

1）按照工程进行组织，同一工程按照质量、造价、进度、合同等类别组织，各类信息再进一步根据具体情况进行细化；

2）工程参建各方要协调统一数据的存储方式，数据文件名要规范化，要建立统一的编码体系；

3）尽可能以网络数据库形式存储数据，减少数据冗余，保证数据的唯一性，并实现数据共享。

四、组织协调

建设工程监理目标的实现，需要监理工程师扎实的专业知识和对建设工程监理程序的有效执行。此外，还需要监理工程师有较强的组织协调能力。通过组织协调，能够使影响建设工程监理目标实现的各方主体有机配合、协同一致、促进建设工程监理目标的实现。

从系统工程角度看，项目监理机构组织协调内容可分为系统内部（项目监理机构）协调和系统外部协调两大类，系统外部协调又分为系统近外层协调和系统远外层协调。近外层和远外层的主要区别是，建设单位与近外层关联单位之间有合同关系，与远外层关联单位之间没有合同关系。

（一）项目监理机构组织协调的内容

1. 项目监理机构内部人际关系的协调

项目监理机构是由工程监理人员组成的工作体系，工作效率在很大程度上取决于人际关系的协调程度。总监理工程师应首先协调好人际关系，激励项目监理机构人员。

（1）在人员安排上要量才录用。要根据项目监理机构中每个人的专长进行安排，做到人尽其才。工程监理人员的搭配要注意能力互补和性格互补，人员配置尽可能少而精，避免力不胜任和忙闲不均。

（2）在工作委任上要职责分明。对项目监理机构中的每一个岗位，都要明确岗位目标和责任，应通过职位分析，使管理职能不重不漏，做到"事事有人管，人人有专责"，同时明确岗位职权。

（3）在绩效评价上要实事求是。要发扬民主作风，实事求是地评价工程监理人员工作绩效，以免人员无功自傲或有功受屈，使每个人热爱自己的工作，并对工作充满信心和希望。

（4）在矛盾调解上要恰到好处。人员之间的矛盾总是存在的，一旦出现矛盾，就要进行调解，要多听取项目监理机构成员的意见和建议，及时沟通，使工程监理人员始终处于团结、和谐、热情高涨的工作氛围之中。

2. 项目监理机构内部组织关系的协调

项目监理机构是由若干部门（专业组）组成的工作体系，每个专业组都有自己的目标和任务。如果每个专业组都从建设工程整体利益出发，理解和履行自己的职责，则整个建设工程就会处于有序的良性状态，否则，整个系统便处于无序的紊乱状态，导致功能失调，效率下降。为此，应从以下几方面协调项目监理机构内部组织关系：

（1）在目标分解的基础上设置组织机构，根据工程特点及建设工程监理合同约定的工作内容，设置相应的管理部门。

（2）明确规定各部门的目标、职责和权限，最好以规章制度形式作出明确规定。

（3）事先约定各个部门在工作中的相互关系。工程建设中的许多工作是由多个部门共同完成的，其中有主办、牵头和协作、配合之分，事先约定，可避免误事、脱节等贻误工作现象的发生。

（4）建立信息沟通制度。如采用工作例会、业务碰头会，发送会议纪要、工作流程图、信息卡传递等来沟通信息，这样有利于从局部了解全局，服从并适应全局需要。

（5）及时消除工作中的矛盾或冲突。坚持民主作风，注意从心理学、行为科学角度激励各个成员的工作积极性；实行公开信息政策，让项目监理机构成员了解建设工程实施情况、遇到的问题或危机；经常性地指导工作，与项目监理机构成员一起商讨遇到的问题，多倾听他们的意见、建议，鼓励大家同舟共济。

3. 项目监理机构内部需求关系的协调

建设工程监理实施中有人员需求、检测试验、设备需求等，而资源是有限的，因此内部需求平衡至关重要。协调平衡需求关系需要从以下环节考虑：

（1）对建设工程监理检测试验设备的平衡。建设工程监理开始实施时，要做好监理规划和监理实施细则的编写工作，合理配置建设工程监理资源，要注意期限的合理性、规格的明确性、数量的准确性、质量的规定性。

（2）对工程监理人员的平衡。要抓住调度环节，注意各专业监理工程师的配合。工程监理人员的安排必须考虑到工程进展情况，根据工程实际进展安排工程监理人员进退场计划，以保证建设工程监理目标的实现。

（二）系统近外层组织协调的内容

1. 项目监理机构与建设单位的协调

建设工程监理实践证明，项目监理机构与建设单位组织协调关系的好坏，在很大程度上决定了建设工程监理目标能否顺利实现。

我国长期计划经济体制的惯性思维，使得多数建设单位合同意识差、工作随意性大，主要体现在：一是沿袭计划经济时期的基建管理模式，搞"大业主、小监理"，建设单位的工程建设管理人员有时比工程监理人员多，或者由于建设单位的管理层次多，对建设工程监理工作干涉多，并插手工程监理人员的具体工作；二是不能将合同中约定的权力交给工程监理单位，致使监理工程师有职无权，不能充分发挥作用；三是科学管理意识差，随意压缩工期、压低造价，工程实施过程中变更多或不能按时履行职责，给建设工程监理工作带来困难。因此，与建设单位的协调是建设工程监理工作的重点和难点。监理工程师应从以下几方面加强与建设单位的协调：

（1）监理工程师首先要理解建设工程总目标和建设单位的意图。对于未能参加工程项目决策过程的监理工程师，必须了解项目构思的基础、起因、出发点，否则，可能会对建设工程监理目标及任务有不完整、不准确的理解，从而给监理工作造成困难。

（2）利用工作之便做好建设工程监理宣传工作，增进建设单位对建设工程监理的了解，特别是对建设工程管理各方职责及监理程序的理解；主动帮助建设单位处理工程建设中的事务性工作，以自己规范化、标准化、制度化的工作去影响和促进双方工作的协调一致。

（3）尊重建设单位，让建设单位一起投入工程建设全过程。尽管有预定目标，但建设工程实施必须执行建设单位指令，使建设单位满意。对建设单位提出的某些不适当要求，只要不属于原则问题，都可先执行，然后在适当时机，采取适当方式加以说明或解释；对于原则性问题，可采用书面报告等方式说明原委，尽量避免发生误解，以使建设工程顺利实施。

2. 项目监理机构与施工单位的协调

监理工程师对工程质量、造价、进度目标的控制，以及履行建设工程安全生产管理的法定职责，都是通过施工单位的工作来实现的，因此，做好与施工单位的协调工作是监理工程师组织协调工作的重要内容。

（1）与施工单位的协调应注意以下问题：

1）坚持原则，实事求是，严格按照规范、规程办事，讲究科学态度。监理工程师应强调各方面利益的一致性和建设工程总目标；应鼓励施工单位向其汇报建设工程实施状况、实施结果和遇到的困难，以寻求目标控制的有效办法。双方了解得越多越深刻，建设工程监理工作中的对抗和争执就越少。

2）协调不仅是方法、技术问题，更多的是语言艺术、感情交流和用权适度问题。有时尽管协调意见是正确的，但由于方式或表达不妥，反而会激化矛盾。高超的协调能力则往往能起到事半功倍的效果，令各方面都满意。

（2）与施工单位的协调工作内容主要有：

1）与施工项目经理关系的协调。施工项目经理及工地工程师最希望监理工程师能够公平、通情达理，指令明确而不含糊，并且能及时答复所询问的问题。监理工程师既要懂得坚持原则，又要善于理解施工项目经理的意见，工作方法灵活，能够随时提出或愿意接受变通办法解决问题。

2）施工进度和质量问题的协调。工程施工进度和质量的影响因素错综复杂，因而施工进度和质量问题的协调工作也十分复杂。监理工程师应采用科学的进度和质量控制方法，设计合理的奖罚机制及组织现场协调会议等协调工程施工进度和质量问题。

3）对施工单位违约行为的处理。在工程施工过程中，监理工程师对施工单位的某些违约行为进行处理是一件需要慎重而又难免的事情。当发现施工单位采用不适当的方法进行施工，或采用不符合质量要求的材料时，监理工程师除立即制止外，还需要采取相应的处理措施。遇到这种情况，监理工程师需要在其权限范围内采用恰当的方式及时协调处理。

4）施工合同争议的协调。对于工程施工合同争议，监理工程师应首先采用协商解决方式，协调建设单位与施工单位的关系。协商不成时，才由合同当事人申请调解，甚至申请仲裁或诉讼。遇到非常棘手的合同争议时，不妨暂时搁置等待时机，另谋良策。

5）对分包单位的管理。监理工程师虽然不直接与分包合同发生关系，但可对分包合同中的工程质量、进度进行直接跟踪监控，然后通过总承包单位进行调控、纠偏。分包单位在施工中发生的问题，由总承包单位负责协调处理。分包合同履行中发生的索赔问题，一般应由总承包单位负责，涉及总包合同中建设单位的义务和责任时，由总承包单位通过项目监理机构向建设单位提出索赔，由项目监理机构进行协调。

3. 项目监理机构与设计单位的协调

工程监理单位与设计单位都是受建设单位委托进行工作的，两者之间没有合同关系，因此，项目监理机构要与设计单位做好交流工作，需要建设单位的支持。

（1）真诚尊重设计单位的意见，在设计交底和图纸会审时，要理解和掌握设计意图、技术要求、施工难点等，将标准过高、设计遗漏、图纸差错等问题解决在施工之前。进行结构工程验收、专业工程验收、竣工验收等工作，要邀请设计代表参加。发生质量事故时，要认真听取设计单位的处理意见等。

（2）施工中发现设计问题，应及时按工作程序通过建设单位向设计单位提出，以免造成更大的直接损失。

（3）注意信息传递的及时性和程序性。监理工作联系单、工程变更单等要按规定的程序进行传递。

（三）系统远外层组织协调的内容

建设工程实施过程中，政府部门、金融组织、社会团体、新闻媒介等也会起到一定的控制、监督、支持、帮助作用，如果这些关系协调不好，建设工程实施也可能严重受阻。

1. 与政府部门的协调

（1）监理单位在进行工程质量控制和质量缺陷处理时，要做好与工程质量监督部门（如工程质量监督站）的交流和协调。工程质量监督部门是由政府授权的工程质量监督的实施机构，对委托监理的工程，质量监督部门主要是核查勘察设计单位、施工单位和监理单位的资质，监督这些单位的质量行为和工程实体质量。

（2）当发生重大质量、安全事故时，在承包商采取急救、补救措施的同时，项目监理机构应敦促承包商立即向政府有关部门报告情况，接受检查和处理。

（3）建设工程合同应送公证机关公证，并报政府建设管理部门备案；业主的征地、拆迁、移民等工作要争取政府有关部门的支持和协作；现场消防设施的配置，宜请消防部门检查认可；监理单位要敦促承包商在施工中注意防止环境污染，坚持做到文明施工。

2. 与社会团体、新闻媒介等的协调

建设单位和项目监理机构应把握机会，争取社会各界对建设工程的关心和支持。这是一种争取良好社会环境的远外层系的协调，建设单位应起主导作用。

如果建设单位确需将部分或全部远外层关系协调工作委托工程监理单位承担，则应在建设工程监理合同中明确委托的工作和相应报酬。

（四）项目监理机构组织协调方法

组织协调工作千头万绪、涉及面广，受主观和客观因素影响较大。为保证监理工作顺利进行，要求监理工程师熟练掌握和运用各种组织协调方法，能够因地制宜、因时制宜地处理问题。监理工程师组织协调可采用如下方法：

1. 会议协调法

会议协调法是建设工程监理中最常用的一种协调方法，实践中常用的会议协调法包括第一次工地会议、监理例会、专题会议等。

（1）第一次工地会议。第一次工地会议是建设工程尚未全面展开、总监理工程师下达开工令前，建设单位、工程监理和施工单位对各自人员及分工、开工准备、监理例会的要求进行沟通和协调的会议，也是检查开工前各项准备工作是否就绪并明确监理程序的会议。第一次工地会议应由建设单位主持，监理单位、总承包单位授权代表参加，也可邀请分包单位代表参加，必要时可邀请有关设计单位人员参加。第一次工地会议上，总监理工程师应介绍监理工作的目标、范围和内容、项目监理机构及人员职责分工，监理工作程序、方法和措施等。第一次工地会议上，应研究确定各方在施工过程中参加监理例会的主要人员，召开监理例会的周期、地点及主要议题。会议纪要应由项目监理机构负责整理，与会各方代表应会签。

（2）监理例会。监理例会是项目监理机构定期组织有关单位研究解决与监理相关问题的会议。监理例会应由总监理工程师或其授权的专业监理工程师主持召开，宜每周召开一次。参加人员包括项目总监理工程师或总监理工程师代表、其他有关监理人员、施工项目经理、施工单位其他有关人员。需要时，也可邀请其他有关单位代表参加。

监理例会主要内容应包括：

1）检查上次例会议定事项的落实情况，分析未完事项原因；

2）检查分析工程项目进度计划完成情况，提出下一阶段进度目标及其落实措施；

3）检查分析工程项目质量、施工安全管理状况，针对存在的问题提出改进措施；

4）检查工程量核定及工程款支付情况；

5）解决需要协调的有关事项；

6）其他有关事宜。

（3）专题会议。专题会议是由总监理工程师或其授权的专业监理工程师主持或参加的，为解决建设工程监理过程中的工程专项问题而不定期召开的会议。

监理例会及由项目监理机构主持召开的专题会议的会议纪要应由项目监理机构负责整理，与会各方代表应会签。

2. 交谈协调法

在建设工程监理实践中，并不是所有问题都需要开会来解决，有时可采用"交谈"的方法进行协调。交谈包括面对面的交谈和电话、电子邮件等形式交谈。

无论是内部协调还是外部协调，交谈协调法的使用频率是相当高的。交谈本身没有合同效力，而且具有方便、及时等特性，故采用交谈方式请求协作和帮助比采用书面方法实现的可能性要大。

3. 书面协调法

当会议或者交谈不方便或不需要时，或者需要精确地表达自己的意见时，就会采用书面协调的方法。

书面协调方法的特点是具有合同效力，一般常用于以下几个方面：

（1）不需双方直接交流的书面报告、报表、指令和通知等；

（2）需以书面形式向各方提供详细信息和情况通报的报告、信函和备忘录等；

（3）事后对会议记录、交谈内容或口头指令的书面确认。

4. 访问协调法

访问法主要用于外部协调中，有走访和邀访两种形式。

（1）走访是指监理工程师在建设工程施工前或施工过程中，对与工程施工有关的各政府部门、公共事业机构、新闻媒体或工程毗邻单位等进行访问，向他们解释工程的情况，了解他们的意见。

（2）邀访是指监理工程师邀请上述各单位（包括业主）代表到施工现场对工程进行指导性巡视，了解现场工作。

5. 情况介绍法

情况介绍法通常是与其他协调方法紧密结合在一起的，它可能是在一次会议前，或是一次交谈前，或是一次走访或邀访前向对方进行的情况介绍。形式主要是口头的，有时也伴有书面的。介绍往往作为其他协调的引导，目的是使别人首先了解情况。因此，监理工程应重视任何场合下的每一次介绍，要使别人能够理解自己介绍的内容、问题和困难、自己想得到的帮助等。

总之，组织协调是一种管理艺术和技巧，监理工程师尤其是总监理工程师需要掌握领导科学、心理学、行为科学方面的知识和技能，如激励、交际、表扬和批评的艺术，开会艺术、谈话艺术、谈判技巧等。只有这样，监理工程师才能进行有效的组织协调。

五、建设工程安全管理

2003 年 11 月 24 日，国务院颁布了《建设工程安全生产管理条例》，并于 2004 年 2 月 1 日起施行。《建设工程安全生产管理条例》规定了工程建设参与各方责任主体的安全责任，明确规定工程监理单位的安全责任，以及工程监理单位和监理工程师应对建设工程安全生产承担监理责任。

项目监理机构应根据法律法规、工程建设强制性标准，履行建设工程安全生产管理的监理职责，并应将安全生产管理的监理工作内容、方法和措施纳入监理规划及监理实施细则。

（一）施工单位安全生产管理体系的审查

1. 审查施工单位的管理制度、人员资格及验收手续

项目监理机构应审查施工单位现场安全生产规章制度的建立和实施情况；审查施工单位安全生产许可证的符合性和有效性；审查施工单位项目经理、专职安全生产管理人员和特种作业人员的资格；核查施工机械和设施的安全许可验收手续。

施工单位在使用施工起重机械和整体提升脚手架、模板等自升式架设设施前，应当组织有关单位进行验收，也可以委托具有相应资质的检验检测机构进行验收；使用承租的机械设备和施工机具及配件的，由施工总承包单位、分包单位、出租单位和安装单位共同进行验收，验收合格的方可使用。

2. 审查专项施工方案

项目监理机构应审查施工单位报审的专项施工方案，符合要求的，应由总监理工程师签认后报建设单位。超过一定规模的危险性较大的分部分项工程的专项施工方案，应检查施工单位组织专家进行论证、审查的情况，以及是否附具安全验算结果。

专项施工方案审查的基本内容包括：

（1）编审程序应符合相关规定。专项施工方案由施工项目经理组织编制，经施工单位技术负责人签字后，才能报送项目监理机构审查。

（2）安全技术措施应符合工程建设强制性标准。

（二）专项施工方案的监督实施及安全事故隐患的处理

1. 专项施工方案的监督实施

项目监理机构应要求施工单位按已批准的专项施工方案组织施工。专项施工方案需要调整时，施工单位应按程序重新提交项目监理机构审查。

项目监理机构应巡视检查危险性较大的分部分项工程专项施工方案实施情况。发现未按专项施工方案实施时，应签发监理通知单，要求施工单位按专项施工方案实施。

2. 安全事故隐患的处理

项目监理机构在实施监理过程中，发现工程存在安全事故隐患时，应签发监理通知单，要求施工单位整改；情况严重时，应签发工程暂停令，并应及时报告建设单位。施工单位拒不整改或不停止施工时，项目监理机构应及时向有关主管部门报送监理报告。

紧急情况下，项目监理机构可通过电话、传真或者电子邮件向有关主管部门报告，事后应形成监理报告。

第二节　建设工程监理的主要方式

项目监理机构应根据建设工程监理合同约定，采用巡视、平行检验、旁站、见证取样的方式对建设工程实施监理。巡视、平行检验、旁站、见证取样是建设工程监理的主要方式。

一、巡视

巡视是指项目监理机构的监理人员对施工现场进行定期或不定期的检查活动。巡视检查是项目监理机构对实施建设工程监理的重要方式之一，是监理人员针对施工现场进行的日常检查。

（一）巡视的作用

巡视是监理人员针对现场施工质量和施工单位安全生产管理情况进行的检查工作，监理人员通过巡视检查，能够及时发现施工过程中出现的各类质量、安全问题，对不符合要求的情况及时要求施工单位进行纠正并督促整改，使问题消灭在萌芽状态。巡视对于实现建设工程目标，加强安全生产管理等起着重要作用。具体体现在以下几个方面：

（1）观察、检查施工单位的施工准备情况；

（2）观察、检查包括施工工序、施工工艺、施工人员、施工材料、施工机械、周边环境等在内的施工情况；

（3）观察、检查施工过程中的质量问题、质量缺陷并及时采取相应措施；

（4）观察、检查施工现场存在的各类生产安全事故隐患并及时采取相应措施；

（5）观察、检查并解决其他有关问题。

（二）巡视工作内容和职责

总监理工程师应根据经审核批准的监理规划及监理实施细则中规定的频次进行交底，明确巡视检查要点，巡视频率和采取措施及采用的巡视检查记录表；合理安排监理人员进行巡视检查工作；督促监理人员按照监理规划及监理实施细则的要求开展现场巡视检查工作；总监理工程师应检查监理人员巡视的工作成果，与监理人员就当日巡视检查工作进行沟通，对发现的问题及时采取相应处理措施。

1. 巡视内容

主要关注施工质量、安全生产两个方面的情况：

（1）施工质量方面：

1）天气情况是否适合施工作业，如不合适，是否已采取相应措施；

2）施工人员作业情况，是否按照工程设计文件、工程建设标准和批准的施工组织设计（专项）施工方案施工；

3）使用的工程材料、设备和构配件是否已检测合格；

4）施工单位主要管理人员到岗履职情况，特别是施工质量管理人员是否到位；

5）施工机具、设备的工作状态，周边环境是否有异常情况等。

（2）安全生产方面：

1）施工单位安全生产管理人员到岗履职情况、特种作业人员持证情况；

2）施工组织设计中的安全技术措施和专项施工方案落实情况；

3）安全生产、文明施工制度、措施落实情况；

4）危险性较大分部分项工程施工情况，重点关注是否按方案施工；

5）大型起重机械和自升式架设设施运行情况；

6）施工临时用电情况；

7）其他安全防护措施是否到位，工人违章情况；

8）施工现场存在的事故隐患，以及按照项目监理机构的指令整改实施情况；

9）项目监理机构签发的工程暂停令执行情况等。

2. 巡视发现问题的处理

监理人员在巡视检查中发现问题，应及时采取相应处理措施；巡视监理人员认为发现的问题自己无法解决或无法判断是否能够解决时，应立即向总监理工程师汇报；在监理巡视检查记录表中及时、准确、真实地记录巡视检查情况；对已采取相应处理措施的质量问题、生产安全事故隐患，检查施工单位的整改落实情况，并反映在巡视检查记录表中。

监理文件资料管理人员应及时将巡视检查记录表归档；同时，注意巡视检查记录与监理日志、监理通知单等其他监理资料的呼应关系。

二、平行检验

平行检验是项目监理机构在施工单位自检的同时，按照有关规定、建设工程监理合同约定对同一检验项目进行的检测试验活动。平行检验的内容包括工程实体量测（检查、试验、检测）和材料检验等内容，平行检验是项目监理机构控制建设工程质量的重要手段之一。

1. 平行检验的作用

施工现场质量管理检查记录、检验批、分项工程、分部工程、单位工程等的验收记录由施工单位填写，验收结论由监理单位填写。监理人员不应只根据施工单位自己的检查、验收情况填写验收结论，而应该在施工单位检查、验收的基础之上进行"平行检验"，这样的质量验收结论才更具有说服力。同样，对于原材料、设备、构配件及工程实体质量等，也应在见证取样或施工单位委托检验的基础上进行"平行检验"，以使检验、检测结论更加真实、可靠。平行检验是项目监理机构在施工阶段质量控制的重要工作之一，也是工程质量预验收和工程竣工验收的重要依据之一。

2. 平行检验工作内容和职责

项目监理机构首先应依据建设工程监理合同编制符合工程特点的平行检验方案，明确平行检验的方法、范围、内容、频率等，并设计各平行检验记录表式。建设工程监理实施过程中，应根据平行检验方案的规定和要求，开展平行检验工作。对平行检验不符合规范、标准的检验项目，应分析原因后按照相关规定进行处理。

负责平行检验的监理人员应根据经审批的平行检验方案，对工程实体、原材料等进行平行检验。平行检验的方法包括量测、检测、试验等，在平行检验的同时，记录相关数据，分析平行检验结果、检测报告结论等，提出相应的建议和措施。

监理文件资料管理人员应将平行检验方面的文件资料等单独整理、归档。平行检验的资料是竣工验收资料的重要组成部分。

三、旁站

旁站是指项目监理机构对工程的关键部位或关键工序的施工质量进行的监督活动。关键部位、关键工序应根据工程类别、特点及有关规定［建设部《房屋建筑工程施工旁站监理管理办法（试行）》的通知（建市〔2002〕189号）］确定。

（一）旁站的作用

每一项建设工程施工过程中都存在对结构安全、重要使用功能起着重要作用的关键部位和关键工序，对这些关键部位和关键工序的施工质量进行重点控制，直接关系到建设工程整体质量能否达到设计标准要求以及建设单位的期望。

旁站是建设工程监理工作中用以监督工程质量的一种手段，可以起到及时发现问题、第一时间采取措施、防止偷工减料、确保施工工艺工序按施工方案进行、避免其他干扰正常施工的因素发生等作用。旁站与监理工作其他方法手段结合使用，成为工程质量控制工作中相当重要和必不可少的工作方式。

（二）旁站工作内容

项目监理机构应制订旁站方案，明确旁站的范围、内容、程序和旁站人员的职责等。旁站方案是监理人员在充分了解工程特点及监控重点的基础上，确定必须加以重点控制的关键工序、特殊工序，并以此制订的旁站作业指导方案。现场监理人员必须按此执行并根据方案的要求，有针对性地进行检查，将可能发生的工程质量问题和隐患加以消除。

旁站应在总监理工程师的指导下，由现场监理人员负责具体实施。监理人员实施旁站时，发现施工单位有违反工程建设强制性标准行为的，有权责令施工单位立即整改；发现其施工活动已经或者可能危及工程质量的，应由总监理工程师下达局部暂停施工指令或者采取其他应急措施。

旁站记录是专业监理工程师或者总监理工程师依法行使有关签字权的重要依据。对于需要旁站的关键部位、关键工序施工，凡没有实施旁站或者没有旁站记录的，专业监理工程师或者总监理工程师不得在相应文件上签字。在工程竣工验收后，工程监理单位应当将旁站记录存档备查。

项目监理机构应按照规定对关键部位、关键工序实施旁站。建设单位要求项目监理机构超出规定的范围实施旁站的，应当另行支付监理费用。具体费用标准由建设单位与工程监理单位在合同中约定。

（三）旁站工作职责

旁站人员的主要工作职责包括但不限于以下内容：

（1）检查施工单位现场质量管理人员到岗、特殊工种人员持证上岗以及施工机械、建筑材料准备情况；

（2）在现场跟班监督关键部位、关键工序的施工单位执行施工方案及工程建设强制性标准情况；

（3）核查进场建筑材料、建筑构配件、设备和商品混凝土的质量检验报告等，并可在现场监督施工单位进行检验或者委托具有资格的第三方进行复验；

（4）做好旁站记录和监理日记，保存旁站原始资料。

旁站人员应当认真履行职责，对需要实施旁站的关键部位、关键工序在施工现场跟班监督，及时发现和处理旁站过程中出现的质量问题，如实准确地做好旁站记录。凡旁站监理人员未在旁站记录上签字的，不得进行下一道工序施工。

总监理工程师应当及时掌握旁站工作情况，并采取相应措施解决旁站过程中发现的问题。监理文件资料管理人员应妥善保管旁站方案、旁站记录等相关资料。

四、见证取样

见证取样是指项目监理机构对施工单位进行的涉及结构安全的试块、试件及工程材料现场取样、封样、送检工作的监督活动。

1. 见证取样程序

项目监理机构应根据工程的特点和具体情况，制定工程见证取样送检工作制度，将材料进场报验、见证取样送检的范围、工作程序、见证人员和取样人员的职责、取样方法等内容纳入监理实施细则，并可召开见证取样工作专题会议，要求工程参建各方在施工中必须严格按制定的工作程序执行。

根据建设部《关于印发〈房屋建筑工程和市政基础设施工程实行见证取样和送检的规定〉的通知》（〔2000〕211号）的要求，在建设工程质量检测中实行见证取样和送检制度，即在建设单位或监理单位人员见证下，由施工人员在现场取样，送至试验室进行试验。

2. 见证监理人员工作内容和职责

总监理工程师应督促专业（材料）监理工程师制定见证取样实施细则。总监理工程师还应检查监理人员见证取样工作的实施情况，包括现场检查和资料检查，同时积极听取监理人员的汇报，发现问题应立即要求施工单位采取相应措施。

见证取样监理人员应根据见证取样实施细则要求，按程序实施见证取样工作。包括：在现场进行见证，监督施工单位取样人员按随机取样方法和试件制作方法进行取样；对试样进行监护、封样加锁；在检验委托单签字，并出示见证员证书；协助建立包括见证取样送检计划、台账等在内的见证取样档案。

监理文件资料管理人员应全面、妥善、真实地记录试块、试件及工程材料的见证取样台账，以及材料监督台账（无须见证取样的材料、设备等）。

知识拓展

施工阶段质量控制的主要工作

工程施工质量控制是项目监理机构工作的主要内容。项目监理机构应基于施工质量控制的依据和工作程序，抓好施工质量控制工作。

项目监理机构在建设工程施工阶段质量控制的主要任务是通过对施工投入、施工和安装过程、施工产出品（检验批、分项工程、分部工程、单位工程、单项工程等）进行全过程控制，以及对施工单位及其人员的资格、材料和设备、施工机械和机具、施工方案和方法、施工环境实施全面控制，以期按标准实现预定的施工质量目标。

为完成施工阶段质量控制任务，项目监理机构需要做好以下工作：协助建设单位做好施工现场准备工作，为施工单位提交合格的施工现场；协助建设单位做好图纸会审与设计交底；做好施工组织设计的审查、施工方案的审查和现场施工准备质量控制等工作；审查确认施工总包单位及分包单位资格；检查工程材料、构配件、设备质量；检查施工机械和机具质量；审查施工组织设计和施工方案；检查施工单位的现场质量管理体系和管理环境；控制施工工艺工程质量；验收分项分部工程和隐蔽工程；处置工程质量问题、质量缺陷；协助处理工程质量事故；审核工程竣工图，组织工程预验收；参加工程竣工验收等。

1. 工程施工质量控制的工作程序

在施工阶段中，项目监理机构要进行全过程的监督、检查与控制，不仅涉及最终产品的检查、验收，而且涉及施工过程的各环节及中间产品的监督、检查与验收。

在工程开始前，施工单位须做好施工准备工作，待开工条件具备时，应向项目监理机构报送工程开工报审表及相关资料。专业监理工程师重点审查施工单位的施工组织设计是否已由总监理工程师签认，是否已建立相应的现场质量、安全生产管理体系，管理及施工人员是否已到位，主要施工机械是否已具备使用条件，主要工程材料是否已落实到位；设计交底和图纸会审是否已完成；进场道路及水、电、通信等是否已满足开工要求。审查合格后，则由总监理工程师签署审核意见，并报建设单位批准后，总监理工程师签发开工令。否则，施工单位应进一步做好施工准备，待条件具备时，再次报送工程开工报审表。

在施工过程中，专业监理工程师应督促施工单位加强内部质量管理，严格质量控制。施工作业过程均应按规定工艺和技术要求进行。当隐蔽工程、检验批、分项工程完成后，施工单位应自检合格，填写相应的隐蔽工程或检验批或分项工程报审、报验表，并附有相应工序和部位的工程质量检查记录，报送项目监理机构。经专业监理工程师现场检查及对相关资料审核后，符合要求予以签认。反之，则指令施工单位进行整改或返工处理。

施工单位按照施工进度计划完成分部工程施工，且分部工程所包含的分项工程全部检验合格后，应填写相应分部工程报验表，并附有分部工程质量控制资料，报送项目监理机构验收。由总监理工程师组织相关人员对分部工程进行验收，并签署验收意见。

按照单位工程施工总进度计划，施工单位已完成施工合同所约定的所有工程量，并完成自检工作，工程验收资料已整理完毕，应填报单位工程竣工验收报审表，报送项目监理机构竣工验收。总监理工程师组织专业监理工程师进行竣工预验收，并签署验收意见。

在施工质量验收过程中，涉及结构安全的试块、试件及有关材料，应按规定进行见证取样检测；对涉及结构安全和使用功能的重要分部工程，应进行抽样检测；承担见证取样检测及有关结构安全检测的单位应具有相应资质。

2. 工程施工质量验收

工程施工质量验收是指工程施工质量在施工单位自行检查评定合格的基础上，由工程质量验收责任方组织，工程建设相关单位参加，对检验批、分项分部单位工程及其隐蔽工程的质量进行抽样检验，对技术文件进行审核，并根据设计文件和相关标准以书面形式对工程质量是否达到合格作出确认。

（1）工程质量验收层次划分。随着我国经济发展和施工技术的进步，工程建设规模不断扩大，技术复杂程度越来越高，出现了大量工程规模较大的单体工程和具有综合使用功能的综合性建筑物。由于大型单体工程可能在功能或结构上由若干个单体组成，且整个建设周期较长，可能出现已建成可使用的部分单体需先投入使用，或先将工程中的一部分提前建成使用等情况，需要进行分段验收。再加上对规模特别大的工程进行一次验收也不方便等。因此标准规定，可将此类工程划分为若干个子单位工程进行验收。同时为了更加科学地评价工程施工质量和有利于对其进行验收，根据工程特点，按结构分解的原则将单位工程或子单位工程又划分为若干个分部工程。在分部工程中，按相近工作内容和系统又划分为若干个子分部工程。每个分部工程或子分部工程又可划分为若干个分项工程。每个分项工程中又可划分为若干个检验批。检验批是工程施工质量验收的最小单位。

（2）检验批的验收。检验批是分项工程的组成部分，是指按相同的生产条件或按规定的方式汇总起来供抽样检验用的，由一定数量样本组成的检验体。检验批可根据施工、质量控制和专业验收的需要，按工程量、楼层、施工段、变形缝进行划分。施工前，应由施工单位制订检验批的划分方案，并报项目监理机构审核。对于《建筑工程施工质量验收统一标准》GB 50300—2013 附录 B 及相关专业验收规范未涵盖的分项工程和检验批，可由建设单位组织监理、施工等单位协商确定。

检验批质量验收应由专业监理工程师组织施工单位项目专业质量检查员、专业工长等进行。

（3）分部分项工程的验收。建筑工程的分部或子分部工程、分项工程的具体划分宜按《建筑工程施工质量验收统一标准》（GB 50300—2013）附录 B 采用。

分项工程质量验收应由专业监理工程师组织施工单位项目技术负责人等进行。

分部（子分部）工程质量验收应由总监理工程师组织施工单位项目负责人和项目技术、质量负责人等进行。地基与基础、主体结构工程要求严格，技术性强，关系到整个工程的安全，为严把质量关，规定勘察、设计单位项目负责人和施工单位技术、质量负责人应参加地基与基础分部工程的验收。设计单位项目负责人和施工单位技术、质量负责人应参加主体结构、节能分部工程的验收。

（4）单位工程或子单位工程的验收。单位工程或子单位工程的划分，施工前，应由建设、监理、施工单位商定划分方案，并据此收集整理施工技术资料和验收。

总监理工程师应组织专业监理工程师审查施工单位提交的单位工程竣工验收报审表及有关竣工资料，并对工程质量进行竣工预验收。存在质量问题时，应由施工单位及时整改，整改完毕且合格后，总监理工程师应签认单位工程竣工验收报审表及有关资料，并向建设单位提交工程质量评估报告。施工单位向建设单位提交工程竣工报告，申请工程竣工验收。

建设单位收到施工单位提交的工程竣工报告和完整的质量控制资料，以及项目监理机构提交的工程质量评估报告后，由建设单位项目负责人组织设计、勘察、监理、施工等单位项目负责人进行单位工程验收。对验收中提出的整改问题，项目监理机构应督促施工单位及时整改。工程质量符合要求的，总监理工程师应在工程竣工验收报告中签署验收意见。

室外工程可根据专业类别和工程规模划分单位工程或子单位工程、分部工程。

（5）建筑工程施工质量验收要求：

1）工程施工质量验收均应在施工单位自检合格的基础上进行；

2）参加工程施工质量验收的各方人员应具备相应的资格；

3）检验批的质量应按主控项目和一般项目验收；

4）对涉及结构安全、节能、环境保护和主要使用功能的试块、试件及材料，应在进场时或施工中按规定进行见证检验；

5）隐蔽工程在隐蔽前应由施工单位通知项目监理机构进行验收，并应形成验收文件，验收合格后方可继续施工；

6）对涉及结构安全、节能、环境保护等的重要分部工程应在验收前按规定进行抽样检验；

7）工程的观感质量应由验收人员现场检查，并应共同确认。

（6）工程施工质量验收时不符合要求的处理。通常，不合格现象在检验批验收时就应发现并及时处理，但实际工程中不能完全避免不合格情况的出现，因此工程施工质量验收时不符合要求的应按下列要求进行处理：

1）经返工或返修的检验批，应重新进行验收。在检验批验收时，对于主控项目不能满足验收规范规定或一般项目超过偏差限值时，应及时进行处理。其中，对于严重的质量缺陷应重新施工；一般的质量缺陷可通过返修或更换予以解决，允许施工单位在采取相应的措施后重新验收。如能够符合相应的专业验收规范要求，则应认为该检验批合格。

2）经有资质的检测单位检测鉴定能够达到设计要求的检验批，应予以验收。当个别检验批发现问题，难以确定能否验收时，应请具有资质的法定检测单位进行检测鉴定。当鉴定结果认为能够达到设计要求时，该检验批可以通过验收。这种情况通常出现在某检验批的材料试块强度不满足设计要求时。

3）经有资质的检测单位检测鉴定达不到设计要求，但经原设计单位核算认可能够满足安全和使用功能要求时，该检验批可予以验收。这主要是因为一般情况下，标准、规范规定的是满足安全和功能的最低要求，而设计往往在此基础留有一些余量，在一定范围内，会出现不满足设计要求而符合相应规范要求的情况。

4）经返修或加固处理的分项分部工程，满足安全及使用功能要求时，可按技术处理方案和协商文件的要求予以验收。经法定检测单位检测鉴定以后认为达不到规范的相应要求，即不能满足最低限度的安全储备和使用功能时，则必须按一定的技术处理方案进行加固处理，使之能满足安全使用的基本要求。这样可能会造成一些永久性的影响，如增大结构外形尺寸，影响一些次要的使用功能等。但为了避免建筑物的整体或局部拆除，避免造成社会财富更大的损失，在不影响安全和主要使用功能的条件下，可按技术处理方案和协商文件的要求进行验收，责任方应按法律、法规承担相应的经济责任和接受处罚。这种方法不能作为降低质量要求、变相通过验收的一种出路，这是应该特别注意的。

5）经返修或加固处理仍不能满足安全或重要使用要求的分部工程及单位或子单位工程，严禁验收。分部工程及单位工程如存在影响安全和使用功能的严重缺陷，经返修或加固处理仍不能满足安全使用要求的，严禁通过验收。

6）工程质量控制资料应齐全完整，当部分资料缺失时，应委托有资质的检测单位按有关标准进行相应的实体检测或抽样试验。实际工程中偶尔会遇到因遗漏检验或资料丢失而导致部分施工验收资料不全的情况，使工程无法正常验收。对此可有针对性地进行工程质量检验，采取实体检测或抽样试验的方法确定工程质量状况。上述工作应由有资质的检测单位完成，检验报告可用于工程施工质量验收。

实训案例

【案例一】

背景：

某建筑公司承接了一项综合楼任务，建筑面积 120 828 m²，地下 3 层，地上 26 层，箱形基础，主体为框架-剪力墙结构。该项目地处城市主要街道交叉路口，是该地区的标志性建筑物。因此，施工单位在施工过程中加强了对工序质量的控制。

在第 5 层楼板钢筋隐蔽工程验收时，监理工程师发现整个楼板受力钢筋型号不对、位置放置错误，施工单位非常重视，及时进行了返工处理。

在第 10 层混凝土部分试块检测时，监理工程师发现强度达不到设计要求，但实体经有资质的检测单位检测鉴定，强度达到了设计要求。由于加强了预防和检查，没有再发生类似情况。

该楼最终顺利完工，达到验收条件后，建设单位组织了竣工验收。

问题：

1. 指出第 5 层钢筋隐蔽工程验收要点。

2. 第 10 层的质量问题是否需要处理？说明理由。

3. 如果第 10 层实体混凝土强度经检测达不到要求，施工单位应如何处理？

案例解析：

1. 验收要点

（1）钢筋的连接方式、接头位置、接头数量、接头面积百分率等；

（2）纵向受力钢筋的品种、数量、规格、位置等；

（3）箍筋、横向钢筋的品种、数量、规格、间距等；

（4）预埋件的品种、规格、数量、位置等。

2. 第 10 层的质量问题不需要处理。理由：经有资质的检测单位鉴定强度达到了设计要求，可以予以验收。

3. 施工单位的处理程序

（1）请设计单位核算，如果能够满足结构安全，可以予以验收；

（2）如果不能满足结构安全，编制经设计等相关单位认可的技术处理方案，经监理工程师审核确认后，由施工单位进行处理；

（3）经加固补强后能够满足结构安全的，可以予以验收；

（4）经加固补强后仍不能满足结构安全的，严禁通过验收。

【案例二】

背景：

某实施监理的工程，合同工期 15 个月，总监理工程师批准的施工进度计划如图 6-3 所示。

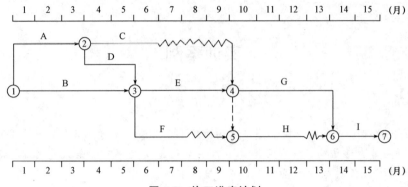

图6-3 施工进度计划

工程实施过程中发生下列事件：

事件1：项目监理机构对A工作进行验收时发现质量缺陷，要求施工单位返工整改。

事件2：在第5个月月初到第8个月月末的施工过程中，由于建设单位提出工程变更，施工进度受到较大影响。截至第8个月月末，未完工作尚需作业时间见表6-1。施工单位按索赔程序向项目监理机构提出了工程延期的要求。

事件3：建设单位要求本工程仍按原合同工期完成，施工单位需要调整施工进度计划，加快后续工程进度。经分析得到的各工作有关数据见表6-1。

表6-1 相关数据表

工作名称	C	E	F	G	H	I
尚需作业时间/月	1	3	1	4	3	2
可缩短的持续时间/月	0.5	1.5	0.5	2	1.5	1
缩短持续时间所增加的费用/（万元·月⁻¹）	28	18	30	26	10	14

问题：

1. 该工程施工进度计划中关键工作和非关键工作分别有哪些？C和F工作的总时差和自由时差分别为多少？

2. 事件1中，对于1工作出现的质量问题，写出项目监理机构的处理程序。

3. 事件2中，逐项分析第8个月月末C、E、F工作的拖后时间及对工期和后续工作的影响程度，并说明理由。

4. 针对事件2，项目监理机构应批准的工程延期时间为多少？说明理由。

5. 针对事件3，施工单位加快施工进度而采取的最佳调整方案是什么？相应增加的费用为多少？

案例解析：

1. 工程施工进度计划中，关键工作有A、B、D、E、G、I。非关键工作有C、F、H。其中，C工作的总时差为3个月，自由时差为3个月；F工作的总时差为3个月，自由时差为2个月。

2. 事件1中，项目监理机构发现A工作出现质量缺陷后的处理程序如下：

（1）发生工程质量缺陷后，项目监理机构签发监理通知单，责成施工单位进行处理；

（2）施工单位进行质量缺陷调查，分析质量缺陷产生的原因，并提出经设计等相关单位认可的处理方案；

（3）项目监理机构审查施工单位报送的质量缺陷处理方案，并签署意见；

（4）施工单位按审查合格的处理方案实施处理，项目监理机构对处理过程进行跟踪检查，对处理结果进行验收；

（5）质量缺陷处理完毕后，项目监理机构应根据施工单位报送的监理通知回复单对质量缺陷处理情况进行复查，并提出复查意见；

（6）处理记录整理归档。

3. 事件2中：

（1）C工作拖后3个月，其自由时差和总时差均为3个月，故不影响总工期和后续工作；

（2）E工作拖后2个月，E工作为关键工作，故其后续工作G、H和I的最早开始时间将推迟2个月，影响总工期2个月；

（3）F工作拖后2个月，其自由时差为2个月，故不影响总工期和后续工作。

4. 事件2中，项目监理机构批准工程延期2个月，因为总工期的延长是因建设单位提出工程变更而造成（或非施工单位原因造成）的。

5. 事件3中，最佳调整方案是：缩短I工作1个月，缩短E工作1个月，由此增加的费用为14＋18＝32（万元）。

【案例三】

背景：

某监理单位与建设单位签订了某钢筋混凝土结构工程施工阶段的工程监理合同，监理部设总监理工程师1人和专业监理工程师若干人，专业监理工程师例行在现场检查，实施监理工作。

在监理过程中，发现以下问题：

（1）某层钢筋混凝土墙体，由于绑扎钢筋困难，无法施工，施工单位未通报项目监理机构就把墙体钢筋门洞移动了位置。

（2）某层钢筋混凝土柱，钢筋和模板均经过监理检查验收，浇筑混凝土过程中发现模板胀模。

（3）某层钢筋混凝土墙体，钢筋绑扎后未经检查验收，即擅自合模封闭，正准备浇筑混凝土。

（4）某层楼板钢筋经监理工程师检查验收后，即浇筑楼板混凝土，混凝土浇筑完成后，发现楼板中预埋电线暗管未通知电气专业监理工程师检查验收。

（5）施工单位把地下室内防水工程给一专业分包单位承包施工，该分包单位未经资质审查认可，即进场施工，并已进行了200 m² 的防水工程施工。

（6）某层钢筋骨架焊接正在进行中，监理工程师检查发现有2人未经技术资格审查认可。

（7）某楼层一户住房房间钢门框经检查符合设计要求，日后检查发现门锁已经焊接，门扇已经按设计图纸要求安装，但门扇反向，影响正常使用。

问题：

1. 项目监理机构组织协调方法有哪几种？

2. 第一次工地会议的内容是什么？应在什么时间举行？应由谁主持召开？

3. 建设工程监理中最常用哪种协调方法？该方法在具体实践中包括哪些具体方法？

4. 发布指令属于哪一类组织协调方法？

5. 针对以上在监理过程中发现的问题，监理工程师应分别如何处理？

案例解析：

1. 组织协调的方法有会议协调法、交谈协调法、书面协调法、访问协调法、情况介绍法。

2. 第一次工地会议是建设工程尚未全面展开、总监理工程师下达开工令前，建设单位、工程监理和施工单位对各自人员及分工、开工准备、监理例会的要求进行沟通和协调的会议，也是检查开工前各项准备工作是否就绪并明确监理程序的会议。第一次工地会议应由建设单位主持。

3. 建设工程监理最常用的方法是会议协调法，该方法的具体会议形式有第一次工地会议、监理例会等。

4. 发布指令属于书面协调法的具体方法。

5. 监理过程中发现的问题的处理：

（1）指令停工，组织设计和施工单位共同研究处理方案，如需变更设计，指令施工单位按变更后的设计图施工，否则指令施工单位按原图施工。

（2）指令停工，检查胀模原因，指示施工单位加固处理，经检查认可，通知继续施工。

（3）指令停工，下令拆除封闭模板，使满足检查要求，经检查认可，通知复工。

（4）指令停工，进行隐蔽工程检查，若隐检合格，通知复工；若隐检不合格，下令返工。

（5）指令停工，检查分包单位资质。若审查合格，允许分包单位继续施工；若审查不合格，指令施工单位令分包单位立即退场。无论分包单位资质是否合格，均应对其已施工完毕的 $200~m^2$ 防水工程进行质量检查。

（6）通知该电焊工立即停止操作，检查其技术资格证明。若审查认可，可继续进行操作；若无技术资质证明，不得再进行电焊操作。对其完成的焊接部分进行质量检查。

（7）报告建设单位，由建设单位与设计单位联系，要求变更设计，指示施工单位按变更后的图纸返工，所造成的损失，应给予施工单位补偿。

基础练习

一、单项选择题

1. 下列关于建设工程投资、进度、质量三大目标之间基本关系的说法中，表达目标之间统一关系的是（　　）。

　A. 缩短工期，可能增加工程投资

　B. 减少投资，可能要降低功能和质量要求

　C. 提高功能和质量要求，可能延长工期

　D. 提高功能和质量要求，可能降低运行费用和维修费用

2. 实施监理的建设工程，检验批的质量验收记录由施工项目质检员填写，由（　　）组织验收。

　A. 专业监理工程师　　　　　　　　　　B. 建设单位项目负责人

　C. 施工单位项目技术　　　　　　　　　D. 监理员

3. 为了有效控制建设工程质量、造价、进度三大目标，可采取的技术措施是（　　）。

　A. 审查、论证建设工程施工方案　　　　B. 动态跟踪建设工程合同执行情况

　C. 建立建设工程目标控制工作考评机制　D. 进行建设工程变更方案的技术经济分析

4. （　　）是指项目监理机构监理人员对施工现场进行定期或不定期的检查活动。

　A. 旁站　　　　　B. 巡视　　　　　C. 见证取样　　　　　D. 平行检验

5. （ ）是项目监理机构在施工单位自检的同时，按照有关规定、建设工程监理合同约定对同一检验项目进行的检测试验活动。

　　A. 旁站　　　　　　　　B. 巡视　　　　　　　　C. 见证取样　　　　　　　　D. 平行检验

6. 下列关于监理人员旁站的说法中，错误的是（ ）。

　　A. 凡旁站人员未在旁站记录上签字的，不得进行下一道工序施工

　　B. 发现施工单位有违反工程建设强制性标准行为的，有权责令施工单位立即整改

　　C. 凡没有实施旁站或者没有旁站记录的，专业监理工程师或者总监理工程师不得在相应文件上签字

　　D. 在旁站实施前，项目监理机构应根据旁站方案和相关的施工验收规范，对旁站人员进行技术交底

7. 下列选项中，体现了建设工程监理三大目标之间对立关系的是（ ）。

　　A. 适当增加投资数量，即可加快工程建设进度

　　B. 工程质量有较高的要求，就需要投入较多的资金和花费较长的建设时间

　　C. 如果进度计划制订得既科学又合理，可以缩短建设工期

　　D. 适当提高建设工程功能要求和质量标准，能够节约工程项目动用后的运行费

8. 建设工程监理采用巡视的方式进行工作时，属于施工安全生产管理方面巡视内容的是（ ）。

　　A. 天气情况是否适合施工作业，如不适合，是否已采取相应措施

　　B. 施工机具、设备的工作状态，周边环境是否有异常情况

　　C. 施工人员作业情况，是否按照施工组织设计（专项）施工方案施工

　　D. 施工组织设计中的安全技术措施和专项施工方案落实情况

9. 下列协调工作中，属于项目监理机构内部人际关系协调工作的是（ ）。

　　A. 事先约定各个部门在工作中的相互关系

　　B. 遵守信息沟通制度

　　C. 平衡监理人员使用计划

　　D. 委任工作职责分明

10. 下列建设工程监理组织协调方法中，具有合同效力的有（ ）。

　　A. 会议协调法　　　　B. 交谈协调法　　　　C. 书面协调法　　　　D. 访问协调法

11. 下列单位中，属于项目监理机构远外层协调范围的单位是（ ）。

　　A. 材料供应商和设备供应商　　　　　　　　B. 设备供应商和政府部门

　　C. 政府部门和社会团体　　　　　　　　　　D. 社会团体和材料供应商

12. 下列体现了三大目标之间对立关系的是（ ）。

　　A. 通过投入较多的资金，提高工程质量的要求

　　B. 通过加快工程建设进度，使工程项目尽早动用，投资尽早收回

　　C. 通过提高建设工程功能要求，节约工程项目动用后的运行费

　　D. 通过提高建设工程质量标准，节约工程项目动用后的维修费

13. 分析论证建设工程总目标，应遵循的基本原则不包括（ ）。

　　A. 确保建设工程质量目标符合工程建设强制性标准

　　B. 不同建设工程三大目标可具有不同的优先等级

　　C. 定性分析与定量分析相结合

　　D. 动态控制、主动控制与被动控制相结合

14. 为了有效地控制建设工程项目目标，项目监理机构应采取的组织措施是（　　）。

    A. 对施工组织设计、施工方案等进行审查、论证

    B. 明确各级目标控制人员的任务和职责分工

    C. 对多个可能的建设方案、施工方案等进行技术可行性分析

    D. 审核工程量、工程款支付申请及工程结算报告

15. 项目监理机构对施工单位进行的涉及结构安全的试块、试件及工程材料现场取样、封样、送检工作的监督活动称为（　　）。

    A. 旁站   B. 跟踪检测

    C. 见证取样   D. 平行检验

16. 下列关于巡视的说法，错误的是（　　）。

    A. 项目监理机构应在监理规划的相关章节中编制体现巡视工作的要点、频率、措施等相关内容

    B. 总监理工程师应根据经审核批准的监理规划和监理实施细则对现场监理人员进行交底

    C. 监理人员在巡视检查时，应主要关注施工质量、安全生产两个方面

    D. 监理人员应按照监理规划及监理实施细则中规定的频次进行现场巡视

17. 下列协调方式中，属于"交谈协调法"的是（　　）。

    A. 打电话   B. 联系单

    C. 通知单   D. 监理例会

18. 下列三大目标控制措施中，（　　）是各类措施的前提和保障。

    A. 技术措施   B. 合同措施

    C. 组织措施   D. 经济措施

19. 根据《建设工程监理规范》（GB/T 50319—2013），项目监理机构批准工程延期应满足的条件不包括（　　）。

    A. 施工单位在施工合同约定的期限内提出工程延期

    B. 施工单位采购的工程材料供货延误

    C. 施工进度滞后影响到施工合同约定的工期

    D. 因非施工单位原因造成施工进度滞后

20. 下列关于旁站的说法，正确的是（　　）。

    A. 旁站是指项目监理机构对工程的关键部位或关键工序的施工质量进行的监督活动

    B. 项目监理机构在编制监理实施细则时，应制订旁站方案，明确旁站的范围、内容、程序等

    C. 旁站应在专业监理工程师的指导下，由现场监理人员负责具体实施

    D. 监理人员实施旁站时，发现施工活动已经危及工程质量的，应当立即责令施工单位整改

二、多项选择题

1. 见证取样是指项目监理机构对施工单位进行的涉及结构安全的（　　）现场取样、封样、送检工作的监督活动。

    A. 设备   B. 试块

    C. 试件   D. 构配件

    E. 工程材料

2. 分析论证建设工程总目标，应遵循的基本原则包括（ ）。

    A. 不同建设工程三大目标可具有不同的优先等级

    B. 确保建设工程质量目标符合工程建设强制性标准

    C. 建设工程目标要进行逐级分解

    D. 必须明确三大目标的控制内容

    E. 定性分析与定量分析相结合

3. 工程材料是工程建设的物质条件，是工程质量的基础。工程材料包括（ ）。

    A. 建筑材料　　　　B. 构配件　　　　C. 施工机具设备　　　D. 半成品

    E. 各类测量仪器

4. 项目监理机构内部组织关系的协调包括（ ）。

    A. 在目标分解的基础上设置组织机构

    B. 明确规定每个部门的目标、职责和权限

    C. 事先约定各个部门在工作中的相互关系

    D. 实事求是地进行成绩评价

    E. 建立信息沟通制度

5. 在施工阶段，项目监理机构与施工单位的协调工作内容包括（ ）。

    A. 对施工单位违约的行为的处理

    B. 合同争议的协调

    C. 督促施工单位及时报告安全事故

    D. 对分包单位的管理

    E. 与施工单位项目经理关系的协调

6. 根据《建设工程监理规范》（GB/T 50319—2013），项目监理机构处理费用索赔的主要依据包括（ ）。

    A. 勘察设计文件　　　　　　　　　　B. 施工合同文件

    C. 监理合同文件　　　　　　　　　　D. 工程建设标准

    E. 施工方案

7. 下列关于第一次工地会议的说法，正确的有（ ）。

    A. 总监理工程师在第一次工地会议上应介绍监理工作的目标、范围和内容等相关内容

    B. 第一次工地会议是为解决工程监理过程中的工程专项问题而不定期召开的会议

    C. 第一次工地会议是建设工程尚未全面展开、总监理工程师下达开工令前召开的

    D. 第一次工地会议应由建设单位主持，监理单位、总承包单位授权代表参加

    E. 第一次工地会议是项目监理机构定期组织有关单位研究解决与监理相关问题的会议

三、简答题

1. 建设工程三大目标的关系是什么？

2. 如何处理工期延误？

3. 项目监理机构巡视工作内容和职责有哪些？

4. 旁站人员主要工作内容和职责有哪些？

5. 项目监理机构在处理工程暂停及复工、工程变更、索赔及施工合同争议、解除等方面的合同管理职责有哪些？

6. 监理人在合同履行管理中的作用表现在哪些方面？

7. 项目监理机构组织协调的内容有哪些？

第七章

建设工程风险管理

风险管理是项目管理知识体系的重要组成部分，也是建设工程项目管理的重要内容。监理工程师需要掌握风险管理的基本原理，并将其应用于建设工程监理与相关服务。

项目监理机构应根据法律法规、工程建设强制性标准，履行建设工程安全生产管理的监理职责。

第一节　建设工程风险管理

一、建设工程风险及其管理过程

风险就是生产目的与劳动成果之间的不确定性，从不同角度有不同的定义。其中较为普遍接受的定义表述：一种是在特定的情况和特定的时间内，可能发生的结果之间的差异（或实际结果与预期结果之间的差异）。差异越大则风险越大，强调的是结果的差异。另一种表述：风险就是与出现损失有关的不确定性。它强调不利事件发生的不确定性。因此，风险要具备两方面的条件：一是不确定性；二是产生损失后果，否则就不能称为风险。

建设工程风险是指在决策和实施过程中，造成实际结果与预期目标的差异性及其发生的概率。项目风险的差异性包括损失的不确定性和收益的不确定性。这里的工程风险是指损失的不确定性。

风险管理是指人们对潜在的意外损失进行辨识、评估，并根据具体情况采取相应的措施进行处理的管理过程，即在主观上尽可能做到有备无患，或在客观上无法避免时也能寻求切实可靠的补救措施，从而减少意外损失或化解风险、为我所用。

建设工程风险管理是指参与工程项目的各方，包括发包方、承包方和勘察、设计、监理单位等在工程项目的筹划、勘察设计、工程施工各阶段采取辨识、评估、处理工程项目风险的管理过程。建设工程风险管理并不是独立于质量控制、造价控制、进度控制、合同管理、信息管理、组织协调之外的，而是将上述项目管理内容中与风险管理相关的内容综合而成的独立部分。

1. 建设工程风险的分类

建设工程项目投资巨大，建设周期持续时间长，所涉及的风险因素有很多，建设工程风险可以从不同的角度进行分类。

（1）按照风险来源进行划分，可分为自然风险、社会风险、经济风险、法律风险和政治风险。

（2）按照风险涉及的当事人划分，可分为建设单位的风险、设计单位的风险、施工单位的风险、工程监理单位的风险等。

（3）按风险可否管理划分，可分为可管理风险和不可管理风险。

（4）按风险影响范围划分，可分为局部风险（特殊风险）和总体风险（基本风险）。

（5）按风险所造成的后果不同划分，可分为纯风险和投机风险。

2. 建设工程风险管理过程

建设工程风险管理是一个识别风险、确定和度量风险，并制订、选择和实施风险应对方案的过程。风险管理是对建设工程风险进行管理的一个系统、循环过程。风险管理包括风险识别、风险分析与评价、风险对策的决策、风险对策的实施和风险对策实施的监控 5 个主要环节。

（1）风险识别。风险识别是风险管理的首要步骤，是指通过一定的方式，系统而全面地识别影响建设工程目标实现的风险事件并加以适当归类的过程。必要时，还需要对风险事件的后果进行定性估计。

（2）风险分析与评价。风险分析与评价是将建设工程风险事件发生的可能性和损失后果进行定量化的过程。风险分析与评价的结果主要在于确定各种风险事件发生的概率及其对建设工程目标影响的严重程度，如建设投资增加的数额、工期延误的天数等。

（3）风险对策的决策。风险对策的决策是确定建设工程风险事件最佳对策组合的过程。一般来说，风险应对策略有风险回避、损失控制、风险转移和风险自留 4 种。这些风险对策的适用对象各不相同，需要根据风险评价结果，对不同的风险事件选择最适宜的风险对策，从而形成最佳的风险对策组合。

（4）风险对策的实施。对风险对策所作出的决策还需要进一步落实到具体的计划和措施。例如，在决定进行风险控制时，要制订预防计划、灾难计划、应急计划等；在决定购买工程保险时，要选择保险公司，确定恰当的保险险种、保险范围、免赔额、保险费等。这些都是进行风险对策决策的重要内容。

（5）风险对策实施的监控。在建设工程实施过程中，要不断地跟踪检查各项风险对策的执行情况，并评价各项风险对策的执行效果。当建设工程实施条件发生变化时，要确定是否需要提出不同的风险对策。

二、建设工程风险识别、分析与评价

1. 风险识别

风险识别的主要内容是识别引起风险的主要因素，识别风险的性质，识别风险可能引起的后果。

（1）风险识别方法。识别建设工程风险的方法有专家调查法、财务报表法、流程图法、初始清单法、经验数据法、风险调查法等。

1）专家调查法。专家调查法是指向有关专家提出问题，了解相关风险因素，并获得各种信息的方法。专家调查法主要包括头脑风暴法、德尔菲法和访谈法。

2）财务报表法。财务报表法是指通过财务报表来识别风险的方法。财务报表有助于确定一个特定工程可能遭受哪些损失，以及在何种情况下遭受这些损失。通过分析资产负债表、现金流量表、损益表及有关补充资料，可以识别企业当前的所有资产、负债、责任和人身损失风险。将这些报表与财务预测、预算结合起来，可以发现建设工程未来风险。

3）流程图法。流程图法是指按建设工程实施全过程内在逻辑关系制成流程图，针对流程图中的关键环节和薄弱环节进行调查和分析，找出风险存在的原因，从中发现潜在的风险威胁，分析风险发生后可能造成的损失和对建设工程全过程造成的影响的方法。

运用流程图法分析，工程项目管理人员可以明确地发现建设工程所面临的风险。但流程图法分析仅着重于流程本身，而无法显示发生问题的损失值或损失发生的概率。

4）初始清单法。如果对每一个建设工程风险的识别都从头做起，至少有以下三方面缺陷：①耗费时间和精力多，风险识别工作的效率低；②由于风险识别的主观性，可能导致风险识别的随意性，其结果缺乏规范性；③风险识别成果资料不便积累，对今后的风险识别工作缺乏指导作用。因此，为了避免以上缺陷，有必要建立建设工程风险初始清单。

初始清单法是指有关人员利用所掌握的丰富知识设计而成的初始风险清单表，尽可能详细地列举建设工程所有的风险类别，按照系统化、规范化的要求去识别风险。建立初始清单有两种途径：一是参照保险公司或风险管理机构公布的潜在损失一览表，再结合某建设工程所面临的潜在损失，对一览表中的损失予以具体化，从而建立特定工程的风险一览表；二是通过适当的风险分解方式来识别风险。对于大型复杂工程，首先将其按单项工程、单位工程分解，再对各单项工程、单位工程分别从时间维、目标维和因素维进行分解，可以较容易地识别出建设工程主要的、常见的风险。表 7-1 为建设工程风险初始清单一个示例。

表 7-1　建设工程风险初始清单

风险因素		典型风险事件
技术风险	设计	设计内容不全、设计缺陷、错误和遗漏，应用规范不恰当，未考虑地质条件，未考虑施工可能性等
	施工	施工工艺落后，施工条件和方案不合理，施工安全措施不当，应用新技术新方案失败，未考虑场地情况等
	其他	工艺设计未达到先进性指标，工艺流程不合理，未考虑操作安全性等
非技术风险	自然与环境	洪水、地震、火灾、如风、雷电等不可抗拒自然力，不明的水文气象条件，复杂的工程地质条件，恶劣的气候，施工对环境的影响等
	政治法律	法律、法规的变化，战争、骚乱、罢工、经济制裁或禁运等
	经济	通货膨胀或紧缩，汇率变化，市场动荡，社会各种摊派和征费的变化，资金不到位，资金短缺等
	组织协调	建设单位、项目管理咨询方、设计方、施工方、监理方之间的不协调及各方主体内部的不协调等
	合同	合同条款遗漏、表达有限，合同类型选择不当，承发包模式选择不当，索赔管理不力，合同纠纷等
	人员	建设单位人员、项目管理咨询人员、设计人员、监理人员、施工人员的素质不高、业务能力不强等
	材料设备	原材料、半成品、成品或设备供货不足或拖延，数量差错或质量规格问题，特殊材料和新材料的使用问题，过度损耗和浪费，施工设备供应不足、类型不配套、故障、安装失误、选型不当等

初始清单只是为了便于人们较全面地认识风险的存在，而不至于遗漏重要的建设工程风险，但并不是风险识别的最终结论。在初始风险清单建立后，还需要结合特定工程的具体情况进一步识别风险，从而对初始风险清单做一些必要的补充和修正。为此，需要参照同类建设工程风险的经验数据，或者针对具体工程的特点进行风险调查。

5）经验数据法。经验数据法也称统计资料法，即根据已建各类建设工程与风险有关的统计资料来识别拟建工程风险。长期从事建设工程监理与相关服务的监理单位，应该积累大量的建设工程风险数据，尽管每一个建设工程及其风险有差异，但经验数据或统计资料足够多时，这些差异会大大减少，呈现出一定的规律性。因此，已建各类建设工程与风险有关的数据是识别拟建工程风险的重要基础。

6）风险调查法。由建设工程的特殊性可知，两个不同的建设工程不可能有完全一致的风险。因此，在建设工程风险识别过程中，花费人力、物力、财力进行风险调查是必不可少的，这既是一项非常重要的工作，也是建设工程风险识别的重要方法。

风险调查应当从分析具体工程特点入手，一方面对通过其他方法对已识别出的风险（如初始清单所列出的风险）进行鉴别和确认；另一方面，通过风险调查有可能发现此前尚未识别出的重要风险。通常，风险调查可以从组织、技术、自然及环境、经济、合同等方面分析拟建工程的特点及相应的潜在风险。

（2）风险识别成果。风险识别成果是进行风险分析与评价的重要基础。风险识别的最主要成果是风险清单。风险清单最简单的作用是描述存在的风险并记录可能减轻风险的行为。风险清单格式见表7-2。

表7-2 建设工程风险清单

风险清单		编号：		日期：
工程名称：		审核：		批准：
序号	风险因素	可能造成的后果		可能采取的措施
1				
2				
3				
...				

2. 风险分析与评价

风险分析与评价是指在定性识别风险因素的基础上，进一步分析和评价风险因素发生的概率、影响的范围、可能造成损失的大小及多种风险因素对建设工程目标的总体影响等，更清楚地辨识主要风险因素，有利于工程项目管理者采取更有针对性的对策和措施，从而减少风险对建设工程目标的不利影响。

风险分析与评价的任务包括：确定单一风险因素发生的概率；分析单一风险因素的影响范围大小；分析各个风险因素的发生时间；分析各个风险因素的结果，探讨这些风险因素对建设工程目标的影响程度。在单一风险因素量化分析的基础上，考虑多种风险因素对建设工程目标的综合影响、评估风险的程度并提出可能的措施作为管理决策的依据。

（1）风险度量。

1）风险事件发生的概率及概率分布。根据风险事件发生的频繁程度，可将风险事件发生的概率分为 3～5 个等级。等级的划分反映了一种主观判断。因此，等级数量的划分也可根据实际情况作出调整。

一般应用概率分布函数来描述风险事件发生的概率及概率分布。连续型的实际概率分布较难确定，因此在实践中，均匀分布、三角分布及正态分布最为常用。

2）风险度量方法。风险度量可用下列一般表达式来描述：

$$R = F(O, P) \tag{7-1}$$

式中　R——某一风险事件发生后对建设工程目标的影响程度；

　　　O——该风险事件的所有后果集；

　　　P——该风险事件对应于所有风险结果的概率值集。

最简单的一种风险量化方法是根据风险事件产生的结果与其相应地发生概率，求解建设工程风险损失的期望值和风险损失的方差（或标准差）来具体度量风险的大小，即：

①若某一风险因素产生的建设工程风险损失值为离散型随机变量 X，其可能的取值为 x_1，x_2，$\cdots$，x_n，这些取值对应的概率分别为 $P(x_1)$，$P(x_2)$，$\cdots$，$P(x_n)$，则随机变量 X 的数学期望值和方差分别如下：

$$E(X) = \sum x_i P(x_i) \tag{7-2}$$

$$D(X) = \sum [x_i - E(X)]^2 P(x_i) \tag{7-3}$$

②若某一风险因素产生的建设工程风险损失值为连续型随机变量 X，其概率密度函数为 $f(x)$，则随机变量 X 的数学期望值和方差分别如下：

$$E(X) = \int_{-\infty}^{+\infty} x f(x) \mathrm{d}x \tag{7-4}$$

$$D(X) = \int_{-\infty}^{+\infty} [x - E(X)]^2 f(x) \mathrm{d}x \tag{7-5}$$

（2）风险评定。风险事件的风险等级由风险发生概率等级和风险损失等级间的关系矩阵确定。

工程建设风险事件按照不同风险程度分为 4 个等级：

1）一级风险。风险等级最高，风险后果是灾难性的，并造成恶劣社会影响和政治影响。

2）二级风险。风险等级较高，风险后果严重，可能在较大范围内造成破坏或人员伤亡。

3）三级风险。风险等级一般，风险后果一般，对工程建设可能造成破坏的范围较小。

4）四级风险。风险等级较低，风险后果在一定条件下可以忽略，对工程本身以及人员等不会造成较大损失。

通过风险概率和风险损失得到风险等级应符合表 7-3 的规定。

表 7-3　风险等级矩阵表

风险等级		损失等级			
		1	2	3	4
概率等级	1	Ⅰ级	Ⅰ级	Ⅱ级	Ⅱ级
	2	Ⅰ级	Ⅱ级	Ⅱ级	Ⅲ级
	3	Ⅱ级	Ⅱ级	Ⅲ级	Ⅲ级
	4	Ⅱ级	Ⅲ级	Ⅲ级	Ⅳ级

（3）风险分析与评价的方法。风险的分析与评价往往采用定性与定量相结合的方法来进行，这两者之间并不是相互排斥的，而是相互补充的。目前，常用的风险分析与评价方法有调查打分法、蒙特卡洛模拟法、计划评审技术法和敏感性分析法等。这里仅介绍调查打分法。

调查打分法又称综合评估法或主观评分法，是指将识别出的建设工程风险列成风险表，将风险表提交给有关专家，利用专家经验，对风险因素的等级和重要性进行评价，确定出建设工程主要风险因素。调查打分法是一种最常见、最简单且易于应用的风险评价方法。

1）调查打分法的基本步骤：

①针对风险识别的结果，确定每个风险因素的权重，以表示其对建设工程的影响程度。

②确定每个风险因素的等级值，等级值按经常、很可能、偶然、极小、不可能分为 5 个等级。当然，等级数量的划分和赋值也可根据实际情况进行调整。

③将每个风险因素的权重与相应的等级值相乘，求出该项风险因素的得分，计算式如下：

$$r_i = \sum_{j=1}^{m} \omega_{ij} S_{ij} \tag{7-6}$$

式中　r_i——风险因素 i 的得分；

　　　ω_{ij}——j 专家对风险因素 i 赋的权重；

　　　S_{ij}——j 专家对风险因素 i 赋的等级值；

　　　m——参与打分的专家数。

④将各个风险因素的得分逐项相加得出建设工程风险因素的总分，总分越高，风险越大。总分计算如下：

$$R = \sum_{i=1}^{n} r_i \tag{7-7}$$

式中　R——项目风险得分；

　　　r_i——风险因素 i 的得分；

　　　n——风险因素的个数。

调查打分法的优点在于简单易懂，能节约时间，而且可以比较容易地识别主要风险因素。

2）风险调查打分表。表 7-4 给出了建设工程风险调查打分表的一种格式。在表中，风险发生的概率按照高、中、低 3 个档次来进行划分，考虑风险因素可能对质量、造价、工期、安全、环境 5 个方面的影响，分别按照较轻、一般和严重来加以度量。

表 7-4　风险调查打分表

序号	风险因素	可能性			影响程度														
		高	中	低	成本			工期			质量			安全			环境		
					较轻	一般	严重	较轻	一般	严重	较轻	一般	严重	较轻	一般	严重	较轻	一般	严重
1	地质条件失真																		
2	设计失误																		
3	设计变更																		
4	施工工艺落后																		
5	材料质量低劣																		
6	施工水平低下																		
7	工期紧迫																		
8	材料价格上涨																		

续表

序号	风险因素	可能性			影响程度														
		高	中	低	成本			工期			质量			安全			环境		
					较轻	一般	严重	较轻	一般	严重	较轻	一般	严重	较轻	一般	严重	较轻	一般	严重
9	合同条款有误																		
10	成本预算粗略																		
11	管理人员短缺																		
…	…																		

三、建设工程风险对策及监控

1. 风险对策

建设工程风险对策包括风险回避、损失控制、风险转移和风险自留。

（1）风险回避。风险回避是指在完成建设工程风险分析与评价后，如果发现风险发生的概率很高，而且损失的可能也很大，又没有其他有效的对策来降低风险时，应采取放弃项目、放弃原有计划或改变目标等方法，使其不发生或不再发展，从而避免可能产生的潜在损失。通常，当遇到下列情形时，应考虑风险回避策略：

1）风险事件发生概率很大且后果损失也很大的工程项目；

2）发生损失的概率并不大，但当风险事件发生后产生的损失是灾难性的、无法弥补的。

（2）损失控制。损失控制是一种主动、积极的风险对策。损失控制可分为预防损失和减少损失两个方面。预防损失措施的主要作用在于降低或消除（通常只能做到降低）损失发生的概率，减少损失措施的作用在于降低损失的严重性或遏制损失的进一步发展，使损失最小化。一般来说，损失控制方案都应当是预防损失措施和减少损失措施的有机结合。

制定损失控制措施必须考虑其付出的代价，包括费用和时间两个方面的代价，而时间方面的代价往往又会引起费用方面的代价。损失控制措施的最终确定，需要综合考虑其效果和相应的代价。在采用风险控制对策时，所制定的风险控制措施应当形成一个周密的、完整的损失控制计划系统。该计划系统一般应由预防计划、灾难计划和应急计划三部分组成。

1）预防计划。预防计划的目的在于有针对性地预防损失的发生，其主要作用是降低损失发生的概率，在许多情况下也能在一定程度上降低损失的严重性。在损失控制计划系统中，预防计划的内容最广泛、具体措施最多，包括组织措施、经济措施、合同措施、技术措施。

2）灾难计划。灾难计划是一组事先编制好的、目的明确的工作程序和具体措施，为现场人员提供明确的行动指南，使其在灾难性的风险事件发生后，不至于惊慌失措，也不需要临时讨论研究应对措施，可以做到从容不迫、及时妥善地处理风险事故，从而减少人员伤亡及财产和经济损失。灾难计划的内容应满足以下要求：

①安全撤离现场人员；

②援救及处理伤亡人员；

③控制事故的进一步发展，最大限度地减少资产和环境损害；

④保证受影响区域的安全尽快恢复正常。

灾难计划在灾难性风险事件发生或即将发生时付诸实施。

3）应急计划。应急计划就是事先准备好若干种替代计划方案，当遇到某种风险事件时，能够根据应急预案对建设工程原有计划范围和内容作出及时调整，使中断的建设工程能够尽快全面恢复，并减少进一步的损失，使其影响程度减至最小。应急计划不仅要制定所要采取的相应措施，而且要规定不同工作部门相应的职责。应急计划应包括的内容有：调整整个建设工程实施进度计划、材料与设备的采购计划、供应计划；全面审查可使用的资金情况；准备保险索赔依据；确定保险索赔的额度；起草保险索赔报告；必要时需调整筹资计划等。

（3）风险转移。风险转移是建设工程风险管理中十分重要且广泛应用的一项对策。当有些风险无法回避、必须直接面对，而以自身的承受能力又无法有效地承担时，风险转移就是一种十分有效的选择。风险转移可分为非保险转移和保险转移两大类：

1）非保险转移。非保险转移又称为合同转移，因为这种风险转移一般是通过签订合同的方式将建设工程风险转移给非保险人的对方当事人。建设工程风险最常见的非保险转移有以下3种情况：

①建设单位将合同责任和风险转移给对方当事人。建设单位管理风险必须从合同管理入手，分析合同管理中的风险分担。在这种情况下，被转移者多数是施工单位。例如，在合同条款中规定，建设单位对场地条件不承担责任；又如，采用固定总价合同将涨价风险转移给施工单位等。

②施工单位进行工程分包。施工单位中标承接某工程后，将该工程中专业技术要求很强而自己缺乏相应技术的内容分包给专业分包单位，从而更好地保证工程质量。

③第三方担保。合同当事人一方要求另一方为其履约行为提供第三方担保。担保方所承担的风险仅限于合同责任，即由于委托方不履行或不适当履行合同及违约所产生的责任。第三方担保主要有建设单位付款担保、施工单位履约担保、预付款担保、分包单位付款担保、工资支付担保等。

与其他的风险对策相比，非保险转移的优点主要体现在：一是可以转移某些不可保的潜在损失，如物价上涨、法规变化、设计变更等引起的投资增加；二是被转移者往往能较好地进行损失控制，如施工单位相对于建设单位能更好地把握施工技术风险，专业分包单位相对于总承包单位能更好地完成专业性强的工程内容。

但是，非保险转移的媒介是合同，这就可能因为双方当事人对合同条款的理解发生分歧而导致转移失效。另外，在某些情况下，可能因被转移者无力承担实际发生的重大损失而导致仍然由转移者来承担损失。例如，在采用固定总价合同的条件下，如果施工单位报价中所考虑涨价风险费很低，而实际的通货膨胀率很高，从而导致施工单位亏损破产，最终只能由建设单位自己来承担涨价造成的损失。此外，非保险转移一般都要付出一定的代价，有时转移风险的代价可能会超过实际发生的损失，从而对转移者不利。

2）保险转移。保险转移通常直接称为工程保险。通过购买保险，建设单位或施工单位作为投保人将本应由自己承担的工程风险（包括第三方责任）转移给保险公司，从而使自己免受风险损失。保险之所以能得到越来越广泛的运用，原因在于符合风险分担的基本原则，即保险人较投保人更适宜承担建设工程有关的风险。对于投保人来说，某些风险的不确定性很大，但是对于保险人来说，这种风险的发生则趋近于客观概率，不确定性降低，即风险降低。

在决定采用保险转移这一风险对策后，需要考虑与保险有关的几个具体问题：一是保险的安排方式；二是选择保险类别和保险人，一般是通过多家比选后确定，也可委托保险经纪人或保险咨询公司代为选择；三是可能要进行保险合同谈判，这项工作最好委托保险经纪人或保险咨询公司完成，但免赔额的数额或比例要由投保人自己确定。

需要说明的是，保险并不能转移建设工程所有风险，一方面是因为存在不可保风险；另一方面则是因为有些风险不宜保险。因此，对于建设工程风险，应将保险转移与风险回避、损失控制和风险自留结合起来运用。

（4）风险自留。风险自留是指将建设工程风险保留在风险管理主体内部，通过采取内部控制措施等来化解风险。风险自留可分为非计划性风险自留和计划性风险自留两种。

1）非计划性风险自留。由于风险管理人员没有意识到建设工程某些风险的存在，或者不曾有意识地采取有效措施，以致风险发生后只好保留在风险管理主体内部。这样的风险自留就是非计划性的和被动的。导致非计划性风险自留的主要原因有缺乏风险意识、风险识别失误、风险分析与评价失误、风险决策延误、风险决策实施延误等。

2）计划性风险自留。计划性风险自留是主动的、有意识的、有计划的选择，是风险管理人员在经过正确的风险识别和风险评价后制定的风险对策。风险自留绝不可能单独运用，而应与其他风险对策结合使用。在实行风险自留时，应保证重大和较大的建设工程风险已经进行了工程保险或实施了损失控制计划。

2. 风险监控

（1）风险监控的主要内容。风险监控是指跟踪已识别的风险和识别新的风险，保证风险计划的执行，并评估风险对策与措施的有效性。其目的是考察各种风险控制措施产生的实际效果、确定风险减少的程度、监视风险的变化情况，进而考虑是否需要调整风险管理计划及是否启动相应的应急措施等。风险管理计划实施后，风险控制措施必然会对风险的发展产生相应的效果，监控风险管理计划实施过程的主要内容包括：

1）评估风险控制措施产生的效果；

2）及时发现和度量新的风险因素；

3）跟踪、评估风险的变化程度；

4）监控潜在风险的发展，监测工程风险发生的征兆；

5）提供启动风险应急计划的时机和依据。

（2）风险跟踪检查与报告。

1）风险跟踪检查。跟踪风险控制措施的效果是风险监控的主要内容。在实际工作中，通常采用风险跟踪表格来记录跟踪的结果，然后定期将跟踪的结果制成风险跟踪报告，使决策者及时掌握风险发展趋势的相关信息，以便及时作出反应。

2）风险的重新估计。无论什么时候，只要在风险监控的过程中发现新的风险因素，就要对其进行重新估计。此外，在风险管理进程中，即使没有出现新的风险，也需要在工程进展的关键时段对风险进行重新估计。

3）风险跟踪报告。风险跟踪的结果需要及时地进行报告，报告通常供高层次的决策者使用。因此，风险报告应该及时、准确并简明扼要，向决策者传达有用的风险信息，报告内容的详细程度应按照决策者的需要而定。编制和提交风险跟踪报告是风险管理的一项日常工作，报告的格式和频率应视需要和成本而定。

第二节　监理工程师责任风险管理

从监理工程师责任的定义及监理工程师的工作特征来分析，监理工程师由于自身原因所引起的责任风险可归纳为以下几个方面：

（1）行为责任风险。监理工程师的行为责任风险主要来自 3 个方面：

1）监理工程师违反了监理委托合同规定的职责义务，超出了业主委托的工作范围，并造成了工程上的损失；

2）监理工程师未能正确地履行监理合同中规定的职责，在工作中发生失职行为；

3）监理工程师由于主观上的随意行为未能严格履行自身的职责并因此造成了工程损失。

（2）工作技能风险。监理工作是基于专业技能基础上的技术服务，因此，尽管监理工程师履行了监理合同中业主委托的工作职责，但由于其本身专业技能的限制，可能并不一定能取得应有的效果。另外，监理工程师并不是都能及时、准确、全面地掌握所采用新材料、新技术、新工艺、新设备的相关知识和技能，这也属于工作技能风险。

（3）技术资源风险。即使监理工程师在工作中并无行为上的过错，仍然有可能承受由技术资源而带来的工作上的风险。某些工程质量隐患的暴露需要一定的时间和诱因，利用现有的技术手段和方法，并不能保证所有问题都能及时发现。另外，由于人力、财力和技术资源的限制，监理工程师无法对施工过程中的任何部位、任何环节都进行细致全面的检查，因此，也就有可能面对这一方面的风险。

（4）管理风险。明确的管理目标、合理的组织机构、细致的职责分工、有效的约束机制是监理组织管理的基本保证。尽管有高素质的人才资源，但如果管理机制不健全，监理工程仍然可能面对较大的风险。这种管理风险主要来自两个方面：

1）监理单位与监理机构之间缺乏管理约束机制。由于监理工程的特殊性，监理机构往往远离监理单位本部，在日常的监理工作中代表监理单位的是总监，其工作行为对监理单位的声誉和形象起到决定性的作用；

2）监理机构内部管理机制的完善程度。监理机构中各个层次的人员职责分工必须明确。如果总监不能在监理机构内部实行有效的管理，则风险仍然是无法避免的。

（5）职业道德风险。监理工程师在运用其专业知识和技能时，必须十分谨慎、小心，表达自身意见必须明确，处理问题必须客观、公平，同时应勇于承担对社会、对职业的责任，在工程利益和社会公众的利益相冲突时，优先服从社会公众的利益；在监理工程师的自身利益和工程利益不一致时，必须以工程的利益为重，如果监理工程师不能遵守职业道德的约束，自私自利、敷衍了事、回避问题，甚至为谋求私利而损害工程利益，必然会因此而面对相当大的风险。

（6）社会环境风险。社会对监理工程师寄予了极大的期望，这种期望，无疑对建设监理事业的继续发展产生积极的推动作用。但另一方面，人们对监理的认识也产生了某些偏差和误解，有可能形成一种对监理事业发展不利的社会环境。现在社会上相当一部分人认为，既然工程实施了监理，监理工程师就应该对工程质量负责，工程出了质量问题，应首先向监理工程师追究责任。应当知道，监理工程师在工程实施过程中所做的任何工作并不能减少或免除承包商的任何责任。推行监理制，对提高工程质量、保证施工安全是起到积极作用的，但是监理工程师的工作不能替代承包商来担保工程不出现质量和安全问题。

综上所述，监理工程师必须加强风险意识，提高对风险的警觉和防范，减少和控制责任风险，可以考虑从以下几个方面着手：

（1）严格执行合同。这是防范监理行为风险的基础。监理工程师必须树立牢固的合同意识，对自身的责任和义务要有清醒的认识，既要不折不扣地履行自身的责任和义务，又要注意在自身的职责范围内开展工作，随时随地以合同为处理问题的依据，在业主委托的范围内，正确地行使监理委托合同中赋予自身的权力。

（2）提高专业技能。专业技能是提供监理服务的必要条件。努力提高自身的专业技能是监理工程师所从事的职业对自身提出的客观要求。监理工程师绝不能满足现状，必须不断学习，总结经验，提高自身的专业技术功底，锻炼自身的组织协调能力，防范由于技能不足可能给自身带来的风险。

（3）提高管理水平。监理单位和监理机构内部的管理机制是否健全、运作是否有效，既是发挥监理工程师主观能动性、提高工作效率的重要方面，也是防止管理风险的重要保证。因此，监理单位必须结合实际，明确质量方针，制定行之有效的内部约束机制，尤其是在监理责任的承担方面，需要有一个明确的界定。监理单位内部，总监与监理机构其他成员应承担什么样的责任，同样应该明确。这对于提高监理工程师的工作责任心是十分必要的。

（4）加强职业道德约束。要有效地防范监理工程师职业道德带来的风险，加强对监理工程师的职业道德教育，使遵守职业道德成为监理工程师的自觉行动。

（5）完善法律体系，在社会上积极宣传有关的监理法律、法规，使社会能对监理工程师承担的责任有正确的认识。

（6）推行职业责任保险，通过市场手段来转移监理工程师的责任风险。

（7）做好监理资料收集整理，做好维权举证准备工作。

知 识 拓 展

建筑工程保险知识

建筑工程保险，又称建筑工程一切险，是随着现代工业和现代科学技术的发展在火灾保险、意外伤害保险及责任保险的基础上逐步演变而成的一种综合性保险。

1. 主要特征

（1）承保风险的特殊性。建筑工程保险承保的保险标的大部分都裸露于风险中，同时，在建工程在施工过程中始终处于动态过程，各种风险因素错综复杂，风险程度增加。

（2）风险保障的综合性。建筑工程保险既承保被保险人财产损失的风险，又承保被保险人的责任风险，还可以针对工程项目风险的具体情况提供运输过程中、工地外储存过程中、保证期间等各类风险。

（3）被保险人的广泛性。被保险人包括业主、承包人、分承包人、技术顾问、设备供应商等其他关系方。

（4）费率的特殊性。建筑工程保险采用的是工期费率，而不是年度费率。

（5）保险期限不等。传统保险的保险期限通常为一年，期满可续保；而建筑保险的保险期限一般按工期计算，即自工程开工至工程竣工为止。特别是大型工程，其中有的项目是分期施工并交付使用，因而各个项目的期限有先有后、有长有短。

2. 适用范围

建筑工程保险承保的是各类建筑工程。在财产保险经营中，建筑工程保险适用于各种民用、工业用和公共事业用的建筑工程，如房屋、道路、水库、桥梁、码头、娱乐场、管道，以及各种市政工程项目的建筑。这些工程在建筑过程中的各种意外风险，均可通过投保建筑工程保险而得到保障。

3. 被保险人范围

建筑工程保险的被保险人大致包括以下几个方面：

（1）工程所有人，即建筑工程的最后所有者；

（2）工程承包人，即负责承建该项工程的施工单位，可分为总承包人和分承包人；

（3）技术顾问，即由所有人聘请的建筑师、设计师、工程师和其他专业顾问；

（4）其他关系方，如贷款银行或其他债权人等。

4. 保险责任

（1）自然事件。建筑工程保险所承保的自然事件包括地震、海啸、雷电、飓风、台风、龙卷风、风暴、暴雨、洪水、水灾、冻灾、冰雹、地陷下沉、山崩、雪崩、火山爆发及其他人力不可抗拒的破坏力强大的自然现象。

（2）意外事故。建筑工程保险所承保的意外事故是指不可预料的及被保险人无法控制并造成物质损失或人身伤亡的突发性事件，包括火灾、爆炸、飞机坠毁或物体坠落等。

（3）人为风险。建筑工程保险承保的人为风险包括盗窃，工人或技术人员缺乏经验、疏忽、过失、恶意行为。

（4）第三者责任部分的保险责任。第三者责任部分的保险责任是指在保险期间因建筑工地发生意外事故造成工地及邻近地区第三者人身伤亡和财产损失依法应由被保险人承担的赔偿责任，以及事先经保险人书面同意的被保险人因此而支付的诉讼费用和其他费用。

5. 除外责任

保险人对下列各项原因造成的损失不负赔偿责任：

（1）设计错误引起的损失和费用；

（2）自然磨损、内在或潜在的缺陷、物质本身的变化、自燃、自热、氧化、锈蚀、渗漏、鼠咬、虫蛀、大气（气候或气温）变化、正常水位变化或其他渐变原因造成的保险财产自身的损失和费用；

（3）因原材料缺陷或工艺不善引起的保险财产本身的损失及为换置、修理或矫正这些缺陷所支付的费用；

（4）非外力引起的机械或电气装置的本身损失，或施工用机具、设备、机械装置失灵造成的本身损失；

（5）维修保养或正常检修的费用；

（6）档案、文件、账簿、票据、现金、各种有价证券、图表资料及包装物料的损失；

（7）盘点时发现的短缺；

（8）领有公共运输行驶执照的，或已由其他保险予以保障的车辆、船舶和飞机的损失；

（9）除非另有约定，在保险工程开始以前已经存在或形成的位于工地范围内或其周围的属于被保险人的财产损失；

（10）除非另有约定，在本保险单保险期限终止以前，保险财产中已由工程所有人签发完验收证书或验收合格或实际占有或使用或接受的部分。

6. 承保项目

（1）建筑施工合同中规定的建筑工程，包括永久工程、临时工程及工地上的物材。

（2）建筑用的机器设备，包括施工用的各种机器，如起重机、打桩机、铲车、推土机、汽车；各种设备，如水泥搅拌设备、临时供水及供电设备、传送装置、脚手架等，均可投保。

（3）工地上原有的财产物资，包括工程所有人或承包人在工地上的房屋建筑物及其他财产物资，由于施工过程中的意外而造成的损失危险，保险人也可承保。

（4）安装工程项目，即建筑工程项目中需要进行机器设备或其他设施安装的项目，如电梯及发电、取暖、空调等机器设备的安装存在的危险予以承保。

（5）损害赔偿责任，即建筑过程中因意外事故导致他人损害并依法应承担的损害赔偿责任，虽是责任保险中的承保对象，也可作为建筑工程保险项目之一加以承保。

7. 承保方式

在实务中，因为建筑工程的承包方式不同，所以其投保人也就各异。主要有以下4种情况：

（1）全部承包方式。所有人将工程全部承包给某一施工单位，该施工单位作为承包人（或主承包人）负责设计、供料、施工等全部工程环节，最后以钥匙交货方式将完工的建筑物交给所有人。在此方式中，承包人承担了工程的主要风险责任，故而一般由承包人作为投保人。

（2）部分承包方式。所有人负责设计并提供部分建筑材料，施工单位负责施工并提供部分建筑材料，双方各承担部分风险责任。此时，可由双方协商，推举一方为投保人，并在合同中写明。

（3）分段承包方式。所有人将一项工程分成几个阶段或几部分分别向外发包，承包人之间是相互独立的，没有契约关系。此时，为避免分别投保造成的时间差和责任差，应由所有人出面投保建筑工程险。

（4）施工单位只提供服务的承包方式。所有人负责设计、供料和工程技术指导；施工单位只提供劳务，进行施工，不承担工程的风险责任。此时，应由工程所有人投保。

由于建筑工程保险的被保险人有时不止一个，而且每个被保险人各有其本身的权益和责任需要向保险人投保，为避免有关各方相互之间的追偿责任，大部分建筑工程保险单附加交叉责任条款，其基本内容是各个被保险人之间发生的相互责任事故造成的损失，均可由保险人负责赔偿，无须根据各自的责任相互进行追偿。

实训案例

【案例一】

背景：

某工程，在监理合同履行过程中，发生如下事件：

事件1：针对该工程的风险因素，项目监理机构综合考虑风险回避、风险转移、损失控制和风险自留4种对策，提出了相应的应对措施，见表7-5。

表7-5　风险因素及应对措施

代码	风险因素	应对措施
A	易燃物品仓库紧邻施工项目部办公用房	施工单位重新进行平面布置，确保两者之间保持安全距离
B	工程材料价格上涨	建设单位签订固定总价合同
C	施工单位报审的分包单位无类似工程施工业绩	施工单位更换分包单位
D	施工组织设计中无应急预案	施工单位制定应急预案
E	建设单位负责采购的设备技术性能复杂，配套设备较多	建设单位要求供贷方负责安装调试
F	工程地质条件复杂	建设单位设立专项基金

事件2：施工单位项目部将编制好的专项施工方案交给总监理工程师后，发现现场吊装作业所用的起重机发生故障。为了不影响进度，项目经理调来另一台起重机，该起重机比施工方案确定的起重机吨位稍小，但经安全检测可以使用。监理员立即将此事向总监理工程师汇报，总监理工程师以专项施工方案未经审批且擅自更换起重机为由，签发了停止吊装作业的指令。项目经理签收暂停令后，仍要求施工人员继续进行吊装。总监理工程师报告了建设单位，建设单位负责人称工期紧迫，要求总监理工程师收回吊装作业暂停令。

问题：

1. 指出表7-5中人A～F的风险应对措施分别属于4种对策中的哪一种。

2. 分别指出事件2中建设单位、总监理工程师在工作中的不妥之处，写出正确做法。

案例解析：

1. 事件1中：

(1) 施工单位重新布置易燃物品仓库的位置，使其与施工项目部办公用房之间保持安全距离的目的是：一旦发生爆炸或火灾时减小风险灾害的损失。因此，A项处理措施属于风险损失控制的范畴。

(2) 建设单位考虑材料市场不稳定，价格上涨会影响到合同结算价格的增加，采取固定总价承包的合同，是将材料价格增长的风险转由施工单位承担。因此，B项处理措施属于风险转移的范畴。

(3) 施工单位报审的分包单位无类似工程施工业绩，不具备实施分包工程的资格，要求施工单位更换分包单位的目的是中断分包工程施工的质量、安全风险。因此，C项处理措施属于风险回避的范畴。

(4) 施工组织设计中无应急预案，要求施工单位制订应急预案并不能防止风险事件的发生，只能减小事件发生后的损失。因此，D项处理措施属于风险损失控制的范畴。

(5) 鉴于建设单位负责采购的设备技术性能复杂、配套设备较多，要求供货方负责安装调试的目的是使整套设备的配套性能满足设计要求，技术参数达标的设备安装风险由供货方承担。因此，E项措施属于风险转移的范畴。

(6) 由于工程地质条件复杂，建设单位设立专项风险基金并不能改变风险发生的客观性，只是风险事件发生后有能力采取有效的应对措施。因此，F项处理措施属于风险自留的范畴。

2. 事件2中，建设单位、总监理工程师工作中的不妥之处如下：

(1) 建设单位要求总监理工程师收回吊装作业暂停令不妥，应支持总监理工程师的决定。

(2) 总监理工程师未报告政府主管部门不妥，应及时报告政府主管部门。

【案例二】

背景：

某建筑公司于2016年3月8日与某建设单位签订了修建建筑面积为3 100 m²工业厂房（带地下室）的施工合同。该建筑公司编制的施工方案和进度计划已获批准。施工进度计划已经达成一致意见。施工合同规定，由于建设单位责任造成施工窝工时，窝工费用按原人工费、机械台班费的60%计算。在专用条款中明确，6级以上大风、大雨、大雪、地震等自然灾害，按不可抗力因素处理。监理工程师应在收到索赔报告之日起28天内予以确认，监理工程师无正当理由不确认时，自索赔报告送达之日起28天后视为索赔已经被确认。根据双方商定，人工费定额为30元/工日，机械台班费为1 000元/台班。建筑公司在履行施工合同的过程中发生以下事件：

事件1：基坑开挖后发现地下情况和发包商提供的地质资料不符，有古河道，须将河道中的淤泥清除并对地基进行二次处理。为此，业主以书面形式通知施工单位停工10天，损失费用合计为 3 000 元。

事件 2：2013 年 5 月 18 日由于下大雨，一直到 5 月 21 日开始施工，造成 20 名工人窝工。

事件 3：5 月 21 日用 30 个工日修复因大雨冲坏的永久道路，5 月 22 日恢复正常挖掘工作。

事件 4：5 月 27 日因施工单位租赁的挖掘机大修，挖掘工作停工 2 天，造成人员窝工 10 个工日。

事件 5：在施工过程中，发现因业主提供的图纸存在问题，故停工 3 天进行设计变更，造成 5 天窝工 60 个工日，机械窝工 9 个台班。

问题：

1. 分别说明事件 1 至事件 5 工期延误和费用增加应由谁承担，并说明理由。如是建设单位的责任，应向承包单位补偿工期和费用分别为多少？

2. 建设单位应给予承包单位补偿工期多少天？补偿费用多少元？

案例解析：

1. 工期延误和费用增加的承担责任划分：

事件 1：应由建设单位承担延误的工期和增加的费用。

理由：是因建设单位造成施工临时中断，从而导致承包商的工期延误和费用的增加。建设单位应补偿承包单位工期 10 天，费用 3 000 元。

事件 2：工期延误 3 天应由建设单位承担，造成 20 人窝工的费用应由承包单位承担。

理由：因大风大雨，按合同约定属不可抗力。建设单位应补偿承包单位的工期 3 天。

事件 3：应由建设单位承担修复冲坏的永久道路所延误的工期和增加的费用。

理由：冲坏的永久道路是由于不可抗力（合同中约定的大雨）引起的道路损坏，应由建设单位承担其责任。建设单位应补偿承包单位工期 1 天。建设单位应补偿承包单位的费用为 30 工日×30 元/工日＝900（元）

事件 4：应由承包单位承担由此造成的工期延误和增加费用。

理由：该事件的发生原因属于承包商自身的责任。

事件 5：应由建设单位承担工期的延误和费用增加的责任。

理由：施工图纸是由建设单位提供的，停工待图属于建设单位应承担的责任。建设单位应补偿承包单位工期 3 天。建设单位应补偿承包单位费用如下：

60×30×60％ ＋1 000×9×60％＝6 480（元）

2. 建设单位应给予承包单位补偿工期如下：

10＋3＋1＋3＝17（天）

建设单位应给予承包单位补偿费用如下：

3 000＋900＋6 480＝10 380（元）

基础练习

一、单项选择题

1. 风险管理过程中，风险识别和风险评价是两个重要步骤。下列关于这两者的表述中，正确的是（　　）。

A. 风险识别和风险评价都是定性的　　B. 风险识别和风险评价都是定量的

C. 风险识别是定性的，风险评价是定量　　D. 风险识别是定量的，风险评价是定性的

2. 下列风险识别方法中，有可能发现其他识别方法难以识别出的工程风险的方法是
（　　）。

A. 流程图法
B. 初始清单法
C. 经验数据法
D. 风险调查法

3. 某建设工程有 X、Y、Z 3 项风险事件，发生概率分别为：$P_x=10\%$，$P_y=15\%$，$P_z=20\%$，潜在损失分别为：$q_x=18$ 万元，$q_y=10$ 万元，$q_z=8$ 万元，则该工程的风险度量
期望值为（　　）万元。

A. 1.5
B. 1.6
C. 1.8
D. 4.9

4. 风险事件 K、L、M、N 发生的概率分别为 $P_K=5\%$、$P_L=8\%$、$P_M=12\%$、$P_N=15\%$，相应的损失后果分别为 $Q_K=30$ 万元、$Q_L=15$ 万元、$Q_M=10$ 万元、$Q_N=5$ 万元，则风险量相等的风险事件为（　　）。

A. K 和 M
B. L 和 M
C. M 和 N
D. K 和 N

5. 下列方法中，可用于分析与评价建设工程风险的是（　　）。

A. 经验数据法
B. 流程图法
C. 计划评审技术法
D. 财务报表法

6. 以一定方式中断风险源，使其不发生或不再发展，从而避免可能产生的潜在损失的风险
对策是（　　）。

A. 损失控制
B. 风险自留
C. 风险转移
D. 风险回避

7. 某投标人在招标工程开标后发现自己由于报价失误，比正常报价少报 20%，虽然被确定
为中标人，但拒绝与业主签订施工合同，该风险对策为（　　）。

A. 风险回避
B. 损失控制
C. 风险自留
D. 风险转移

8. 在各种风险对策中，预防损失风险对策的主要作用是（　　）。

A. 中断风险源
B. 降低损失发生的概率
C. 降低损失的严重性
D. 遏制损失的进一步发展

9. 在损失控制计划系统中，使因严重风险事件而中断的工程实施过程尽快全面恢复并减少
进一步损失的计划是（　　）。

A. 应急计划
B. 恢复计划
C. 灾难计划
D. 预防计划

10. 根据保险公司公布的潜在损失一览表，对建设工程风险进行识别的方法是（　　）。

A. 专家调查法
B. 经验数据法
C. 初始清单法
D. 风险调查法

11. 风险自留与其他风险对策的根本区别是（　　）。

A. 不改变工程风险的发生频率，也不改变工程风险潜在损失的严重性
B. 不改变工程风险的发生频率，但可改变工程风险在损失的严重性
C. 改变工程风险的发生概率，但不改变工程风险潜在损失的严重性
D. 改变工程风险的发生概率，也改变工程风险潜在损失的严重性

12. 在工程风险管理中，下列关于风险自留的说法，正确的是（ ）。

    A. 风险自留是通过采取外部控制措施来化解风险

    B. 风险自留可分为非计划性风险自留和计划性风险自留两种

    C. 风险自留应该单独运用，不能与其他风险对策结合使用

    D. 对于重大和较大的建设工程风险，应当实施风险自留

13. 下列属于建设工程风险识别的方法是（ ）。

    A. 情景分析法   B. 综合评估法

    C. 敏感性分析法   D. 专家调查法

二、多项选择题

1. 下列建设工程风险事件中，属于技术风险的有（ ）。

    A. 设计规范应用不当

    B. 施工方案不合理

    C. 合同条款有遗漏

    D. 施工设备供应不足

    E. 施工安全措施不当

2. 对每一个建设工程的风险都从头开始识别，该做法的缺点有（ ）。

    A. 不利于专业风险识别人员积累经验

    B. 耗费时间和精力，风险识别工作效率低

    C. 可能导致风险识别的随意性

    D. 不利于按时间维度对建设工程风险进行分解

    E. 不便积累风险识别的成果资料

3. 建设工程的非技术风险中，属于经济风险的典型风险事件有（ ）。

    A. 通货膨胀

    B. 发生台风

    C. 工程所在国遭受经济制裁

    D. 资金不到位

    E. 发生合同纠纷

4. 损失控制计划系统中的灾难计划，应至少包含（ ）等内容。

    A. 安全撤离现场人员方案

    B. 援救及处理伤亡人员方案

    C. 调整施工进度计划方案

    D. 控制事故发展和减少资产损害措施

    E. 调整材料和设备采购计划方案

5. 灾难计划是针对严重风险事件制定的，其内容应满足（ ）的要求。

    A. 援救及处理伤亡人员

    B. 保证受影响区域的安全尽快恢复正常

    C. 调整建设工程施工计划

    D. 使因严重风险事件而中断的工程实施过程尽快全面恢复

    E. 控制事故的进一步发展，最大限度地减少资产和环境损害

6. 在损失控制计划系统中，应急计划是在损失基本确定后的处理计划，其应包括的内容有（　　）。

A. 采用多种货币组合的方式付款

B. 调整整个建设工程的施工进度计划

C. 调整材料、设备采购计划

D. 控制事故的进一步发展，最大限度地减少资产和环境损害

E. 准备保险索赔依据，确定保险索赔的额度，起草保险索赔报告

7. 与其他风险对策相比，非保险转移风险对策的优点主要体现在（　　）。

A. 可以转移某些不可投保的潜在损失

B. 双方当事人对合同条款的理解不会发生分歧

C. 被转移者有能力更好地进行损失控制

D. 可以中断风险源，使其不发生或不再发展

E. 可以降低损失的发生概率或降低损失的严重程度

8. 导致非计划性风险自留的原因主要有（　　）。

A. 缺乏风险意识

B. 风险识别失误

C. 已建立非基金储备

D. 有母公司保险

E. 期望损失不严重

三、简答题

1. 建设工程风险管理过程包括哪些环节？风险对策有哪些？

2. 建设工程风险识别方法有哪些？建设工程风险分析与评价方法有哪些？

3. 安全生产管理的监理工作内容有哪些？

第八章

相关服务

建设工程勘察、设计、保修阶段的项目管理服务是工程监理企业需要拓展的业务领域。工程监理企业既可接受建设单位委托，将建设工程勘察、设计、保修阶段项目管理服务与建设工程监理一并纳入建设工程监理合同，使建设工程勘察、设计、保修阶段项目管理服务成为建设工程监理的相关服务；也可单独与建设单位签订项目管理服务合同，为建设单位提供建设工程勘察、设计、保修阶段项目管理服务，双方则不必签订监理合同，只需要签订咨询服务合同。

根据《建设工程监理合同（示范文本）》（GF—2012—0202），建设单位需要工程监理单位提供的相关服务（如勘察阶段、设计阶段、保修阶段服务及其他专业技术咨询、外部协调工作等）的范围和内容应在附录 A 中约定。

第一节 勘察设计阶段服务内容

一、协助委托工程勘察设计任务

工程监理单位应协助建设单位编制工程勘察设计任务书和选择工程勘察设计单位，并协助建设单位签订工程勘察设计合同。

1. 工程勘察设计任务书的编制

工程勘察设计任务书应包括以下主要内容：

（1）工程勘察设计范围，包括工程名称、工程性质、拟建地点、相关政府部门对工程的限制条件等；

（2）建设工程目标和建设标准；

（3）对工程勘察设计成果的要求，包括提交内容、提交质量和深度要求、提交时间、提交方式等。

2. 工程勘察设计单位的选择

（1）选择方式。根据相关法律、法规要求，采用招标或直接委托方式。如果是采用招标方式，需要选择公开招标或邀请招标方式。有的工程可能需要采用设计方案竞赛方式选定工程勘察设计单位。

（2）工程勘察设计单位的审查。应审查工程勘察设计单位的资质等级、勘察设计人员资格、勘察设计业绩及工程勘察设计质量保证体系等。

3. 工程勘察设计合同谈判与订立

（1）合同谈判。根据工程勘察设计招标文件及任务书要求，在合同谈判过程中，进一步对工程勘察设计工作的范围、深度、质量、进度要求予以细化。

（2）合同订立。应注意以下事项：

1）应界定由于地质情况、工程变化造成的工程勘察、设计范围变更，工程勘察设计单位的相应义务；

2）应明确工程勘察设计费用涵盖的工作范围，并根据工程特点确定付款方式；

3）应明确工程勘察设计单位配合其他工程参建单位的义务；

4）应强调限额设计，将施工图预算控制在工程概算范围内。鼓励设计单位应用价值工程优化设计方案，并以此制定奖励措施。

二、工程勘察过程中的服务

1. 工程勘察方案的审查

工程监理单位应审查工程勘察单位提交的勘察方案，提出审查意见，并报建设单位。工程勘察单位变更勘察方案时，应按原程序重新审查。

工程监理单位应重点审查以下内容：

（1）勘察技术方案中工作内容与勘察合同及设计要求是否相符，是否有漏项或冗余。

（2）勘察点的布置是否合理，其数量、深度是否满足规范和设计要求。

（3）各类相应的工程地质勘察手段、方法和程序是否合理，是否符合有关规范的要求。

（4）勘察重点是否符合勘察项目特点，技术与质量保证措施是否还需要细化，以确保勘察成果的有效性。

（5）勘察方案中配备的勘察设备是否满足本工程勘察技术要求。

（6）勘察单位现场勘察组织及人员安排是否合理，是否与勘察进度计划相匹配。

（7）勘察进度计划是否满足工程总进度计划。

2. 工程勘察现场及室内试验人员、设备及仪器的检查

工程监理单位应检查工程勘察现场及室内试验主要岗位操作人员的资格，所使用设备、仪器计量的检定情况。

（1）主要岗位操作人员。现场及室内试验主要岗位操作人员是指钻探设备操作人员、记录人员和室内试验的数据签字和审核人员，这些人员应具有相应的上岗资格。

（2）工程勘察设备、仪器。对于工程现场勘察所使用的设备、仪器，要求工程勘察单位做好设备、仪器计量使用及检定台账。工程监理单位不定期检查相应的检定证书。发现问题时，应要求工程勘察单位停止使用不符合要求的勘察设备、仪器，直至提供相关检定证书后方可继续使用。

3. 工程勘察过程控制

（1）工程监理单位应检查工程勘察进度计划执行情况，督促工程勘察单位完成勘察合同约定的工作内容，审核工程勘察单位提交的勘察费用支付申请。对于满足条件的，签发工程勘察费用支付证书，并报建设单位。

（2）工程监理单位应检查工程勘察单位执行勘察方案的情况，对重要点位的勘探与测试应进行现场检查。发现问题时，应及时通知工程勘察单位一起到现场进行核查。当工程监理单位与勘察单位对重大工程地质问题的认识不一致时，工程监理单位应提出书面意见供工程勘察单位参考，必要时可建议邀请有关专家进行专题论证，并及时报建设单位。

工程监理单位在检查勘察单位执行勘察方案的情况时，需重点检查以下内容：

1）工程地质勘察范围、内容是否准确、齐全；

2）钻探及原位测试等勘探点的数量、深度及勘探操作工艺、现场记录和勘探测试成果是否符合规范要求；

3）水、土、石试样的数量和质量是否符合要求；

4）取样、运输和保管方法是否得当；

5）试验项目、试验方法和成果资料是否全面；

6）物探方法的选择、操作过程和解释成果资料是否准确、完整；

7）水文地质试验方法、试验过程及成果资料是否准确、完整；

8）勘察单位操作是否符合有关安全操作规章制度；

9）勘察单位内业是否规范。

4. 工程勘察成果审查

工程监理单位应审查工程勘察单位提交的勘察成果报告，并向建设单位提交工程勘察成果评估报告，同时应参与工程勘察成果验收。

（1）工程勘察成果报告。工程勘察报告的深度应符合国家、地方及有关文件要求，同时需满足工程设计和勘察合同相关约定的要求。

1）岩土工程勘察应正确反映场地工程地质条件，查明不良地质作用和地质灾害，并通过对原始资料的整理、检查和分析，提出资料完整、评价正确、建议合理的勘察报告。

2）工程勘察报告应有明确的针对性。详勘阶段报告应满足施工图设计的要求。

3）勘察文件的文字、标点、术语、代号、符号、数字均应符合有关标准要求。

4）勘察报告应有完成单位的公章（法人公章或资料专用章），应有法人代表（或其委托代理人）和项目主要负责人签章。图表均应有完成人、检查人或审核人签字。各种室内试验和原位测试，其成果应有试验人、检查人或审核人签字。测试、试验项目委托其他单位完成时，受托单位提交的成果还应有该单位公章、单位负责人签章。

（2）工程勘察成果评估报告。勘察评估报告由总监理工程师组织各专业监理工程师编制，必要时可邀请相关专家参加。工程勘察成果评估报告应包括下列内容：勘察工作概况；勘察报告编制深度，与勘察标准的符合情况；勘察任务书的完成情况；存在问题及建议；评估结论。

三、工程设计过程中的服务

1. 工程设计进度计划的审查

工程监理单位应依据设计合同及项目总体计划要求审查各专业、各阶段设计进度计划。审查内容包括：

（1）计划中各个节点是否存在漏项；

（2）出图节点是否符合建设工程总体计划进度节点要求；

（3）分析各阶段、各专业工种设计工作量和工作难度，并审查相应设计人员的配置安排是否合理；

（4）各专业计划的衔接是否合理，是否满足工程需要。

2. 工程设计过程控制

工程监理单位应检查设计进度计划执行情况，督促设计单位完成设计合同约定的工作内容，审核设计单位提交的设计费用支付申请。对于符合要求的，签认设计费用支付证书，并报建设单位。

3. 工程设计成果审查

工程监理单位应审查设计单位提交的设计成果，并提出评估报告。评估报告应包括下列主要内容：

(1) 设计工作概况；

(2) 设计深度与设计标准的符合情况；

(3) 设计任务书的完成情况；

(4) 有关部门审查意见的落实情况；

(5) 存在的问题及建议。

4. 工程设计"四新"的审查

工程监理单位应审查设计单位提出的新材料、新工艺、新技术、新设备在相关部门的备案情况，必要时应协助建设单位组织专家评审。

5. 工程设计概算、施工图预算的审查

工程监理单位应审查设计单位提出的设计概算、施工图预算，提出审查意见，并报建设单位。设计概算和施工图预算的审查内容包括：

(1) 工程设计概算和工程施工图预算的编制依据是否准确；

(2) 工程设计概算和工程施工图预算内容是否充分反映自然条件、技术条件、经济条件，是否合理运用各种原始资料提供的数据，编制说明是否齐全等；

(3) 各类取费项目是否符合规定，是否符合工程实际，有无遗漏或在规定之外的取费；

(4) 工程量计算是否正确，有无漏算、重算和计算错误，对计算工程量中各种系数的选用是否有合理的依据；

(5) 各分部分项套用定额单价是否正确，定额中的参考价是否恰当。编制的补充定额，取值是否合理；

(6) 若建设单位有限额设计要求，则审查设计概算和施工图预算是否控制在规定的范围以内。

四、工程勘察设计阶段其他相关服务

1. 工程索赔事件防范

工程勘察设计合同履行中，一旦发生约定的工作、责任范围变化或工程内容、环境、法规等变化，势必导致相关方索赔事件的发生。为此，工程监理单位应对工程参建各方可能提出的索赔事件进行分析，在合同签订和履行过程中采取防范措施，尽可能减少索赔事件的发生，避免对后续工作造成影响。

工程监理单位对工程勘察设计阶段索赔事件进行防范的对策包括：

(1) 协助建设单位编制符合工程特点及建设单位实际需求的勘察设计任务书、勘察设计合同等；

(2) 加强对工程设计勘察方案和勘察设计进度计划的审查；

（3）协助建设单位及时提供勘察设计工作必需的基础性文件；

（4）保持与工程勘察设计单位沟通，定期组织勘察设计会议，及时解决工程勘察设计单位提出的合理要求；

（5）检查工程勘察设计工作情况，发现问题及时提出，减少错误；

（6）及时检查工程勘察设计文件及勘察设计成果，并报送建设单位；

（7）严格按照变更流程，谨慎对待变更事宜，减少不必要的工程变更。

2. 协助建设单位组织工程设计成果评审

工程监理单位应协助建设单位组织专家对工程设计成果进行评审。工程设计成果评审程序如下：

（1）事先建立评审制度和程序，并编制设计成果评审计划，列出预评审的设计成果清单；

（2）根据设计成果特点，确定相应的专家人选；

（3）邀请专家参与评审，并提供专家所需评审的设计成果资料、建设单位的需求及相关部门的规定等；

（4）组织相关专家参加设计成果评审会议，收集各专家的评审意见；

（5）整理、分析专家评审意见，提出相关建议或解决方案，形成会议纪要或报告，作为设计优化或下一阶段设计的依据，并报建设单位或相关部门。

3. 协助建设单位报审有关工程设计文件

工程监理单位可协助建设单位向政府有关部门报审有关工程设计文件，并根据审批意见，督促设计单位予以完善。

工程监理单位协助建设单位报审工程设计文件时，一是需要了解政府设计文件审批程序、报审条件及所需提供的资料等信息，以做好充分准备；二是提前向相关部门进行咨询，获得相关部门咨询意见，以提高设计文件质量；三是应事先检查设计文件及附件的完整性、合规性；四是及时与相关政府部门联系，根据审批意见进行反馈和督促设计单位予以完善。

4. 处理工程勘察设计延期、费用索赔

工程监理单位应根据勘察设计合同，协调处理勘察设计延期、费用索赔等事宜。

第二节　保修阶段服务内容

一、定期回访

工程监理单位承担工程保修阶段服务工作时，应进行定期回访。为此，应制订工程保修期回访计划及检查内容，并报建设单位批准。保修期期间，应按保修期回访计划及检查内容开展工作，做好记录，定期向建设单位汇报。遇突发事件时，应及时到场，分析原因和责任，并妥善处理，将处理结果报建设单位。保修期相关服务结束前，应组织建设单位、使用单位、勘察设计单位、施工单位等相关单位对工程进行全面检查，编制检查报告，作为保修期相关服务工作总结的内容一起报建设单位。

二、工程质量缺陷处理

对建设单位或使用单位提出的工程质量缺陷，工程监理单位应安排监理人员进行现场检查和调查分析，并与建设单位、施工单位协商确定责任归属。同时，要求施工单位予以修复，还应监督实施过程，合格后予以签认。对于非施工单位原因造成的工程质量缺陷，应核实施工单位申报的修复工程费用，并应签认工程款支付证书，同时报建设单位。

工程监理单位核实施工单位申报的修复工程费用应注意以下内容：

（1）修复工程费用核实应以各方确定的修复方案作为依据；

（2）修复质量合格验收后，方可计取全部修复费用；

（3）修复工程的建筑材料费、人工费、机械费等价格应按正常的市场价格计取，所发生的材料、人工、机械台班数量一般据实结算，也可按相关定额或事先约定的方式结算。

知识拓展

全过程工程咨询

工程建设可采用不同的组织实施模式。2017 年 2 月，《国务院办公厅关于促进建筑业持续健康发展的意见》（国办发〔2017〕19 号）指出，要"完善工程建设组织模式"，包括培育全过程工程咨询和加快推行工程总承包。

一、全过程工程咨询

《国务院办公厅关于促进建筑业持续健康发展的意见》（国办发〔2017〕19 号）首次提出，要"培育全过程工程咨询"。这一要求在工程建设领域引起极大反响，也成为工程监理企业转型升级的重要发展方向。

（一）全过程工程咨询的含义及特点

"培育全过程工程咨询"的提出，有其鲜明的时代背景。首先，是为了完善工程建设组织模式，将传统"碎片化"咨询服务整合为整体集成化咨询服务。其次，是为了适应投资咨询、工程设计、监理、造价咨询等工程咨询类企业转型升级、拓展业务领域的实际需求。最后，是为了更好地适应国际化发展需求。建筑市场国际化不仅是国内企业要更好地"走出去"，还要考虑国内建筑市场进一步开放、更多国际公司进入国内市场带来的挑战。

1. 全过程工程咨询的含义

全过程工程咨询是指工程咨询方综合运用多学科知识、工程实践经验、现代科学技术和经济管理方法，采用多种服务方式组合，为委托方在项目投资决策、建设实施阶段提供阶段性或整体解决方案的智力性服务活动。

这里的"工程咨询方"，可以是具备相应资质和能力的一家咨询单位，也可以是多家咨询单位组成的联合体。"委托方"可以是投资方、建设单位，也可能是项目使用或运营单位。这种全过程工程咨询不仅强调投资决策、建设实施全过程，甚至延伸至运营维护阶段；而且强调技术、经济和管理相结合的综合性咨询。

根据《国家发展改革委、住房城乡建设部关于推进全过程工程咨询服务发展的指导意见》（发改投资规〔2019〕515 号），全过程工程咨询服务内容包括投资决策综合性咨询和工程建设全过程咨询。

（1）投资决策综合性咨询。投资决策综合性咨询是指综合性工程咨询单位接受投资者委托，就投资项目的市场、技术、经济、生态环境、能源、资源、安全等影响可行性的要素，结合国家、地区、行业发展规划及相关重大专项建设规划、产业政策、技术标准及相关审批要求进行分析研究和论证。为投资者提供决策依据和建议，其目的是减少分散专项评价评估，避免可行性研究论证碎片化。

（2）工程建设全过程咨询。工程建设全过程咨询是指由一家具有相应资质条件的咨询企业或多家具有相应资质条件的咨询企业组成联合体，为建设单位提供招标代理、勘察设计、监理、造价、项目管理等全过程咨询服务，满足建设单位一体化服务需求，增强工程建设过程的协同性。全过程工程咨询企业可以为委托方提供项目决策策划、项目建议书和可行性研究报告编制，项目实施总体策划，项目管理，报批报建管理，勘察及设计管理，规划及设计优化，工程监理，招标代理，造价咨询，后评价和配合审计等咨询服务，也可包括规划和设计等服务。

2. 全过程工程咨询的特点

与传统的"碎片化"咨询相比，全过程工程咨询具有以下三大特点：

（1）咨询服务范围广。全过程工程咨询服务覆盖面广，主要体现在两个方面：一是从服务阶段看，全过程工程咨询覆盖项目投资决策、建设实施（设计、招标、施工）全过程集成化服务，有时还会包括运营维护阶段咨询服务；二是从服务内容看，全过程工程咨询包含技术咨询和管理咨询，而不只是侧重于管理咨询。

（2）强调智力性策划。全过程工程咨询单位要运用工程技术、经济学、管理学、法学等多学科知识和经验，为委托方提供智力服务，如投资机会研究、建设方案策划和比选、融资方案策划、招标方案策划、建设目标分析论证等。全过程工程咨询不只是简单地为委托方"打杂"，只是协助委托方办理相关报批手续等。为此，需要全过程工程咨询单位拥有一批高水平复合型人才，需要具备策划决策能力、组织领导能力、集成管控能力、专业技术能力、协调解决能力等。

（3）实施多阶段集成。全过程工程咨询服务不是将各个阶段简单相加，而是要通过多阶段集成化咨询服务，为委托方创造价值。传统的"碎片化"咨询服务如图8-1所示，全过程工程咨询要避免工程项目要素分阶段独立运作而出现漏洞和制约，要综合考虑项目质量、安全、环保、投资、工期等目标，以及合同管理、资源管理、信息管理、技术管理、风险管理、沟通管理等要素之间的相互制约和影响关系，从技术经济角度实现综合集成。

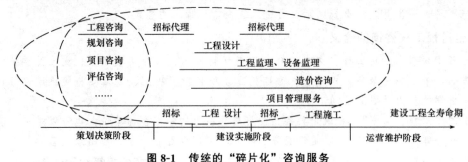

图8-1 传统的"碎片化"咨询服务

（二）全过程工程咨询的本质和实施策略

1. 全过程工程咨询的本质

全过程工程咨询内涵丰富，要将全过程工程咨询与其他相关概念相区别。首先，要将"制度"与"模式"相区别。全过程工程咨询是一种工程建设组织模式，不是一种制度。工程监理、工程招标投标等属于制度，制度的本质是"强制性"；而模式的本质是"选择性"。全过程工程咨询可包含工程监理，但不是替代关系。其次，要将"全过程工程咨询"与"项目管理服务"

相区别。全过程工程咨询强调技术、经济、管理的综合集成服务；而项目管理服务主要侧重于管理咨询。甚至有人说，今天的"全过程工程咨询"就是过去的"项目管理服务"或"工程代建"。这种混淆视听的说法绝对不能有。工程实践中，企业可以接受委托从事"项目管理服务"或"工程代建"，但绝不能用"项目管理服务"或"工程代建"替代"全过程工程咨询"。最后，要将"全过程"与"全寿命期"相区别。全过程工程咨询业务可以覆盖项目投资决策、建设实施全过程，但并非每一个项目都需要从头到尾进行咨询，也可以是其中若干阶段。而且，项目运营维护期咨询可看作全过程工程咨询的"外延"。总之，培育全过程工程咨询，强调的是企业在实施全过程工程咨询方面业务能力的提升，而不是强调咨询业务范围的"全过程"。

在目前建筑市场环境下，发展全过程工程咨询，需要企业具有较大规模，拥有多项资质、多种人才和多类咨询业务基础，否则，只有采用联合经营方式提供全过程工程咨询。由此可见，发展全过程工程咨询，是一部分有潜力的大型综合型咨询类企业发展方向，并非所有咨询类企业之所能，其中也包括工程监理企业。为此，需要企业结合自身优势和特点，实施差异化战略，切勿盲目跟风。对于暂不具备条件发展全过程工程咨询的企业，需要主营既有咨询业务，将其"做专""做精"。对于有潜力发展全过程工程咨询的企业，需要以既有咨询业务为基础，通过科技创新和管理创新，"做优""做强"全过程工程咨询，提升工程咨询的国际竞争力。

2. 全过程工程咨询的实施策略

全过程工程咨询的核心是通过采用一系列工程技术、经济、管理方法和多阶段集成化服务，为委托方提供增值服务。工程监理企业要想发展成为全过程工程咨询企业，需要在以下几方面作出努力。

（1）加大人才培养引进力度。全过程工程咨询是高智力的知识密集型活动，需要工程技术、经济、管理、法律等多学科人才。目前，我国多数企业拥有的人才专业相对单一，工程监理企业拥有执业资格人数最多的是监理工程师，其他专业人员较少，高素质、复合型人才更少。为适应全过程工程咨询服务需求，企业需要加大培养和引进力度，优化人才结构。

（2）优化调整企业组织结构。目前，除少数特大型工程监理企业外，多数企业内部采用直线制组织结构形式。这种组织结构形式职责清晰、管理简单，但难以适应全过程工程咨询服务需求。全过程工程咨询企业的规模一般较大，所涉及人员、部门较多，咨询服务时间跨度也大。为此，需要企业根据咨询业务范围，科学地划分和设置组织层次、管理部门，明确部门职责，建立适应全过程工程咨询业务特点和要求的组织结构。

（3）创新工程咨询服务模式。实施全过程工程咨询，要么需要通过并购重组扩大企业实力和资质范围；要么通过建立战略合作联盟。以联合体（或合作体）形式实现咨询业务的联合承揽。此外，对于承揽到的咨询项目，也需要建立适应全过程工程咨询的服务模式。

（4）加强现代信息技术应用。全过程工程咨询是一种智力性服务，需要大量的知识和数据支撑，绝不是在现场靠人多能凑数的。现代信息技术的快速发展和广泛应用，可为工程咨询提供强力的技术支撑。企业要掌握先进、科学的工程咨询及项目管理技术和方法，加大工程咨询及项目管理平台的开发和应用力度，综合应用大数据、云平台、物联网、地理信息系统（GIS）、建筑信息建模（BIM）等技术，为委托方提供增值服务。

（5）重视知识管理平台建设。实施全过程工程咨询，需要有大量的信息数据、分析方法，以及类似工程经验；培养高水平人才、解决工程咨询中遇到的问题、各项目团队间共享信息等，均需要有基于互联网的数据库、知识库、方法库。知识经济时代，建设知识管理平台，积累、共享、融合和升华显性知识和隐性知识已成为必然。国际上一些领先的咨询公司都非常重视知识管理和项目数据积累，国内企业需要在这方面花大力气迎头赶上。

实训案例

背景：

某工程，建设单位与甲施工单位按照《建设工程施工合同（示范文本）》（GF—2012—0202）签订了施工合同。经建设单位同意，施工单位选择了乙施工单位作为分包单位。在合同履行中，发生了如下事件：甲施工单位向建设单位提交了工程竣工验收报告后，建设单位于2012年9月20日组织勘察、设计、施工、监理等单位进行竣工验收。工程竣工验收通过后，各单位分别签署了质量合格文件。因使用需要，建设单位于2012年10月初要求乙施工单位按照其示意图在已验收合格的承重墙上开车库门洞，并于2012年10月底正式将该工程投入使用。2013年2月，该工程给水排水管道大量漏水，经监理单位组织检查，确认是因开车库门洞施工时破坏了承重结构所致。建设单位认为工程还在保修期，要求甲施工单位无偿修理。建设行政主管部门对责任单位进行了处罚。

问题：

1. 根据《建设工程质量管理条例》，指出事件中建设单位做法的不妥之处，说明理由。

2. 根据《建设工程质量管理条例》，事件中建设行政主管部门是否应对建设单位、监理单位、甲施工单位、乙施工单位进行处罚？说明理由。

案例解析：

1. 根据《建设工程质量管理条例》，事件中：

(1) 不妥之处：未按条例要求时限备案。理由：按条例规定于验收合格后15日备案。

(2) 不妥之处：要求乙施工单位在承重墙上按示意图开洞。理由：应通过设计单位同意。

(3) 不妥之处：要求甲施工单位无偿修理。理由：不属于保修范围，在已验收合格的承重墙开门洞而造成的管道破坏，由乙施工单位修理。

2. 根据《建设工程质量管理条例》，事件中：

(1) 对建设单位应予处罚。理由：未按时备案、未通过设计开门洞。

(2) 对监理单位不应处罚。理由：工程已验收合格。

(3) 对甲施工单位不应处罚。理由：工程已验收完成，分包合同已解除。

(4) 对乙施工单位应予处罚。理由：对涉及承重墙的改造，无设计图纸施工。

基础练习

一、单项选择题

1. 在工程设计过程中，工程监理单位应依据（　　）要求审查各专业、各阶段设计进度计划。

   A. 设计合同及建设单位要求

   B. 设计任务书及项目总体计划

   C. 设计合同及项目总体计划

   D. 建设单位要求及项目总体计划

2. 工程监理单位在工程设计阶段为建设单位提供相关服务时，以下哪个为服务内容？
（　　）

　　A. 编制工程设计任务书

　　B. 编制工程设计方案

　　C. 报审有关工程设计文件

　　D. 组织评审工程设计成果

3. 关于工程勘察成果评估报告审查的说法，错误的是（　　）。

　　A. 工程监理单位应审查工程勘察单位提交的勘察成果报告

　　B. 工程监理单位应向建设单位提交工程勘察成果评估报告

　　C. 工程监理单位应组织工程勘察成果验收

　　D. 工程勘察评估报告由总监理工程师组织各专业监理工程师编制

4. 工程监理单位协助建设单位报审工程设计文件时，首先应进行的工作是（　　）。

　　A. 及时与相关政府部门联系，根据审批意见进行反馈和督促设计单位予以完善

　　B. 事先检查设计文件及附件的完整性、合规性

　　C. 了解设计文件政府审批程序、报审条件及所需提供的资料等信息

　　D. 提前向相关部门进行咨询，获得相关部门咨询意见，以提高设计文件质量

二、多项选择题

1. 在工程勘察过程中，工程监理单位应提供的服务包括（　　）。

　　A. 协助建设单位编制工程勘察设计任务书

　　B. 检查勘察单位内业是否规范

　　C. 审查工程勘察单位提交的勘察方案

　　D. 对重要点位的勘探与测试应进行现场检查

　　E. 由总监理工程师组织编制勘察评估报告

2. 在工程设计过程中，工程监理单位应提供的服务包括（　　）。

　　A. 工程设计"四新"的审查

　　B. 协助建设单位签订工程勘察设计合同

　　C. 工程设计进度计划的审查

　　D. 对重要点位的勘探与测试应进行现场检查

　　E. 审查设计单位提交的设计成果

3. 关于保修阶段服务内容中，工程监理单位处理工程质量缺陷的说法中，正确的有
（　　）。

　　A. 修复工程费用核实应以各方确定的修复方案为依据

　　B. 质量缺陷修复完成后，即可计取全部修复费用

　　C. 应与建设单位、施工单位协商确定责任归属

　　D. 要求施工单位予以修复的，应监督实施过程，合格后予以签认

　　E. 核实施工单位申报的修复工程费用，并应签认工程款支付证书

三、简答题

1. 建设工程勘察、设计、保修阶段的服务内容有哪些？

2. 工程监理单位核实施工单位申报的修复工程费用时应注意哪些问题？

第九章

建设工程监理文件资料管理

第一节 建设工程监理基本表式及应用说明

一、建设工程监理基本表式

根据《建设工程监理规范》（GB/T 50319—2013），建设工程监理基本表式分为三大类：A类表－工程监理单位用表（共8个表）；B类表－施工单位报审、报验用表（共14个表）；C类表－通用表（共3个表）。详见附录二。

1. 工程监理单位用表（A 类表）

（1）总监理工程师任命书（表 A.0.1）。建设工程监理合同签订后，工程监理单位法定代表人要通过"总监理工程师任命书"委派有类似建设工程监理经验的注册监理工程师担任总监理工程师。"总监理工程师任命书"需要由工程监理单位法定代表人签字，并加盖单位公章。

（2）工程开工令（表 A.0.2）。总监理工程师应组织专业监理工程师审查施工单位报送的开工报审表及相关资料；同时具备下列条件时，应由总监理工程师签署审查意见，并应报建设单位批准后［建设单位代表在施工单位报送的"工程开工报审表"（表 B.0.2）上签字同意］，总监理工程师签发工程开工令：

①设计交底和图纸会审已完成；

②施工组织设计已由总监理工程师签认；

③施工单位现场质量、安全生产管理体系已建立，管理及施工人员已到位，施工机械具备使用条件，主要工程材料已落实；

④进场道路及水、电、通信等已满足开工要求。

"工程开工令"需要由总监理工程师签字，并加盖执业印章。"工程开工令"中应明确具体开工日期，并作为施工单位计算工期的起始日期。

（3）监理通知单（表 A.0.3）。"监理通知单"是项目监理机构在日常监理工作中常用的指令性文件。项目监理机构在建设工程监理合同约定的权限范围内，针对施工单位出现的各种问题所发出的指令、提出的要求等，除另有规定外，均应采用"监理通知单"。监理工程师现场发出的口头指令及要求，也应采用"监理通知单"予以确认。

施工单位发生下列情况时，项目监理机构应发出监理通知：

1）在施工过程中出现不符合设计要求、工程建设标准、合同约定；

2）使用不合格的工程材料、构配件和设备；

3）在工程质量、造价、进度等方面存在违规等行为。

"监理通知单"可由总监理工程师或专业监理工程师签发，对于一般问题可由专业监理工程师签发，对于重大问题应由总监理工程师或经其同意后签发。

（4）监理报告（表 A.0.4）。当项目监理机构对工程存在安全事故隐患发出"监理通知单""工程暂停令"而施工单位拒不整改或不停止施工时，项目监理机构应及时向有关主管部门报送"监理报告"。项目监理机构报送"监理报告"时，应附相应"监理通知单"或"工程暂停令"等证明监理人员履行安全生产管理职责的相关文件资料。

（5）工程暂停令（表 A.0.5）。建设工程施工过程中出现《建设工程监理规范》（GB/T 50319—2013）规定的下列情形时，总监理工程师应签发"工程暂停令"：

1）建设单位要求暂停施工且工程需要暂停施工的；

2）施工单位未经批准擅自施工或拒绝项目监理机构管理的；

3）施工单位未按审查通过的工程设计文件施工的；

4）施工单位未按批准的施工组织设计、（专项）施工方案施工或违反工程建设强制性标准的；

5）施工存在重大质量、安全事故隐患或发生质量、安全事故的。

总监理工程师签发工程暂停令应征得建设单位同意，在紧急情况下未能事先报告的，应在事后及时向建设单位作出书面报告。

"工程暂停令"中应注明工程暂停的原因、部位和范围、停工期间应进行的工作等。"工程暂停令"需要由总监理工程师签字，并加盖执业印章。

（6）旁站记录（表 A.0.6）。项目监理机构监理人员对关键部位、关键工序的施工质量进行现场跟踪监督时，需要填写"旁站记录"。"关键部位、关键工序的施工情况"应记录所旁站部位（工序）的施工作业内容、主要施工机械、材料、人员和完成的工程数量等内容及监理人员检查旁站部位施工质量的情况；"发现的问题及处理情况"应说明旁站所发现的问题及其采取的处置措施。

（7）工程复工令（表 A.0.7）。当导致工程暂停施工的原因消失、具备复工条件时，建设单位代表在"工程复工报审表"（表 B.0.3）上签字同意复工后，总监理工程师应签发"工程复工令"指令施工单位复工；或者工程具备复工条件而施工单位未提出复工申请的，总监理工程师应根据工程实际情况直接签发"工程复工令"指令施工单位复工。"工程复工令"需要由总监理工程师签字，并加盖执业印章。

（8）工程款支付证书（表 A.0.8）。项目监理机构收到经建设单位签署审批意见的"工程款支付报审表"（表 B.0.11）后，总监理工程师应向施工单位签发《工程款支付证书》，同时抄报建设单位。"工程款支付证书"需要由总监理工程师签字，并加盖执业印章。

2. 施工单位报审、报验用表（B 类表）

（1）施工组织设计或（专项）施工方案报审表（表 B.0.1）。施工单位编制的施工组织设计、施工方案、专项施工方案经其技术负责人审查后，需要连同"施工组织设计或（专项）施工方案报审表"一起报送项目监理机构。先由专业监理工程师审查后，再由总监理工程师审核签署意见。"施工组织设计或（专项）施工方案报审表"需要由总监理工程师签字，并加盖执业印章。对于超过一定规模的危险性较大的分部分项工程专项施工方案，还需要报送建设单位审批。

（2）工程开工报审表（表 B.0.2）。单位工程具备开工条件时，施工单位需要向项目监理机构报送"工程开工报审表"。满足条件时，由总监理工程师签署审查意见，并报建设单位批准后，总监理工程师方可签发"工程开工令"。

《工程开工报审表》需要由总监理工程师签字，并加盖执业印章。

（3）工程复工报审表（表 B.0.3）。当导致工程暂停施工的原因消失，具备复工条件时，施工单位需要向项目监理机构报送"工程复工报审表"。总监理工程师签署审查意见，并报建设单位批准后，总监理工程师方可签发"工程复工令"。

（4）分包单位资格报审表（表 B.0.4）。施工单位按施工合同约定选择分包单位时，需要向项目监理机构报送"分包单位资格报审表"及相关证明材料。"分包单位资格报审表"由专业监理工程师提出审查意见后，由总监理工程师审核签认。

（5）施工控制测量成果报验表（表 B.0.5）。施工单位完成施工控制测量并自检合格后，需要向项目监理机构报送"施工控制测量成果报验表"及施工控制测量依据和成果表。专业监理工程师审查合格后予以签认。

（6）工程材料、构配件、设备报审表（表 B.0.6）。施工单位在对工程材料、构配件、设备自检合格后，应向项目监理机构报送"工程材料、构配件、设备报审表"及相关质量证明材料和自检报告。专业监理工程师审查合格后予以签认。

（7）报验、报审表（表 B.0.7）。"报验、报审表"主要用于隐蔽工程、检验批、分项工程的报验，也可用于为施工单位提供服务的实验室的报审。专业监理工程师审查合格后予以签认。

（8）分部工程报验表（表 B.0.8）。分部工程所包含的分项工程全部自检合格后，施工单位应向项目监理机构报送"分部工程报验表"及分部工程质量控制资料。在专业监理工程师验收的基础上，由总监理工程师签署验收意见。

（9）监理通知回复单（表 B.0.9）。施工单位在收到"监理通知单"，按要求进行整改、自查合格后，应向项目监理机构报送"监理通知回复单"。项目监理机构收到施工单位报送的"监理通知回复单"后，一般可由原发出"监理通知单"的专业监理工程师进行核查，认可整改结果后予以签认。重大问题可由总监理工程师进行核查签认。

（10）单位工程竣工验收报审表（表 B.0.10）。单位（子单位）工程完成后，施工单位自检符合竣工验收条件后，应向项目监理机构报送"单位工程竣工验收报审表"及相关附件，申请竣工验收。总监理工程师在收到"单位工程竣工验收报审表"及相关附件后，应组织专业监理工程师进行审查并进行预验收，合格后签署预验收意见。"单位工程竣工验收报审表"需要由总监理工程师签字，并加盖执业印章。

（11）工程款支付报审表（表 B.0.11）。"工程款支付报审表"适用于施工单位工程预付款、工程进度款、竣工结算款等的支付申请。项目监理机构对施工单位的申请事项进行审核并签署意见，经建设单位批准后方可作为总监理工程师签发"工程款支付证书"（表 A.0.8）的依据。

（12）施工进度计划报审表（表 B.0.12）。"施工进度计划报审表"适用于施工总进度计划、阶段性施工进度计划的报审。施工进度计划在专业监理工程师审查的基础上，由总监理工程师审核签认。

（13）费用索赔报审表（表 B.0.13）。施工单位索赔工程费用时，需要向项目监理机构报送"费用索赔报审表"。项目监理机构对施工单位的申请事项进行审核并签署意见，经建设单位批准后方可作为支付索赔费用的依据。"费用索赔报审表"需要由总监理工程师签字，并加盖执业印章。

（14）工程临时或最终延期报审表（表 B.0.14）。施工单位申请工程延期时，需要向项目监理机构报送"工程临时或最终延期报审表"。项目监理机构对施工单位的申请事项进行审核并签署意见，经建设单位批准后方可延长合同工期。"工程临时或最终延期报审表"需要由总监理工程师签字，并加盖执业印章。

3. 通用表（C 类表）

（1）工作联系单（表 C.0.1）。"工作联系单"用于项目监理机构与工程建设有关方（包括建设、施工、监理、勘察、设计等单位和上级主管部门）之间的日常工作联系。有权签发"工作联系单"的负责人有：建设单位现场代表、施工单位项目经理、工程监理单位该项目的总监理工程师、设计单位本工程的设计负责人及工程项目其他参建单位的相关负责人等。

（2）工程变更单（表 C.0.2）。施工单位、建设单位、工程监理单位提出工程变更时，应填写"工程变更单"，由建设单位、设计单位、监理单位和施工单位共同签认。

（3）索赔意向通知书（表 C.0.3）。施工过程中发生索赔事件后，受影响的单位依据法律法规和合同约定，向对方单位声明或告知索赔意向时，需要在合同约定的时间内报送"索赔意向通知书"。

二、基本表式应用说明

1. 基本要求

（1）应依照合同文件、法律法规及标准等规定的程序和时限签发、报送、回复各类表。

（2）应按有关规定，采用碳素墨水、蓝黑墨水书写或黑色碳素印墨打印各类表，不得使用易褪色的书写材料。

（3）应使用规范语言，法定计量单位，公历年、月、日填写各类表。各类表中相关人员的签字栏均须由本人签署。由施工单位提供附件的，应在附件上加盖骑缝章。

（4）各类表在实际使用中，应分类建立统一编码体系。各类表式应连续编号，不得重号、跳号。

（5）各类表中施工项目经理部用章的样章应在项目监理机构和建设单位备案，项目监理机构用章的样章应在建设单位和施工单位备案。

2. 由总监理工程师签字并加盖执业印章的表式

下列表式应由总监理工程师签字并加盖执业印章：

（1）A.0.2 工程开工令；

（2）A.0.5 工程暂停令；

（3）A.0.7 工程复工令；

（4）A.0.8 工程款支付证书；

（5）B.0.1 施工组织设计/（专项）施工方案报审表；

（6）B.0.2 工程开工报审表；

（7）B.0.10 单位工程竣工验收报审表；

（8）B.0.11 工程款支付报审表；

（9）B.0.13 费用索赔报审表；

（10）B.0.14 工程临时/最终延期报审表。

3. 需要建设单位审批同意的表式

下列表式需要建设单位审批同意：

（1）B.0.1 施工组织设计/（专项）施工方案报审表（仅对超过一定规模的危险性较大的分

部分项工程专项施工方案）；

    （2）B.0.2 工程开工报审表；

    （3）B.0.3 工程复工报审表；

    （4）B.0.12 施工进度计划报审表；

    （5）B.0.13 费用索赔报审表；

    （6）B.0.14 工程临时/最终延期报审表。

4. 需要工程监理单位法定代表人签字并加盖工程监理单位公章的表式

只有"A.0.1 总监理工程师任命书"需要由工程监理单位法定代表人签字，并加盖工程监理单位公章。

5. 需要由施工项目经理签字并加盖施工单位公章的表式

"B.0.2 工程开工报审表""B.0.10 单位工程竣工验收报审表"必须由项目经理签字并加盖施工单位公章。

6. 其他说明

对于涉及工程质量方面的基本表式，由于各行业、各部门的专业要求不同，各类工程的质量验收应按相关专业验收规范及相关表式要求办理。如没有相应表式，工程开工前，项目监理机构应根据工程特点、质量要求、竣工及归档组卷要求，与建设单位、施工单位进行协商，定制工程质量验收相应表式。项目监理机构应事前使施工单位、建设单位明确定制各类表式的使用要求。

第二节　建设工程监理主要文件资料分类及编制要求

监理文件资料是工程监理单位在履行建设工程监理合同过程中形成或获取的，以一定形式记录、保存的文件资料。

一、建设工程监理主要文件资料分类

建设工程监理主要文件资料包括：

（1）勘察设计文件、建设工程监理合同及其他合同文件；

（2）监理规划、监理实施细则；

（3）设计交底和图纸会审会议纪要；

（4）施工组织设计、（专项）施工方案、施工进度计划报审文件资料；

（5）分包单位资格报审文件资料；

（6）施工控制测量成果报验文件资料；

（7）总监理工程师任命书，工程开工令、暂停令、复工令，开工或复工报审文件资料；

（8）工程材料、构配件、设备报验文件资料；

（9）见证取样和平行检验文件资料；

（10）工程质量检查报验资料及工程有关验收资料；

（11）工程变更、费用索赔及工程延期文件资料；

（12）工程计量、工程款支付文件资料；

（13）监理通知单、工作联系单与监理报告；

（14）第一次工地会议、监理例会、专题会议等会议纪要；

（15）监理月报、监理日志、旁站记录；

（16）工程质量或安全生产事故处理文件资料；

（17）工程质量评估报告及竣工验收监理文件资料；

（18）监理工作总结。

除上述监理文件资料外，在设备采购和设备监造中还会形成监理文件资料，内容详见《建设工程监理规范》（GB/T 50319—2013）第 8.2.3 条和 8.3.14 条规定。

二、建设工程监理文件资料编制要求

《建设工程监理规范》（GB/T 50319—2013）明确规定了监理规划、监理实施细则、监理月报、监理日志和监理工作总结及工程质量评估报告等的编制内容和要求（监理规划与监理实施细则的编制详见第五章）。

1. 监理日志

监理日志是项目监理机构在实施建设工程监理过程中，每日对建设工程监理工作及施工进展情况所做的记录，由总监理工程师根据工程实际情况指定专业监理工程师负责记录。每天填写的监理日志内容必须真实、力求详细，主要反映监理工作情况。如涉及具体文件资料，应注明相应文件资料的出处和编号。

监理日志的主要内容包括：天气和施工环境情况；当日施工进展情况，包括工程进度情况、工程质量情况、安全生产情况等；当日监理工作情况，包括旁站、巡视、见证取样、平行检验等情况；当日存在的问题及处理情况；其他有关事项。

2. 监理例会会议纪要

监理例会是履约各方沟通情况、交流信息、研究解决合同履行中存在的各方面问题的主要协调方式。会议纪要由项目监理机构根据会议记录整理，主要内容包括：

（1）会议地点及时间；

（2）会议主持人；

（3）与会人员姓名、单位、职务；

（4）会议主要内容、决议事项及其负责落实单位、负责人和时限要求；

（5）其他事项。

对于监理例会上意见不一致的重大问题，应将各方的主要观点，特别是相互对立的意见记入"其他事项"中。会议纪要的内容应真实准确、简明扼要，经总监理工程师审阅，与会各方代表会签，发至有关各方并应有签收手续。

3. 监理月报

监理月报是项目监理机构每月向建设单位和本监理单位提交的建设工程监理工作及建设工程实施情况等分析总结报告。监理月报既要反映建设工程监理工作及建设工程实施情况，也要能确保建设工程监理工作可追溯。监理月报由总监理工程师组织编写、签认后报送建设单位和本监理单位。报送时间由监理单位与建设单位协商确定，一般在收到施工单位报送的工程进度，汇总本月已完工程量和本月计划完成工程量的工程量表、工程款支付申请表等相关资料后，在协商确定的时间内提交。

监理月报应包括以下主要内容：

（1）本月工程实施情况：

1）工程进展情况。实际进度与计划进度的比较，施工单位人、机、料进场及使用情况，本期在施部位的工程照片等。

2）工程质量情况。分部分项工程验收情况，工程材料、设备、构配件进场检验情况，主要施工、试验情况，本月工程质量分析。

3）施工单位安全生产管理工作评述。

4）已完工程量与已付工程款的统计及说明。

（2）本月监理工作情况：

1）工程进度控制方面的工作情况；

2）工程质量控制方面的工作情况；

3）安全生产管理方面的工作情况；

4）工程计量与工程款支付方面的工作情况；

5）合同及其他事项管理工作情况；

6）监理工作统计及工作照片。

（3）本月工程实施的主要问题分析及处理情况：

1）工程进度控制方面的主要问题分析及处理情况；

2）工程质量控制方面的主要问题分析及处理情况；

3）施工单位安全生产管理方面的主要问题分析及处理情况；

4）工程计量与工程款支付方面的主要问题分析及处理情况；

5）合同及其他事项管理方面的主要问题分析及处理情况。

（4）下月监理工作重点：

1）工程管理方面的监理工作重点；

2）项目监理机构内部管理方面的工作重点。

4. 工程质量评估报告

（1）工程质量评估报告编制的基本要求：

1）工程质量评估报告的编制应文字简练、准确、重点突出、内容完整。

2）工程竣工预验收合格后，由总监理工程师组织专业监理工程师编制工程质量评估报告，编制完成后，由项目总监理工程师及监理单位技术负责人审核签认并加盖监理单位公章后报建设单位。工程质量评估报告应在正式竣工验收前提交给建设单位。

（2）工程质量评估报告的主要内容：

1）工程概况；

2）工程参建单位；

3）工程质量验收情况；

4）工程质量事故及其处理情况；

5）竣工资料审查情况；

6）工程质量评估结论。

5. 监理工作总结

当监理工作结束时，项目监理机构应向建设单位和工程监理单位提交监理工作总结。监理工作总结由总监理工程师组织项目监理机构监理人员编写，由总监理工程师审核签字，并加盖工程监理单位公章后报建设单位。

监理工作总结应包括以下内容：

（1）工程概况。

（2）项目监理机构（监理过程中如有变动情况，应予以说明）。

（3）建设工程监理合同履行情况。建设工程监理合同履行情况包括监理合同目标控制情况、监理合同履行情况、监理合同纠纷的处理情况等。

（4）监理工作成效。项目监理机构提出的合理化建议并被建设、设计、施工等单位采纳；发现施工中的差错，通过监理工作避免了工程质量事故、生产安全事故、累计核减工程款及为建设单位节约工程建设投资等事项的数据（可举典型事例和相关资料）。

（5）监理工作中发现的问题及其处理情况。监理过程中产生的监理通知单、监理报告、工作联系单及会议纪要等所提出问题的简要统计。

（6）说明与建议。由工程质量、安全生产等问题所引起的今后工程合理、有效使用的建议等。

第三节　建设工程监理文件资料管理职责和要求

一、管理职责

建设工程监理文件资料应以施工及验收规范、工程合同、设计文件、工程施工质量验收标准、建设工程监理规范等为依据填写，并随工程进度及时收集、整理，认真书写，项目齐全、准确、真实，无未了事项。表格应采用统一格式，特殊要求需增加的表格应统一归类，按要求归档。

根据《建设工程监理规范》（GB/T 50319—2013），项目监理机构文件资料管理的基本职责如下：

（1）应建立和完善监理文件资料管理制度，宜设专人管理监理文件资料。

（2）应及时、准确、完整地收集、整理、编制、传递监理文件资料，宜采用信息技术进行监理文件资料管理。

（3）应及时整理、分类汇总监理文件资料，并按规定组卷，形成监理档案。

（4）应根据工程特点和有关规定，保存监理档案，并应向有关单位、部门移交需要存档的监理文件资料。

二、管理要求

建设工程监理文件资料的管理要求体现在建设工程监理文件资料管理全过程，包括监理文件资料收发文与登记、传阅、分类存放、组卷归档、验收与移交等。

（一）建设工程监理文件资料收文与登记

项目监理机构所有收文应在收文登记表上按监理信息分类分别进行登记，应记录文件名称、文件摘要信息、文件发放单位（部门）、文件编号以及收文日期，必要时应注明接收文件的具体时间，最后由项目监理机构负责收文人员签字。

在监理文件资料有追溯性要求的情况下，应注意核查所填内容是否可追溯。如工程材料报审表中是否明确注明使用该工程材料的具体工程部位，以及该工程材料质量证明原件的保存处等。

当不同类型的监理文件资料之间存在相互对照或追溯关系（如监理通知与监理通知回复单）

时，在分类存放的情况下，应在文件和记录上注明相关文件资料的编号和存放处。

项目监理机构文件资料管理人员应检查监理文件资料的各项内容填写和记录是否真实完整，签字认可人员应为符合相关规定的责任人员，并且不得以盖章和打印代替手写签认。建设工程监理文件资料以及存储介质的质量应符合要求，所有文件资料必须符合文件资料归档要求，如用碳素墨水填写或打印生成，以满足长期保存的要求。

对于工程照片及声像资料等，应注明拍摄日期及所反映的工程部位等摘要信息。收文登记后应交给项目总监理工程师或由其授权的监理工程师进行处理，重要文件内容应记录在监理日志中。

涉及建设单位的指令、设计单位的技术核定单及其他重要文件等，应将其复印件公布在项目监理机构专栏中。

（二）建设工程监理文件资料传阅与登记

建设工程监理文件资料需要由总监理工程师或其授权的监理工程师确定是否需要传阅。对于需要传阅的，应确定传阅人员名单和范围，并在文件传阅纸上注明，将文件传阅纸随同文件资料一起进行传阅。也可按文件传阅纸样式刻制方形图章，盖在文件资料空白处，代替文件传阅纸。

每一位传阅人员阅后应在文件传阅纸上签名，并注明日期。文件资料传阅期限不应超过该文件资料的处理期限。传阅完毕后，文件资料原件应交还信息管理人员存档。

（三）建设工程监理文件资料发文与登记

建设工程监理文件资料发文应由总监理工程师或其授权的监理工程师签名，并加盖项目监理机构图章。若为紧急处理的文件，应在文件资料首页标注"急件"字样。

所有建设工程监理文件资料应要求进行分类编码，并在发文登记表上进行登记。登记内容包括文件资料的分类编码、文件名称、摘要信息、接收文件的单位（部门）名称、发文日期（强调时效性的文件应注明发文的具体日期）。收件人收到文件后应签名。

发文应留有底稿，并附一份文件传阅纸，信息管理人员根据文件签发人指示确定文件责任人和相关传阅人员。文件传阅过程中，每位传阅人员阅后应签名并注明日期。发文的传阅期限不应超过其处理期限。重要文件的发文内容应记录在监理日志中。

项目监理机构的信息管理人员应及时将发文原件归入相应的资料柜（夹）中，并在文件资料目录中予以记录。

（四）建设工程监理文件资料分类存放

建设工程监理文件资料经收/发文、登记和传阅工作程序后，必须进行科学的分类并进行存放。这样既可以满足工程项目实施过程中查阅、求证的需要，又便于工程竣工后文件资料的归档和移交。

项目监理机构应备有存放监理文件资料的专用柜和用于监理文件资料分类存放的专用资料夹。大中型工程项目监理信息应采用计算机进行辅助管理。

建设工程监理文件资料的分类原则应根据工程特点及监理与相关服务内容确定，工程监理单位的技术管理部门应明确本单位文件档案资料管理的基本原则，以便统一管理并体现建设工程监理企业的特色。建设工程监理文件资料应保持清晰，不得随意涂改记录，保存过程中应保持记录介质的清洁和不破损。

建设工程监理文件资料的分类应根据工程项目的施工顺序、施工承包体系、单位工程的划分及工程质量验收程序等，并结合项目监理机构自身的业务工作开展情况进行，原则上可按施工单位、专业施工部位、单位工程等进行分类，以保证建设工程监理文件资料检索和归档工作的顺利进行。

项目监理机构信息管理部门应注意建立适宜的文件资料存放地点，防止文件资料受潮霉变或虫害侵蚀。

资料夹装满或工程项目某一分部工程或单位工程结束时，相应的文件资料应转存至档案袋，袋面应以相同编号予以标识。

（五）建设工程监理文件资料组卷归档

建设工程监理文件资料归档内容、组卷方式及建设工程监理档案验收、移交和管理工作，应根据《建设工程监理规范》（GB/T 50319—2013）、《建设工程文件归档规范（2019 年版）》（GB/T 50328—2014）及工程所在地有关部门的规定执行。

1. 建设工程监理文件资料编制要求

（1）归档的文件资料一般应为原件；

（2）文件资料的内容及其深度应符合国家现行有关工程勘察、设计、施工、监理等标准的规定；

（3）文件资料的内容必须真实、准确，与工程实际相符；

（4）文件资料应采用耐久性强的书写材料，如碳素墨水、蓝黑墨水，不得使用易褪色的书写材料，如红色墨水、纯蓝墨水、圆珠笔、复写纸、铅笔等；

（5）文件资料应字迹清楚，图样清晰，图表整洁，签字盖章手续完备；

（6）文件资料中文字材料幅面尺寸规格宜为 A4 幅面（297 mm×210 mm）。应采用能够长时间保存的韧力大、耐久性强的纸张；

（7）文件资料的缩微制品，必须按国家缩微标准进行制作，主要技术指标（解像力、密度、海波残留量等）要符合国家标准，保证质量，以适应长期安全保管；

（8）文件资料中的照片及声像档案，要求图像清晰、声音清楚、文字说明或内容准确；

（9）文件资料应采用打印形式并使用档案规定用笔手工签字，在不能使用原件时，应在复印件或抄件上加盖公章并注明原件保存处。

应用计算机辅助管理建设工程监理文件资料时，相关文件和记录经相关负责人员签字确定、正式生效并已存入项目监理机构相关资料夹时，信息管理人员应将储存在计算机中的相应文件和记录的属性改为"只读"，并将保存的目录名记录在书面文件上，以便于进行查阅。在建设工程监理文件资料归档前，不得删除计算机中保存的有效文件和记录。

2. 建设工程监理文件资料组卷方法及要求

（1）组卷原则及方法。

1）组卷应遵循监理文件资料的自然形成规律，保持卷内文件的有机联系，便于档案的保管和利用；

2）一个建设工程由多个单位工程组成时，应按单位工程组卷；

3）监理文件资料可按单位工程、分部工程、专业、阶段等组卷。

（2）组卷要求。

1）案卷不宜过厚，文字材料卷厚度不宜超过 20 mm，图试卷厚度不宜超过 50 mm。

2）案卷内不应有重份文件，不同载体的文件一般应分别组卷。

（3）卷内文件排列。

1）文字材料按事项、专业顺序排列。同一事项的请示与批复、同一文件的印本与定稿、主件与附件不能分开，并按批复在前、请示在后，印本在前、定稿在后，主件在前、附件在后的顺序排列。

2）图纸按专业排列，同专业图纸按图号顺序排列。

3）既有文字材料又有图纸的案卷，文字材料排前、图纸排后。

3. 建设工程监理文件资料归档范围和保管期限

建设工程监理文件资料的归档保存应严格遵循保存原件为主、复印件为辅和按照一定顺序归档的原则。《建设工程文件归档整理规范（2019 年版）》（GB/T 50328—2014）规定的监理文件资料归档范围和保管期限见表 9-1。

表 9-1　建设工程监理文件资料归档范围和保管期限

序号	文件资格名称		保存单位和保管期限		
			建设单位	监理单位	城建档案管理部门保存
1	项目监理机构及负责人名单		长期	长期	√
2	建设工程监理合同		长期	长期	√
3	监理规划	①监理规划	长期	短期	√
		②监理实施细则	长期	短期	√
		③项目监理机构总控制计划等	长期	短期	—
4	监理月报中的有关质量问题		长期	长期	√
5	监理会议纪要中的有关质量问题		长期	长期	√
6	进度控制	①工程开工令	长期	长期	√
		②工程暂停令	长期	长期	√
7	质量控制	①不合格项目通知	长期	长期	√
		②质量事故报告及处理意见	长期	长期	√
8	造价控制	①预付款报审与支付	短期	—	—
		②月付款报审与支付	短期	—	—
		③设计变更、洽商费用报审与签认	短期	—	—
		④工程竣工决算审核意见书	长期	—	√
9	分包资质	①分包单位资质材料	长期	—	—
		②供货单位资质材料	长期	—	—
		③试验等单位资质材料	长期	—	—
10	监理通知	①有关进度控制的监理通知	长期	长期	—
		②有关质量控制的监理通知	长期	长期	—
		③有关造价控制的监理通知	长期	长期	—
11	合同及其他事项管理	①工程延期报告及审批	永久	长期	√
		②费用索赔报告及审批	长期	长期	—
		③合同争议、违约报告及处理意见	永久	长期	√
		④合同变更材料	永久	长期	√

续表

序号	文件资格名称		保存单位和保管期限		
			建设单位	监理单位	城建档案管理部门保存
12	监理工作总结	①专题总结	长期	短期	—
		②月报总结	长期	短期	—
		③工程竣工总结	长期	长期	√
		④质量评价意见报告	长期	长期	√

与建设工程监理有关的施工文件归档范围和保管期限见表9-2。

表9-2　与建设工程监理有关的施工文件归档范围和保管期限

序号	名称		建设单位	施工单位	监理单位	城建档案管理部门
1	工程质量检验记录（土建工程）	①检验批质量验收记录	长期	长期	长期	—
		②分项工程质量验收记录	长期	长期	长期	—
		③基础、主体工程验收记录	永久	长期	长期	√
		④幕墙工程验收记录	永久	长期	长期	√
		⑤分部（子分部）工程质量验收记录	永久	长期	长期	√
2	工程质量检验记录（安装工程）	①检验批质量验收记录	长期	长期	长期	—
		②分项工程质量验收记录	长期	长期	长期	—
		③分部（子分部）工程质量验收记录	永久	长期	长期	√

（六）建设工程监理文件资料验收与移交

1. 验收

城建档案管理部门对需要归档的建设工程监理文件资料验收要求包括：

（1）监理文件资料分类齐全，系统完整；

（2）监理文件资料内容真实，准确反映了建设工程监理活动和工程实际状况；

（3）监理文件资料已整理组卷，组卷符合《建设工程文件归档整理规范》的规定；

（4）监理文件资料的形成，来源符合实际，要求单位或个人签章的文件，签章手续完备；

（5）文件材质、幅面、书写、绘图、用墨、托裱等符合要求。

对国家、省市重点工程项目或一些特大型、大型工程项目的预验收和验收，必须有地方城建档案管理部门参加。

为确保监理文件资料的质量，编制单位、地方城建档案管理部门、建设行政管理部门等要对归档的监理文件资料进行严格检查、验收。对不符合要求的，一律退回编制单位进行改正、补齐。

2. 移交

（1）列入城建档案管理机构接收范围的工程，建设单位在工程竣工验收备案前，必须向城建档案管理机构移交一套符合规定的工程档案。

（2）停建、缓建工程的监理文件资料暂由建设单位保管。

（3）对改建、扩建和维修工程，建设单位应组织设计、施工单位对改变部位据实编制新的工程档案，并应在工程竣工验收备案前向城建档案管理机构移交。

（4）建设单位向城建档案管理部门移交工程档案（监理文件资料），应办理移交手续，填写移交目录，双方签字、盖章后交接。

（5）工程监理单位应在工程竣工验收前将监理文件资料按合同约定的时间、套数移交给建设单位，办理移交手续。

 知识拓展

BIM 在工程监理中的应用

1. 应用目标

工程监理单位应用 BIM 的主要任务是通过借助 BIM 理念及其相关技术搭建统一的数字化工程监理信息平台，实现工程建设过程中各阶段数据信息的整合及应用，进而更好地为建设单位创造价值，提高工程建设效率和质量。目前，工程监理过程中应用 BIM 技术期望实现如下目标：

（1）可视化展示。应用 BIM 技术可实现建设工程完工前的可视化展示，与传统单一的设计效果图等表现方式相比，由于数字化工程监理信息平台包含了工程建设各阶段所有的数据信息，基于这些数据信息制作的各种可视化展示将更准确、更灵活地表现工程项目，并辅助各专业、各行业之间的沟通交流。

（2）提高工程设计和项目管理质量。BIM 技术可帮助工程项目各参建方在工程建设全过程中更好地沟通协调，为做好设计管理工作，进行工程项目技术、经济可行性论证，提供了更为先进的手段和方法，从而可提升工程项目管理的质量和效率。

（3）控制工程造价。通过数字化工程信息模型，确保工程项目各阶段数据信息的准确性和唯一性，进而在工程建设早期发现问题并予以解决，减少施工过程中的工程变更，大大提高对工程造价的控制力。

（4）缩短工程施工周期。借助 BIM 技术，实现对各重要施工工序的可视化整合，协助建设单位、设计单位、施工单位、工程监理单位更好地沟通、协调与论证，合理优化施工工序。

2. 应用范围

现阶段，工程监理单位运用 BIM 技术提升服务价值仍处于初级阶段，其应用范围主要包括以下几个方面：

（1）可视化模型建立。可视化模型的建立是应用 BIM 的基础，包括建筑、结构、设备等各专业工种。BIM 模型在工程建设中的衍生路线就像一棵大树，其源头是设计单位在设计阶段培育的种子模型；其生长过程伴随着工程进展，由施工单位进行二次设计和重塑，以及建设单位、工程监理单位等多方审核。后端衍生的各层级应用如同果实一样。它们之间相互维系，而维系的血脉就是带有种子模型基因的数据信息。数据信息如同新陈代谢，随着工程进展不断进行更新维护。

（2）管线综合。随着工程建设快速发展，对协同设计与管线综合的要求愈加强烈。但是，由于缺乏有效的技术手段，不少设计单位都未能很好地解决管线综合问题，各专业设计之间的冲突严重地影响了工程质量、造价、进度等。BIM 技术的出现，可以很好地实现碰撞检查、尤其对建筑形体复杂或管线约束多的情况是一种很好的解决方案。此类服务可使建设工程监理服务价值得到进一步提升。

（3）4D虚拟施工。当前，绝大部分工程项目仍采用横道图进度计划、用直方图表示资源计划，无法清晰描述施工进度及各种复杂关系，难以准确表达工程施工的动态变化过程，更不能动态地优化分配所需要的各种资源和施工场地。将BIM技术与进度计划软件数据进行集成，可以按月、按周、按天看到工程施工进度并根据现场情况进行实时调整，分析不同施工方案的优劣，从而得到最佳施工方案。另外，还可对工程项目的重点或难点部分进行可施工性模拟。通过对施工进度和资源的动态管理及优化控制，以及施工过程的模拟，可以更好地提高工程项目的资源利用率。

（4）成本核算。对于工程项目而言，预算超支现象是极其普遍的。而缺乏可靠的成本数据是造成工程造价超支的重要原因。BIM是一个包含丰富数据、面向对象、具有智能和参数特点的建筑数字化标识。借助这些信息，计算机可以快速对各种构件进行统计分析，完成成本核算。通过将工程设计和投资回报分析相结合，实时计算设计变更对投资回报的影响，合理控制工程总造价。

由于工程项目本身的特殊性，工程建设过程中随时都可能出现无法预计的各类问题，而BIM技术的数字化手段本身也是一项全新的技术。因此，在建设工程监理与项目管理服务过程中，使用BIM技术具有开拓性意义，同时，也对建设工程监理与项目管理团队带来极大的挑战，不仅要求建设工程监理与项目管理团队具备优秀的技术和服务能力，还需要强大的资源整合能力。

实训案例

背景：

某工程，施工总承包单位依据施工合同约定，与甲安装单位签订了安装分包合同。基础工程完成后，由于项目用途发生变化，建设单位要求设计单位编制设计变更文件，并授权项目监理机构就设计变更引起的有关问题与总承包单位进行协商。项目监理机构在收到经相关部门重新审查批准的设计变更文件后，经研究对其今后工作安排如下：

（1）由总监理工程师负责与总承包单位进行质量、费用和工期等问题的协商工作；

（2）要求总承包单位调整施工组织设计，并报建设单位同意后实施；

（3）由总监理工程师代表主持修订监理规划；

（4）由负责合同管理的专业监理工程师全权处理合同争议；

（5）安排一名监理员主持整理工程监理资料；

（6）总监理工程师将需要归档监理文件直接移交本监理单位和城建档案管理机构保存。

在协商变更单价过程中，项目监理机构未能与总承包单位达成一致意见，总监理工程师决定以双方提出的变更单价的均值作为最终的结算单价。

项目监理机构认为甲安装分包单位不能胜任变更后的安装工程，要求更换安装分包单位。总承包单位认为项目监理机构无权提出该要求，但仍表示愿意接受，随即提出由乙安装单位分包。

甲安装单位依据原定的安装分包合同已采购的材料，因设计变更需要退货，向项目监理机构提出了申请，要求补偿因材料退货造成的费用损失。

问题：

1. 逐项指出项目监理机构对其今后工作的安排是否妥当，对不妥之处，请写出正确做法。

2. 指出在协商变更单价过程中项目监理机构做法的不妥之处，并按《建设工程监理规范》（GB/T 50319—2013）写出正确做法。

3. 总承包单位认为项目监理机构无权提出更换甲安装分包单位的意见是否正确？为什么？写出项目监理机构对乙安装单位分包资格的审批程序。

4. 指出甲安装单位要求补偿材料退货造成费用损失申请程序的不妥之处，并写出正确做法。该费用损失应由谁承担？

案例解析：

1. 监理机构对今后工作的安排结论如下：

（1）妥当。

（2）不妥。

正确做法：调整后的施工组织设计应经项目监理机构（或总监理工程师）审核、签认。

（3）不妥。

正确做法：由总监理工程师主持修订监理规划。

（4）不妥。

正确做法：由总监理工程师负责处理合同争议。

（5）不妥。

正确做法：由总监理工程师主持整理工程监理资料。

（6）不妥。

正确做法：项目监理机构向监理单位移交归档，监理单位向建设单位移交归档，建设单位向城建档案管理机构移交归档。

2. 不妥之处：以双方提出的变更费用价格的均值作为最终的结算单价。

正确做法：项目监理机构（或总监理工程师）提出一个暂定价格作为临时支付工程进度款的依据。变更费用价格在工程最终结算时以建设单位与总承包单位达成的协议为依据。

3. 不正确。

理由：依据有关规定，项目监理机构对工程分包单位有认可权程序：项目监理机构（或专业监理工程师）审查总承包单位报送的分包单位资格报审表和分包单位的有关资料；符合有关规定后，由总监理工程师予以签认。

4. 不妥之处：由甲安装分包单位向项目监理机构提出申请。

正确做法：甲安装分包单位向总承包单位提出，再由总承包单位向项目监理机构提出。费用损失由建设单位承担。

基础练习

一、单项选择题

1. 根据《建设工程监理规范》（GB/T 50319—2013），下列施工单位报审用表中，需要由专业监理工程师审查，再由总监理工程师签署意见的是（　　　）。

　　A. 单位工程竣工验收报审表　　　　　　B. 费用索赔报审表

　　C. 分部工程报验表　　　　　　　　　　D. 工程材料、构配件、设备报审表

2. 根据《建设工程监理规范》（GB/T 50319—2013），下列监理文件资料中，需要由总监理工程师签字并加盖执业印章的是（　　）。

A. 工程款支付证书
B. 监理通知单
C. 旁站记录
D. 监理报告

3. 根据《建设工程监理规范》（GB/T 50319—2013），项目监理机构发现（　　）情形时，总监理工程师应及时签发工程暂停令。

A. 使用不合格的工程材料、构配件和设备的
B. 采用不适当的施工工艺的
C. 施工单位未按专项施工方案施工的
D. 施工存在重大质量、安全事故隐患的

4. "工程暂停令"在建设单位和工程监理单位的保管期限分别是（　　）。

A. 长期、短期
B. 长期、长期
C. 短期、长期
D. 短期、短期

5. 建设单位需要永久保管的文件资料是（　　）。

A. 检验批质量验收记录
B. 质量事故报告及处理意见
C. 工程竣工决算审核意见
D. 分部（子分部）工程质量验收记录

6. 须经过总监理工程师审核签认后报送建设单位的用表是（　　）。

A. 费用索赔审批表
B. 工程款支付证书
C. 工程临时延期审批表
D. 工程暂停令

7. 施工单位在申请索赔费用支付时，应填写的表格是（　　）。

A. 费用索赔报审表
B. 工程款支付报审表
C. 费用索赔意向表
D. 工程款支付证书

8. 下列资料管理职责中，属于监理单位管理职责的是（　　）。

A. 收集和整理工程准备阶段形成的工程文件
B. 设立专人负责监理资料的收集、整理和归档工作
C. 请当地城建档案管理部门对工程档案进行验收
D. 收集整理工程竣工验收阶段形成的工程文件

9. 关于对监理例会上各方意见不一致的重大问题在会议纪要中处理方式的说法，正确的是（　　）。

A. 不应记入会议纪要，以免影响各方意见一致问题的解决
B. 应将各方的主要观点记入会议纪要，但与会各方代表不签字
C. 应将各方的主要观点记入会议纪要的"其他事项"中
D. 应就意见一致和不一致的问题分别形成会议纪要

10. 关于建设工程档案质量需求和组卷方法的说法，正确的是（　　）。

A. 所有竣工图均应加盖设计单位和施工单位的图章
B. 建设工程由多个单位工程组成时，工程文件应按形成单位组卷
C. 工程准备阶段的文件应包含施工文件、监理文件和竣工验收文件
D. 既有文字资料又有图纸的案卷，应将文字资料排前，图纸排后

二、多项选择题

1. 下列施工单位报验的项目中，不使用"_____报验申请表"报验的有（   ）。
   - A. 工程竣工
   - B. 隐蔽工程
   - C. 分项工程
   - D. 工程材料
   - E. 工程设备

2. 下列工作表格中，可由建设单位使用的有（   ）。
   - A. 工程变更单
   - B. 工程暂停令
   - C. 工程款支付证书
   - D. 费用索赔审批表
   - E. 监理工作联系单

3. 根据《建设工程监理规范》（GB/T 50319—2013），项目监理机构签发"监理通知单"的情形有（   ）。
   - A. 施工单位未按审查通过的工程设计文件施工的
   - B. 施工单位违反工程建设强制性标准的
   - C. 工程存在安全事故隐患的
   - D. 施工单位未按审查通过的专项施工方案施工的
   - E. 因施工不当造成工程质量不合格的

4. 根据《建设工程监理规范》（GB/T 50319—2013），需要由建设单位代表签字并加盖建设单位公章的报审表有（   ）。
   - A. 分包单位资格报审表
   - B. 工程复工报审表
   - C. 费用索赔报审表
   - D. 工程最终延期报审表
   - E. 单位工程竣工验收报审表

5. 根据《建设工程监理规范》（GB/T 50319—2013），属于各方主体通用表的有（   ）。
   - A. 工作联系单
   - B. 工程变更单
   - C. 索赔意向通知书
   - D. 报验、报审表
   - E. 工程开工报审表

6. 下列关于工程质量评估报告的说法，正确的是（   ）。
   - A. 工程竣工预验收合格后，由总监理工程师组织编制
   - B. 工程竣工验收合格后，由总监理工程师组织专业监理工程师编制
   - C. 由项目总监理工程师审核签认后报建设单位
   - D. 由项目总监理工程师及监理单位技术负责人审核签认并加盖监理单位公章后报建设单位
   - E. 工程质量评估报告应在正式竣工验收前提交给建设单位

7. 下列对建设工程归档文件的要求中，属于编制要求的有（   ）。
   - A. 符合国家有关的技术规范、标准
   - B. 案卷不宜过厚，一般不超过 40 mm
   - C. 不同载体的文件一般应分别组卷
   - D. 内容真实、准确，与工程实际相符
   - E. 应采用耐久性强的书写材料

8. 归档工程文件的组卷要求有（   ）。
   - A. 归档的工程文件一般应为原件
   - B. 案卷不宜过厚，一般不超过 40 mm
   - C. 案卷内不应有重份文件
   - D. 既有文字材料又有图纸的案卷，文字材料排前，图纸排后
   - E. 建设工程由多个单位工程组成时，工程文件按单位工程组卷

9. 国家、省市重点工程项目或一些特大型、大型工程项目的（　　　），必须有地方城建档案管理部门参加。

  A. 单机试车   B. 联合试车

  C. 工程验收   D. 工程移交

  E. 工程预验收

10. 根据有关建设工程档案管理的规定，暂由建设单位保管监理文件资料的工程有（　　　）。

  A. 维修工程   B. 缓建工程

  C. 改建工程   D. 扩建工程

  E. 停建工程

11. 下列属于总监理工程师应及时签发工程暂停令的情形有（　　　）。

  A. 建设单位要求暂停施工且工程需要暂停施工的

  B. 施工不符合设计要求、工程建设标准、合同约定的

  C. 施工单位未按审查通过的工程设计文件施工的

  D. 实际进度严重滞后于计划进度且影响合同工期的

  E. 施工单位违反工程建设强制性标准的

12. 总监理工程师签发"工程开工令"时，应满足的开工条件有（　　　）。

  A. 设计交底和图纸会审已完成

  B. 施工组织设计已由总监理工程师签认

  C. 进场道路及水、电、通信等已满足开工要求

  D. 施工单位现场质量、安全生产管理体系已建立

  E. 工程质量监督手续已办理

13. 根据《建设工程监理规范》（GB/T 50319—2013），需要建设单位审批同意的表式有（　　　）。

  A. 工程款支付证书   B. 工程款支付报审表

  C. 费用索赔报审表   D. 单位工程竣工验收报审表

  E. 工程临时或最终延期报审表

三、简答题

1. 建设工程监理基本表式有哪几类？应用这些表式时应注意什么？

2. 主要的监理文件资料有哪些？编制时应注意什么？

3. 项目监理机构对监理文件资料的管理职责有哪些？

第十章

国外工程项目管理简介

工程咨询是一种智力服务，可有针对性地向客户提供可供选择的方案、计划或有参考价值的数据、调查结果、预测分析等，也可实际参与工程实施过程管理。随着经济全球化及建筑市场的国内外融合，国际工程咨询业务越来越多。与此同时，国际上如 CM、Partnering 等建设工程实施组织模式也日益得到广泛应用。当今时代，监理工程师应具有国际化视野，熟悉国际工程实施组织模式。

第一节　国际工程咨询

工程咨询通常是指适应现代经济发展和社会进步的需要，集中专家群体或个人的智慧和经验，运用现代科学技术和工程技术及经济、管理、法律等方面知识，为建设工程决策和管理提供的智力服务。目前，国际工程咨询也在向全过程服务和全方位服务方向发展。其中，全过程服务分为建设工程实施阶段全过程服务和工程建设全过程服务两种情况。全方位服务是指除对建设工程三大目标实施控制外，还包括决策支持、项目策划、项目融资、项目规划和设计、重要工程设备和材料的国际采购等。

一、咨询工程师

咨询工程师是以从事工程咨询业务为职业的工程技术人员和其他专业（如经济、管理）人员的统称。国际上对咨询工程师的理解与我国习惯上的理解有很大不同。按国际上的理解，我国的建筑师、结构工程师、各种专业设备工程师、监理工程师、造价工程师、招标师等都属于咨询工程师；甚至从事工程咨询业务有关工作（如处理索赔时可能需要审查承包商的财务账簿和财务记录）的审计师、会计师也属于咨询工程师之列。

需要说明的是，由于绝大多数咨询工程师都是以公司形式开展工作的，因此，咨询工程师一词在很多场合是指工程咨询公司。为此，在阅读有关工程咨询外文资料时，要注意鉴别咨询工程师一词的确切含义。

1. 咨询工程师的素质

工程咨询是科学性、综合性、系统性、实践性均很强的职业。作为从事这一职业的主体，咨询工程师应具备以下素质才能胜任这一职业：

（1）知识面宽；

（2）精通业务；

（3）协调管理能力强；

（4）责任心强；

（5）不断进取，勇于开拓。

2. 咨询工程师的职业道德

咨询工程师的职业道德规范或准则虽然不是法律，但是对咨询工程师的行为却具有相当大的约束力。国际上许多国家（尤其是发达国家）的工程咨询业已相当发达，相应地制定了各自的行业规范和职业道德规范，以指导和规范咨询工程师的职业行为。这些众多的咨询行业规范和职业道德规范虽然各不相同，但基本上是大同小异，其中在国际上最具普遍意义和权威性的是 FIDIC 道德准则。

FIDIC 道德准则要求咨询工程师具有正直、公平、诚信、服务等的工作态度和敬业精神，充分体现了 FIDIC 对咨询工程师要求的精髓，主要内容如下：

（1）对社会和咨询业的责任。

1）承担咨询业对社会所负有的责任；

2）寻求符合可持续发展原则的解决方案；

3）在任何情况下，始终维护咨询业的尊严、名誉和荣誉。

（2）能力。

1）保持其知识和技能水平与技术、法律和管理的发展一致，在为客户提供服务时运用应有的技能，谨慎和勤勉地工作；

2）只承担能够胜任的任务。

（3）廉洁和正直。

在任何时候均为委托人的合法权益行使其职责，始终维护客户的合法利益，并廉洁、正直和忠实地进行职业服务。

（4）公平。

1）提供职业咨询、评审或决策时不偏不倚，公平地提供专业建议、判断或决定；

2）为客户服务过程中可能产生的一切潜在的利益冲突，都应告知客户；

3）不接受任何可能影响其独立判断的报酬。

（5）对他人公正。

1）推动"基于能力选择咨询服务"的理念；

2）不得故意或无意地做出损害他人名誉或事务的事情；

3）不得直接或间接取代某一特定工作中已经任命的其他咨询工程师的位置；

4）在通知该咨询工程师之前，并在未接到客户终止其工作的书面指令之前，不得接管该咨询工程师的工作；

5）如被邀请评审其他咨询工程师的工作，应以恰当的行为和善意的态度进行。

（6）反腐败。

1）既不提供也不收受任何形式的酬劳，无论这种酬劳意在试探或实提供：

①设法影响对咨询工程师选聘过程或对咨询工程师的补偿，和（或）影响其客户；

②设法影响咨询工程师的公正判断。

2）当任何合法组成的机构对服务或建筑合同管理进行调查时，咨询工程师应充分予以合作。

二、工程咨询公司的服务对象和内容

工程咨询公司的业务范围很广泛，其服务对象可以是业主、承包商、国际金融机构和贷款银行，工程咨询公司也可以与承包商联合投标承包工程。工程咨询公司的服务对象不同，相应的服务内容也有所不同。

1. 为业主服务

为业主服务是工程咨询公司最基本、最广泛的业务，这里所说的业主包括各级政府（此时不是以管理者身份出现）、企业和个人。

工程咨询公司为业主服务既可以是全过程服务（包括实施阶段全过程和工程建设全过程），也可以是阶段性服务。

工程咨询公司为业主服务既可以是全方位服务，也可以是某一方面的服务，如仅提供决策支持服务，仅从事工程投资控制等。

2. 为承包商服务

工程咨询公司为承包商服务主要有以下几种情况：

（1）为承包商提供合同咨询和索赔服务。如果承包商对建设工程的某种组织管理模式不了解，就需要工程咨询公司为其提供合同咨询，以便了解和把握该模式或该合同条件的特点、要点及需要注意的问题，从而避免或减少合同风险，提高自己的合同管理水平。另外，当承包商对合同所规定的适用法律不熟悉甚至根本不了解，或发生了重大、特殊的索赔事件而承包商自己又缺乏相应的索赔经验时，承包商都可能委托工程咨询公司为其提供索赔服务。

（2）为承包商提供技术咨询服务。当承包商遇到施工技术难题，或工业项目中工艺系统设计和生产流程设计方面的问题时，工程咨询公司可以为其提供相应的技术咨询服务。在这种情况下，工程咨询公司的服务对象大多是技术实力较弱的中小承包商。

（3）为承包商提供工程设计服务。在这种情况下，工程咨询公司实质上是承包商的设计分包商，其具体表现又有两种方式：

1）工程咨询公司仅承担详细设计（相当于我国的施工图设计）工作。在国际工程招标时，在不少情况下仅达到基本设计（相当于我国的扩初设计），承包商不仅要完成施工任务，而且要完成详细设计。如果承包商不具备完成详细设计的能力，就需要委托工程咨询公司来完成。需要说明的是，这种情况在国际上仍然属于施工承包，而不属于工程总承包。

2）工程咨询公司承担全部或绝大部分设计工作。其前提是承包商以工程总承包或交钥匙的方式承包工程，且承包商没有能力自己完成工程设计。这时，工程咨询公司通常在投标阶段完成到概念设计或基本设计，中标后再进一步深化设计。

3. 为贷款方服务

这里所说的贷款方包括一般的贷款银行、国际金融机构（如世界银行、亚洲开发银行等）和国际援助机构（如联合国开发计划署、粮农组织）等。

工程咨询公司为贷款方服务的常见形式有两种：

（1）对申请贷款的项目进行评估。工程咨询公司的评估侧重于项目的工艺方案、系统设计的可靠性和投资估算的准确性，核算项目的财务评价指标并进行敏感性分析，最终提出客观、公正的评估报告。申请贷款项目通常都已完成可行性研究，因此，工程咨询公司的工作主要是对该项目的可行性研究报告进行审查、复核和评估。

（2）对已接受贷款的项目的执行情况进行检查和监督。国际金融或援助机构为了解已接受贷款的项目是否按照有关的贷款规定执行，确保工程和设备在国际招标过程中的公开性和公正性，保证贷款资金的合理使用，按项目实施的实际进度拨付，并能对贷款项目的实施进行必要的干预和控制，就需要委托工程咨询公司为其服务，对已接受贷款的项目的执行情况进行检查和监督，提出阶段性工作报告，以便及时、准确地掌握贷款项目的动态，从而作出正确的决策（如停贷、缓贷）。

4. 联合承包工程

在国际上，一些大型工程咨询公司往往与设备制造商和土木工程承包商组成联合体，参与工程总承包或交钥匙工程的投标，中标后共同完成工程建设的全部任务。在少数情况下，工程咨询公司甚至可以作为总承包商，承担建设工程的主要责任和风险，而承包商则成为分包商。工程咨询公司还可能参与 BOT 项目，甚至作为这类项目的发起人和策划公司。

虽然联合承包工程的风险相对较大，但可以给工程咨询公司带来更多的利润，而且在有些项目上可以更好地发挥工程咨询公司在技术、信息、管理等方面的优势。采用多种形式参与联合承包工程，已成为国际上大型工程咨询公司拓展业务的一个趋势。

第二节　国际工程实施组织模式

随着社会技术经济水平的发展，建设工程业主的需求也在不断变化和发展，总的趋势是希望简化自身管理工作，得到更全面、更高效的服务，更好地实现建设工程预定目标。与此相适应，建设工程组织实施模式也在不断地发展，国际上出现了很多新型模式。

一、CM 模式

CM（Construction Management）在我国被翻译为建筑工程管理。但由于"建筑工程管理"的内涵很广泛，难以准确反映 CM 模式的含义，故这里直接用 CM 表示。

快速路径法的基本特征是将设计工作分为若干阶段，如基础工程、上部结构工程、装修工程、安装工程等，每一阶段设计工作完成后，就组织相应工程内容的施工招标，确定施工单位后即开始相应工程内容的施工。与传统模式相比，快速路径法可以缩短建设周期。从理论上讲，其缩短的时间应为传统模式条件下设计工作和施工招标工作所需时间与快速路径法条件下第一阶段设计工作和第一次施工招标工作所需时间之差。对于大型、复杂的建设工程来说这一时间差额很长，甚至可能超过 1 年。但实际上，与传统模式相比，快速路径法大大增加了施工阶段组织协调和目标控制的难度，例如设计变更增多，施工现场多个施工单位同时分别施工导致工效降低等。这表明，在采用快速路径法时，如果管理不当，就可能欲速不达。因此，迫切需要采用一种与快速路径法相适应的新的组织管理模式。CM 模式便在此背景下应运而生。

所谓 CM 模式，就是在采用快速路径法时，从建设工程开始阶段就雇用具有施工经验的 CM 单位（或 CM 经理）参与到建设工程实施过程中，以便为设计人员提供施工方面的建议且随后负责管理施工过程。这种安排的目的是将建设工程实施作为一个完整过程来对待，并同时考虑设计和施工因素，力求使建设工程在尽可能短的时间内以尽可能低的费用和满足要求的质量建成并投入使用。

特别要注意的是，不要将 CM 模式与快速路径法混为一谈。因为快速路径法只是改进了传统模式条件下建设工程实施顺序，不仅可在 CM 模式中使用，也可在其他模式中使用，如平行承发包模式、工程总承包模式（此时设计与施工的搭接是在工程总承包商内部完成的，且不存在施工与招标的搭接）。而 CM 模式则是以使用 CM 单位为特征的建设工程组织实施模式，具有独特的合同关系和组织形式。

1. CM 模式可分为代理型 CM 和非代理型 CM 两种类型

（1）代理型 CM 模式。代理型 CM 模式又称为纯粹 CM 模式。采用代理型 CM 模式时，CM单位是业主的咨询单位，业主与 CM 单位签订咨询服务合同，CM 合同价就是 CM 费，其表现形式可以是百分率（以今后陆续确定的工程费用总额为基数）或固定数额的费用，业主分别与多个施工单位签订所有的工程施工合同。其合同关系和协调管理关系如图 10-1 所示。

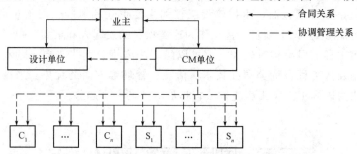

图 10-1 代理型 CM 模式的合同关系和协调管理关系

在图 10-1 中 C 表示施工单位，S 表示材料设备供应单位。需要说明的是，CM 单位对设计单位没有指令权，只能向设计单位提出一些合理化建议。这一点同样适用于非代理型 CM 模式。这也是 CM 模式与全过程建设工程项目管理的重要区别。

代理型模式中，CM 单位通常是具有较丰富施工经验的专业 CM 单位或咨询单位。

（2）非代理型 CM 模式。非代理型 CM 模式又称为风险型 CM 模式。采用非代理型 CM 模式时，业主一般不与施工单位签订工程施工合同，但也可能在某些情况下，对某些专业性很强的工程内容和工程专用材料、设备，业主与少数施工单位和材料、设备供应单位签订合同。业主与 CM 单位所签订的合同既包括 CM 服务内容，也包括工程施工承包内容，而 CM 单位与施工单位和材料、设备供应单位签订合同。其合同关系和协调管理关系如图 10-2 所示。

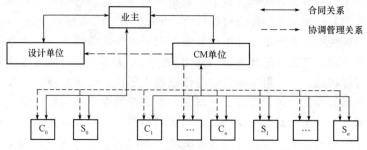

图 10-2 非代理型 CM 模式的合同关系和协调管理关系

在图 10-2 中，CM 单位与施工单位之间似乎是总分包关系，但实际上却与总分包模式有本质的不同。其根本区别主要表现在：一是虽然 CM 单位与各个分包商直接签订合同，但 CM 单位对各分包商的资格预审、招标、议标和签约都对业主公开并必须经过业主确认才有效；二是CM 单位介入工程时间较早（一般在设计阶段介入）且不承担设计任务，因此，CM 单位并不向业主直接报出具体数额的价格，而是报 CM 费，至于工程本身的费用则是今后 CM 单位与各分包商、供应商的合同价之和。也就是说，CM 合同价由以上两部分组成，但在签订合同时，该合同价尚不是一个确定的具体数据，而主要是确定计价原则和方式，本质上属于成本加酬金合同的一种特殊形式。

2. CM 模式的适用情形

从模式的特点来看，在以下几种情况下尤其能体现出其优点：

（1）设计变更可能性较大的建设工程。某些建设工程，即使采用传统模式等全部设计图纸完成后再进行施工招标，在施工过程中仍然会有较多的设计变更（不包括因设计本身缺陷引起的变更）。在这种情况下，传统模式利于工程造价控制的优点体现不出来，而 CM 模式则能充分发挥其缩短建设周期的优点。

（2）时间因素最为重要的建设工程。某些建设工程的进度目标可能是第一位的，如生产某些急于占领市场的产品的建设工程。如果采用传统模式组织实施，建设周期太长，虽然总投资可能较低，但可能因此而失去市场，导致投资效益降低乃至很差。

（3）因总的范围和规模不确定而无法准确确定造价的建设工程。这种情况表明业主的前期项目策划工作做得不好，如果等到建设工程总的范围和规模确定后再组织实施，持续时间太长。因此，可采取确定一部分工程内容即进行相应的施工招标，从而选定施工单位开始施工。但是，建设工程总体策划存在缺陷，因而应用 CM 模式的局部效果可能较好，而总体效果可能不理想。

值得注意的是，无论哪一种情形，应用 CM 模式都需要具备丰富施工经验的高水平 CM 单位，这是应用 CM 模式的关键和前提条件。

二、EPC 模式

EPC（Engineering － Procurement － Construction）经常被翻译为设计－采购－施工。Engineering 一词的含义极其丰富，在 EPC 模式中，它不仅包括具体的设计工作，而且还包括整个建设工程的总体策划，以及整个建设工程实施组织管理的策划和具体工作。

1. EPC 模式的特征

与其他实施组织模式相比，EPC 模式具有以下基本特征：

（1）承包商承担大部分风险。在 EPC 模式中，承包商的承包范围包括设计，因而很自然地要承担设计风险。此外，在其他模式中均由业主承担的"一个有经验的承包商不可预见且无法合理防范的自然力的作用"的风险，在 EPC 模式中也由承包商承担。这是一类较为常见的风险，一旦发生，一般都会引起费用增加和工期延误。在其他模式中承包商对此所享有的索赔权在 EPC 模式中不复存在。这无疑大大增加了承包商在工程实施过程中的风险。

（2）业主或业主代表管理工程实施。在 EPC 模式中，业主不聘请"工程师"来管理工程，而是自己或委派业主代表来管理工程。EPC 标准合同条件第三条规定：如果委派业主代表来管理，业主代表应是业主的全权代表。如果业主想更换业主代表，只需提前 14 天通知承包商，不需征得承包商的同意。承包商已承担工程建设的大部分风险，因此，EPC 模式中业主或业主代表管理工程较为宽松，不太具体和深入。

（3）总价合同。总价合同并不是 EPC 模式独有的，但是，与其他模式中的总价合同相比，EPC 合同更接近于固定总价合同（若法规变化仍允许调整合同价格）。通常，在国际工程承包中，固定总价合同仅用于规模小、工期短的工程。而 EPC 模式所适用的工程一般规模较大、工期较长，且具有相当的技术复杂性。因此，在这类工程中采用接近固定的总价合同，可以算作其特征。

2. EPC 模式的适用条件

由于 EPC 模式具有上述特征，应用该模式需具备以下条件：

（1）承包商承担了工程建设的大部分风险，因此，在招标阶段，业主应给予投标人充分的资料和时间，以使投标人能够仔细审核"业主的要求"（这是 EPC 模式中业主招标文件的重要内容），从而详细地了解该文件规定的工程目的、范围、设计标准和其他技术要求，在此基础上进行工程前期的规划设计、风险分析和评价及估价等工作，向业主提交一份技术先进可靠、价格和工期合理的投标书。

（2）虽然业主或业主代表有权监督承包商的工作，但不能过分地干预承包商的工作，也不要审批大多数的施工图纸。

（3）由于采用总价合同，工程的期中支付款应由业主直接按照合同规定支付，而不是像其他模式那样先由工程师审查工程量和承包商的结算报告，再决定和签发支付证书。

三、Partnering 模式

Partnering 模式于 20 世纪 80 年代中期首先在美国出现，近年来日益受到工程管理界的重视。Partnering 一词看似简单，但要准确地译成中文却比较困难。一般将其译为伙伴关系或合作管理。

Partnering 模式意味着业主与建设工程参与各方在相互信任、资源共享的基础上达成一种短期或长期的协议；在充分考虑参与各方利益的基础上确定建设工程共同的目标；建立工作小组，及时沟通以避免争议和诉讼的产生，相互合作、共同解决建设工程实施过程中出现的问题，共同分担工程风险和有关费用，以保证参与各方目标和利益的实现。

1. Partnering 模式的主要特征

Partnering 模式的主要特征表现在以下几个方面：

（1）出于自愿。Partnering 协议并不仅仅是建设单位与承包单位双方之间的协议，而需要工程项目参建各方共同签署，包括建设单位、总承包单位、主要的分包单位、设计单位、咨询单位、主要的材料设备供应单位等。参与 Partnering 模式的有关各方必须是完全自愿，而非出于任何原因的强迫。

（2）高层管理的参与。Partnering 模式的实施需要突破传统的观念和组织界限，因而工程项目参建各方高层管理者的参与，以及在高层管理者之间达成共识，对于该模式的顺利实施是非常重要的。Partnering 模式需要参与各方共同组成工作小组，要分担风险、共享资源，因此，高层管理者的认同、支持和决策是关键因素。

（3）协议不是法律意义上的合同。协议与工程合同是两个完全不同的文件。在工程合同签订后，工程参建各方经过讨论协商后才会签署协议。该协议并不改变参与各方在有关合同中规定的权利和义务。协议主要用来确定参建各方在工程建设过程中的共同目标、任务分工和行为规范，是工作小组的纲领性文件。当然，该协议的内容也不是一成不变的，当有新的参与者加入时，或某些参与者对协议的某些内容有意见时，都可以召开会议经过讨论对协议内容进行修改。

（4）信息的开放性。Partnering 模式强调资源共享，信息作为一种重要的资源，对于参与各方必须公开。同时，参与各方要保持及时、经常和开诚布公的沟通，在相互信任的基础上，要保证工程质量、造价、进度等方面的信息能为参与各方及时、便利地获取。这不仅能保证建设工程目标得到有效控制，而且能减少许多重复性工作，降低成本。

2. Partnering 模式的组成要素

成功运作 Partnering 模式所不可缺少的元素包括以下几个方面：

（1）长期协议。虽然 Partnering 模式也经常用于单个工程项目，但从各国实践情况看，在多个工程项目上持续运用该模式可以取得更好效果，这也是 Partnering 模式的发展方向。

（2）共享。工程参建各方共享有形资源（如人力、机械设备等）和无形资源（如信息、知识等），共享工程项目实施所产生的有形效益（费用降低、质量提高等）和无形效益（如避免争议和诉讼的产生、工作积极性提高、承包单位社会信誉提高等）。同时，工程项目参建各方共同分担工程的风险和采用 Partnering 模式所产生的相应费用。

在 Partnering 模式中，信息应在工程参建各方之间及时、准确而有效地传递、转换，才能保证及时处理和解决已经出现的争议和问题，提高整个建设工程组织的工作效率。为此，需将传统的信息传递模式转变为基于电子信息网络的现代传递模式。

（3）信任。相互信任是确定工程项目参建各方共同目标和建立良好合作关系的前提，是 Partnering 模式的基础和关键。

（4）共同的目标。在一个确定的建设工程中，参建各方都有其各自不同的目标和利益，在某些方面甚至还有矛盾和冲突。因此，采用 Partnering 模式要使工程参建各方充分认识到，只有建设工程实施结果本身是成功的，才能实现他们各自的目标和利益，从而取得双赢或多赢的结果。

（5）合作。工程参建各方要有合作精神，并在相互之间建立良好的合作关系。但这只是基本原则，要做到这一点，还需要有组织保证。Partnering 模式需要突破传统的组织界限，建立一个由工程参建各方人员共同组成的工作小组。同时，要明确各方的职责，建立相互之间的信息流程和指令关系，并建立一套规范的操作程序。该工作小组围绕共同的目标展开工作，在工作过程中鼓励创新、合作的精神，对所遇到的问题要以合作的态度公开交流，协商解决，力求寻找一个使工程参建各方均满意或均能接受的解决方案。

3. Partnering 模式的适用情况

Partnering 模式总是与建设工程组织管理模式中的某一种模式结合使用的，较为常见的情况是与总分包模式、工程总承包模式、CM 模式结合使用。这表明，Partnering 模式并不能作为一种独立存在的模式。从 Partnering 模式的实践情况看，并不存在适用范围的限制。但是，Partnering 模式的特点决定了其特别适用于以下几种类型的建设工程：

（1）业主长期有投资活动的建设工程。业主长期有投资活动的建设工程比较典型的有大型房地产开发项目、商业连锁建设工程、代表政府进行基础设施建设投资的业主的建设工程等。由于长期有连续的建设工程作保证，业主与承包单位等工程参建各方的长期合作就有了基础，有利于增加业主与工程参建各方之间的了解和信任，从而可以签订长期的 Partnering 协议，取得比在单个建设工程中运用 Partnering 模式更好的效果。

（2）不宜采用公开招标或邀请招标的建设工程。例如，军事工程、涉及国家安全或机密的工程、工期特别紧迫的工程等。在这些建设工程中，相对而言，投资一般不是主要目标，业主与承包单位较易形成共同的目标和良好的合作关系。而且，虽然没有连续的建设工程，但良好的合作关系可以保持下去，在今后新的建设工程中仍然可以再度合作。这表明，即使对于短期内一个确定的建设工程，也可以签订具有长期效力的协议（包括在新的建设工程中套用原来的 Partnering 协议）。

（3）复杂的不确定因素较多的建设工程。如果建设工程的组成、技术、参建单位复杂，尤其是技术复杂、施工的不确定因素多，在采用一般模式时，往往会产生较多的合同争议和索赔，容易导致业主与承包单位产生对立情绪，相互之间的关系紧张，影响整个建设工程目标的实现，其结果可能是两败俱伤。在这类建设工程中采用 Partnering 模式，可以充分发挥其优点，能协调工程参建各方之间的关系，有效避免和减少合同争议，避免仲裁或诉讼，较好地解决索赔问题，从而更好地实现工程参建各方共同的目标。

（4）国际金融组织贷款的建设工程。按贷款机构的要求，国际金融组织货款的建设工程一般应采用国际公开招标（或称国际竞争性招标），常常有外国承包商参与，合同争议和索赔经常发生而且数额较大。另外，一些国际著名的承包商往往有 Partnering 模式的实践经验，至少对这种模式有所了解。因此，在这类建设工程中采用 Partnering 模式，容易为外国承包商所接受并较为顺利地运作，从而可以有效地防范和处理合同争议和索赔，避免仲裁或诉讼，较好地控制建设工程目标。当然，在这类建设工程中，一般是针对特定的建设工程签订 Partnering 协议而不是签订长期的 Partnering 协议。

知 识 拓 展

工程项目"十大"承包模式

1. 设计—招标—建造平行发包模式（DBB）

设计—招标—建造平行发包模式（Design—Bid—Build，DBB）是最传统的工程项目管理模式。这种管理模式最突出的特点之一是强调工程项目的实施必须按照设计—招标—建造的顺序进行，一个阶段完成后，下一个阶段必须打开。

DBB 一般是业主委托专业设计单位负责完成项目评估、立项、设计工作，编制施工招标文件，再通过招标确定施工承包商。在工程项目实施阶段，咨询工程师则为业主提供施工管理服务。

2. 设计—建造模式（DB）

设计—建造模式（DB）在国际上也称交钥匙模式（Turn—Key—Operate），是在项目原则确定之后，业主选定一家公司负责项目的设计和施工，并对承包工程的质量、安全、工期、造价全面负责。

DB 主要包括设计、施工两项工作内容，不包括工艺装置和工程设备的采购工作。因此，DB 没有规定采购属于总承包的工作，还是属于业主的工作。这种方式在投标和订立合同时是以总价合同为基础的。设计—建造总承包商对整个项目的成本负责，首先选择一家咨询设计公司进行设计，然后采用竞争性招标方式选择分包商，当然也可以利用本公司的设计和施工力量完成一部分工程。

这种工程项目管理模式的优点是参与项目的三方即业主、设计机构（建筑师/工程师）、承包商在各自合同的约定下，各自行使自己的权利和履行各自的义务。从而使得三方的权、责、利分配明确，避免了行政部门的干扰。可自由选择咨询设计人员，对设计要求可进行控制，可自由选择监理人员监理工程。

3. 设计—采购—施工工程总承包模式（EPC）

因为技术更新和市场的激烈竞争，并且业主也更注重项目最终能投产运营的产成品，所以EPC 模式应时而生。EPC 总承包工程是工程建设中全过程的服务，包括的范围更广、责任更重，风险更大。

　　EPC 是指承包方受业主委托，按照合同约定对工程建设项目的设计、采购、施工等实行全过程或若干阶段的总承包。并对其所包工程的质量、安全、费用和进度进行负责。相比较而言，EPC 总承包的建设质量得到提高、建设周期缩短、设计的主导地位彰显、管理水平得到提高、项目投资得到控制等。

　　虽然 DB 和 EPC 均属于工程总承包模式，但是两者存在本质区别。DB 主要包括设计、施工两项工作内容，不包括工艺装置和工程设备的采购工作。可见，DB 没有规定采购属于总承包的工作，还是属于业主的工作。在一般情况下，业主负责主要材料和设备的采购，业主可以自行组织或委托给专业的设备材料成套供应商承担采购工作。EPC 则明确规定总承包商负责设计、采购、施工等工作。

4. 设计—建造—运营模式（DBO）

　　设计—建造—运营模式（Design—Build—Operation，DBO）指的是承包商在业主手中以某一合理总价承包设计并建造一个公共设施或基础设施，并在项目建成后的一定期限内进行项目的运营，至期满后将项目移交于政府或所属机构。

　　DBO 的特点可概括为"单一责任"和"功能保证"。DBO 合同中的承包商承担设计、建造和运营的责任，对项目是否达到预定的技术和进度要求负责，DBO 中的设计—建造部分采用总价包干的方式，因此，企业也必须对项目的建造费用控制负责，并通过运营的考验确保将来向业主移交一个符合运营要求的设施。

5. 公共部门与社会资本合作模式（PPP）

　　公共部门与社会资本合作模式（Public-Private Partnership，PPP）是社会资本参与基础设施和公用事业项目投资运营的一种制度创新，即公私合作模式，是公共基础设施的一种项目融资模式。

　　在公共服务和基础设施领域，政府采取招标等竞争性方式选择具有投资、运营管理能力的社会资本，双方签订长期合同，由社会资本承担设计、建造、运营和移交，并通过"使用者付费"及必要的"政府付费"获得合理投资回报。

　　政府公共部门与民营部门合作过程中，让非公共部门所掌握的资源参与提供公共产品和服务，从而实现政府公共部门的职能，同时也为民营部门带来利益。其管理模式包含与此相符的诸多具体形式。通过这种合作和管理过程，可以在不排除并适当满足私人部门的投资营利目标的同时，为社会更有效率地提供公共产品和服务，使有限的资源发挥更大的作用。

6. 建造—运营—移交模式（BOT）

　　建造—运营—移交模式（Build—Operate—Transfer，BOT）是私营企业参与基础设施建设，向社会提供公共服务的一种方式。实质上它是基础设施投资、建设和经营的一种方式，以政府和私人机构之间达成协议为前提，由政府向私人机构颁布特许，允许其在一定时期内筹集资金建设某一基础设施并管理和经营该设施及其相应的产品与服务。

　　BOT 可以保持市场机制发挥作用，BOT 项目的大部分经济行为都在市场上进行，政府以招标方式确定项目公司的做法本身也包含了竞争机制。另外，BOT 为政府干预提供了有效的途径，虽然 BOT 协议的执行全部由项目公司负责，但政府自始至终都拥有对该项目的控制权。

7. 建造—移交模式（BT）

　　建设—移交模式（Build Transfer，BT）是政府利用非政府资金来进行非经营性基础设施建设项目的一种融资模式，是 BOT 的一种变换形式。

　　BT 主要适用于建设公共基础设施，一个项目的运作通过项目公司总承包，融资、建设验收合格后移交给业主，业主向投资方支付项目总投资加上合理回报的过程。采用 BT 模式筹集建设资金成了项目融资的一种新模式。

8. 设计—建设—融资—运营模式（DBFO）

设计—建设—融资—运营模式（Design—Build—Finance—Operate，DBFO）。设计—建设—融资—运营模式是指从项目的设计开始就特许给某一机构进行，直到项目经营期收回投资和取得投资效益。

9. 施工管理承包模式（CM）

施工管理承包模式（Construction-Management，CM）又称"边设计、边施工"方式，是在从建设工程的开始阶段就雇用具有施工经验的 CM 单位（或 CM 经理）参与到建设工程实施过程中来，以便为设计人员提供施工方面的建议且随后负责管理施工过程。

由业主委托 CM 单位，以承包商的身份，采取有条件的"边设计、边施工"，着眼于缩短项目周期，直接指挥施工活动，而它与业主的合同通常采用"成本＋利润"方式的这样一种承发包模式。此方式通过施工管理商来协调设计和施工的矛盾，使决策公开化。

10. 项目管理承包模式（PMC）

项目管理承包模式（Project Management Contracting，PMC），指项目管理承包商代表业主通过招标的方式，选择一家项目管理承包商，对工程项目进行全过程、全方位的集成化项目管理，包括进行工程的整体规划、项目定义、工程招标、选择 EPC 承包商，并对设计、采购、施工、试运行进行全面管理，一般不直接参与项目的设计、采购、施工和试运行等阶段的具体工作。

实训案例

背景：

某工程项目，于 2003 年 4 月 2 日开工，在开工后约定的时间内承包单位将编制好的施工组织设计报送建设单位，建设单位在约定的时间内，委派总监理工程师负责审核，总监理工程师组织专业监理工程师审查，将审定满足要求的施工组织设计报送当地建设行政主管部门备案。在施工过程中，承包单位提出施工组织设计改进方案，经建设单位技术负责人审查批准准后，实施改进方案。

问题：

1. 上述内容中有哪些不妥之处？该如何进行？

2. 审查施工组织设计时应掌握的原则有哪些？

3. 对规模大、结构复杂的工程，项目监理机构对施工组织设计审查后，还应怎么办？

案例解析：

1. 不妥之处和正确做法如下：

不妥之处 1：在开工后约定的时间内，报送施工组织设计。

正确做法：在开工前报送施工组织设计。

不妥之处 2：承包单位将编制好的施工组织设计报送建设单位。

正确做法：应报送项目监理机构。

不妥之处 3：建设单位委派总监理工程师负责审核。

正确做法：不需建设单位委派。

不妥之处 4：将审定后的施工组织设计报送当地建设行政主管部门备案。

正确做法：将审定后的施工组织设计由项目监理机构报送建设单位。

不妥之处 5：施工组织设计改进方案经建设单位技术负责人审查批准后实施。

正确做法：施工组织设计改进方案应由项目监理机构负责审查。

2. 审查施工组织设计时应掌握的原则：

(1) 施工组织设计的编制、审查和批准应符合规定的程序；

(2) 施工组织设计应符合国家的技术政策，突出"质量第一、安全第一"的原则；

(3) 施工组织设计的针对性；

(4) 施工组织设计的可操作性；

(5) 技术方案的先进性；

(6) 质量保证措施切实可行；

(7) 安全、环保、消防和文明施工措施切实可行；

(8) 满足公司和法规要求，尊重承包单位的自主技术决策和管理决策。

3. 对规模大、结构复杂的工程，项目监理机构对施工组织设计审查后，应报送监理单位技术负责人审查，提出审查意见后由总监理工程师签发，必要时与建设单位协商，由施工单位组织有关专业部门和有关专家会审。

基础练习

一、单项选择题

1. 非代理型 CM 合同谈判中的焦点和难点在于（　　）。

    A. 确定 CM 费　　　　　　　　　　　　B. 确定 CM 的具体数额

    C. 确定计价原则　　　　　　　　　　　D. 确定计价方式

2. 下列关于 Partnering 模式特征的说法，错误的是（　　）。

    A. Partnering 模式要求各方高层管理者参与并达成共识

    B. Partnering 模式协议规定了参与各方的目标、权利和义务

    C. Partnering 模式的参与者出于自愿

    D. Partnering 模式强调信息开放与自愿共享

3. 下列属于国际上的工程咨询公司为承包商提供的服务是（　　）。

    A. 工程设计服务　　　　　　　　　　　B. 招标代理服务

    C. 工程结算服务　　　　　　　　　　　D. 造价咨询服务

4. CM 模式采用快速路径法的优点是（　　）。

    A. 有利于目标控制　　　　　　　　　　B. 有利于组织协调

    C. 可以缩短建设周期　　　　　　　　　D. 可以减少设计变更

5. 关于非代理型 CM 模式的说法，正确的是（　　）。

    A. 业主分别与多个施工单位签订所有的工程施工合同

    B. CM 单位对设计单位没有指令权，只能向设计单位提出一些合理化建议

    C. CM 单位是业主的咨询单位，业主与 CM 单位签订咨询服务合同

    D. 在签订 CM 合同时，CM 合同价是一个确定的具体数据

6. 下列属于 Partnering 模式主要特征的是（　　　）。

    A. 高层管理者参与　　　　　　　　　　B. 共享有形资源

    C. 基于网络信息技术　　　　　　　　　D. 签订长期协议

二、多项选择题

1. 从 CM 模式的特点来看，在（　　　）情况下尤其能体现其优点。

    A. 设计变更可能性较大的建设工程

    B. 国际金融组织贷款的建设工程

    C. 复杂的不确定因素较多的建设工程

    D. 时间因素最为重要的建设工程

    E. 业主长期有投资活动的建设工程

2. 关于 Partnering 模式下 Partnering 协议的说法，正确的有（　　　）。

    A. Partnering 协议由工程参与各方共同签署

    B. Partnering 协议的参与者须一次性到位

    C. Partnering 协议应由业主起草

    D. Partnering 协议与工程合同是完全不同的文件

    E. Partnering 模式提出后须立即签订 Partnering 协议

3. 成功运作 Partnering 模式所不可缺少的元素包括（　　　）。

    A. 协调　　　　　　　　　　　　　　　B. 共享

    C. 信任　　　　　　　　　　　　　　　D. 合作

    E. 公平

三、简答题

1. 建设工程监理基本表式有哪几类？应用这些表式时应注意什么？

2. 主要的监理文件资料有哪些？编制时应注意什么？

3. 项目监理机构对监理文件资料的管理职责有哪些？

附录一

《建设工程监理规范》
（GB/T 50319—2013）术语

1. 工程监理单位 Construction project management enterprise

依法成立并取得建设主管部门颁发的工程监理企业资质证书，从事建设工程监理与相关服务活动的服务机构。

2. 建设工程监理 Construction project management

工程监理单位受建设单位委托，根据法律法规、工程建设标准、勘察设计文件及合同，在施工阶段对建设工程质量、进度、造价进行控制，对合同、信息进行管理，对工程建设相关方的关系进行协调，并履行建设工程安全生产管理法定职责的服务活动。

3. 相关服务 Related services

工程监理单位受建设单位委托，按照建设工程监理合同约定，在建设工程勘察、设计、保修等阶段提供的服务活动。

4. 项目监理机构 Project management department

工程监理单位派驻工程负责履行建设工程监理合同的组织机构。

5. 注册监理工程师 Registered project management engineer

取得国务院建设主管部门颁发的《中华人民共和国注册监理工程师注册执业证书》和执业印章，从事建设工程监理与相关服务等活动的人员。

6. 总监理工程师 Chief project management engineer

由工程监理单位法定代表人书面任命，负责履行建设工程监理合同、主持项目监理机构工作的注册监理工程师。

7. 总监理工程师代表 Representative of chief project management engineer

经工程监理单位法定代表人同意，由总监理工程师书面授权，代表总监理工程师行使其部分职责和权力，具有工程类注册执业资格或具有中级及以上专业技术职称、3 年及以上工程实践经验并经监理业务培训的人员。

8. 专业监理工程师 Specialty project management engineer

由总监理工程师授权，负责实施某一专业或某一岗位的监理工作，有相应监理文件签发权，具有工程类注册执业资格或具有中级及以上专业技术职称、2 年及以上工程实践经验并经监理业务培训的人员。

9. 监理员 Site supervisor

从事具体监理工作，具有中专及以上学历并经过监理业务培训的人员。

10. 监理规划 Project management planning

项目监理机构全面开展建设工程监理工作的指导性文件。

11. 监理实施细则 Detailed rules for project management

针对某一专业或某一方面建设工程监理工作的操作性文件。

12. 工程计量 Engineering measuring

根据工程设计文件及施工合同约定，项目监理机构对施工单位申报的合格工程的工程量进行核验。

13. 旁站 Key works supervising

项目监理机构对工程的关键部位或关键工序的施工质量进行的监督活动。

14. 巡视 Patrol inspecting

项目监理机构对施工现场进行的定期或不定期的检查活动。

15. 平行检验 Parallel testing

项目监理机构在施工单位自检的同时，按有关规定、建设工程监理合同约定对同一检验项目进行的检测试验活动。

16. 见证取样 Sampling witness

项目监理机构对施工单位进行的涉及结构安全的试块、试件及工程材料现场取样、封样、送检工作的监督活动。

17. 工程延期 Construction duration extension

由于非施工单位原因造成合同工期延长的时间。

18. 工期延误 Delay of construction period

由于施工单位自身原因造成施工期延长的时间。

19. 工程临时延期批准 Approval of construction duration temporary extension

发生非施工单位原因造成的持续性影响工期事件时所作出的临时延长合同工期的批准。

20. 工程最终延期批准 Approval of construction duration final extension

发生非施工单位原因造成的持续性影响工期事件时所作出的最终延长合同工期的批准。

21. 监理日志 Daily record of project management

项目监理机构每日对建设工程监理工作及施工进展情况所做的记录。

22. 监理月报 Monthly report of project management

项目监理机构每月向建设单位提交的建设工程监理工作及建设工程实施情况等分析总结报告。

23. 设备监造 Supervision of equipment manufacturing

项目监理机构按照建设工程监理合同和设备采购合同约定，对设备制造过程进行的监督检查活动。

24. 监理文件资料 Project document & data

工程监理单位在履行建设工程监理合同过程中形成或获取的，以一定形式记录、保存的文件资料。

附录二

建设工程监理基本表式

表 A.0.1　总监理工程师任命书

工程名称：＿＿＿＿＿＿＿＿＿＿＿＿　　　　　　　　　　　　编号：＿＿＿＿＿＿

致：＿＿＿＿＿＿＿＿＿＿＿＿（建设单位）

　　兹任命＿＿＿＿＿＿＿（注册监理工程师注册号：＿＿＿＿＿＿＿）为我单位＿＿＿＿＿＿＿

＿＿＿＿＿＿＿＿＿＿＿＿项目总监理工程师，负责履行建设工程监理合同、主持项目监理机构

工程。

工程监理单位（盖章）＿＿＿＿＿＿

法定代表人（签字）＿＿＿＿＿

年　　月　　日

填报说明：本表一式三份，项目监理机构、建设单位、施工单位各一份。

表 A. 0. 2　工程开工令

工程名称：＿＿＿＿＿＿＿＿＿＿＿＿＿　　　　　　　　　编号：＿＿＿＿＿＿

致：＿＿＿＿＿＿＿＿＿＿＿＿＿（施工单位）

　　经审查，本工程已具备施工合同约定的开工条件，现同意你方开始施工，开工日期为：＿＿＿＿＿年＿＿＿＿＿月＿＿＿＿＿日

　　附件：开工报审表

项目监理机构（盖章）＿＿＿＿＿＿

总监理工程师（签字、加盖执业印章）＿＿＿＿＿＿

年　　月　　日

填报说明：本表一式三份，项目监理机构、建设单位、施工单位各一份。

表 A.0.3 监理通知单

工程名称：_____ 编号：_____

致：_____（施工项目经理部）	
事由：_____ _____ _____ _____ _____	
内容：_____ _____ _____ _____ _____	
	项目监理机构（盖章）_____ 总/专业监理工程师（签字）_____ 年 月 日

填报说明：本表一式三份，项目监理机构、建设单位、施工单位各一份。

表 A.0.4 监理报告

工程名称：_____　　　　　　　　　编号：_____

致：_____（主管部门）

　　由_____（施工单位）施工的_____
（工程部位），存在安全事故隐患。我方已于_____年_____月_____日发出编号为_____的
"监理通知单" / "工程暂停令"，但施工单位未整改/停工。

　　特此报告。

　　附件：□监理通知单

　　　　　□工程暂停令

　　　　　□其他

　　　　　　　　　　　　　　　　　　　　　　　项目监理机构（盖章）_____

　　　　　　　　　　　　　　　　　　　　　总/专业监理工程师（签字）_____

　　　　　　　　　　　　　　　　　　　　　　　　　　　　　年　月　日

填报说明：本表一式三份，项目监理机构、建设单位、施工单位各一份。

表 A.0.5 总监理工程师任命书

工程名称：＿＿＿＿＿＿＿＿＿＿＿＿＿＿＿＿＿ 编号：＿＿＿＿＿＿

致：＿＿＿＿＿＿＿＿＿＿＿＿＿＿（施工项目经理部）

由于＿＿＿＿＿＿＿＿＿＿＿＿＿＿＿＿＿＿＿＿＿＿＿＿＿＿＿＿＿＿＿＿＿＿＿

＿＿＿

原因，经建设单位同意，现通知你方于＿＿＿＿年＿＿＿＿月＿＿＿＿日＿＿＿＿时起，暂停＿＿＿＿＿部位（工序）施工，并按下述要求做好后续工作。

要求：

项目监理机构（盖章）＿＿＿＿＿＿

总监理工程师（签字、加盖执业印章）＿＿＿＿＿＿

年 月 日

填报说明：本表一式三份，项目监理机构、建设单位、施工单位各一份。

表 A.0.6　旁站记录

工程名称：_____　　　　　　　　　　编号：_____

旁站的关键部位、关键工序		施工单位	
旁站开始时间	年　月　日　时　分	旁站结束时间	年　月　日　时　分
旁站的关键部位、关键工序施工情况：			
旁站的问题及处理情况：			

旁站监理人员（签字）_____

年　月　日

填报说明：本表一式三份，项目监理机构、建设单位、施工单位各一份。

表 A.0.7 工程复工令

工程名称：_____   编号：_____

致：_____（施工项目经理部）

我方发出的编号为_____《工程暂停令》，要求暂停施工的_____部位（工序），经查已具备复工条件，经建设单位同意，现通知你方于_____年_____月_____日_____时起恢复施工。

附件：工程复工报审表

项目监理机构（盖章）_____

总监理工程师（签字、加盖执业印章）_____

年 月 日

填报说明：本表一式三份，项目监理机构、建设单位、施工单位各一份。

表 A.0.8　工程款支付证书

工程名称：＿＿＿＿＿＿＿＿＿＿＿＿＿＿　　　　　　　　　编号：＿＿＿＿＿＿

致：＿＿＿＿＿＿＿＿＿＿＿＿＿＿（施工单位）

　　根据施工合同约定，经审核编号为＿＿＿＿＿工程款支付报表，扣除有关款项后，同意支付该款项共计（大写）＿＿＿＿＿＿＿＿＿＿＿＿＿＿＿＿＿＿＿＿＿＿＿（小写：＿＿＿＿＿＿＿）。

　　其中：

1. 施工单位申报款为：

2. 经审核施工单位应得款为：

3. 本期应扣款为：

4. 本期应付款为：

附件：工程款支付报审表及附件

项目监理机构（盖章）＿＿＿＿＿＿

总监理工程师（签字、加盖执业印章）＿＿＿＿＿＿

年　月　日

填报说明：本表一式三份，项目监理机构、建设单位、施工单位各一份。

表 B.0.1　施工组织设计/（专项）施工专案报审表

工程名称：_____　　　　　　　　　　编号：_____

致：_____（项目监理机构）
我方已完成_____工程施工组织设计/（专项）施工方案的编制，请予以审查。 　附：□施工组织设计 　　　□专项施工方案 　　　□施工方案   　　　　　　　　　　　　　　　　　　　　施工项目经理部（盖章）_____ 　　　　　　　　　　　　　　　　　　　　　　项目经理（签字）_____ 　　　　　　　　　　　　　　　　　　　　　　　　　　年　月　日
审查意见：   　　　　　　　　　　　　　　　　　　　　专业监理工程师（签字）_____ 　　　　　　　　　　　　　　　　　　　　　　　　　　年　月　日
审核意见：   　　　　　　　　　　　　　　　　　　　　项目监理机构（盖章）_____ 　　　　　　　　总监理工程师（签字、加盖执业印章）_____ 　　　　　　　　　　　　　　　　　　　　　　　　　　年　月　日
审批意见（仅对超过一定规模的危险性较大的分部分项工程专项施工方案）：   　　　　　　　　　　　　　　　　　　　　　建设单位（盖章）_____ 　　　　　　　　　　　　　　　　　　　建设单位代表（签字）_____ 　　　　　　　　　　　　　　　　　　　　　　　　　　年　月　日

填报说明：本表一式三份，项目监理机构、建设单位、施工单位各一份。

表 B.0.2　工程开工报审表

工程名称：_____　　　　　　　　　　　　　　　　　　编号：_____

致：_____（建设单位）

_____（项目监理机构）

　　我方承担的_____工程，已完成相关准备工作，具备开工条件，申请于_____年____

____月_____日开工，请予以审批。

　　附件：证明文件资料

施工单位（盖章）_____

项目经理（签字）_____

年　　月　　日

审核意见：

项目监理机构（盖章）_____

总监理工程师（签字、加盖执业印章）_____

年　　月　　日

审批意见：

建设单位（盖章）_____

建设单位代表（签字）_____

年　　月　　日

　　填报说明：本表一式三份，项目监理机构、建设单位、施工单位各一份。

表 B.0.3　工程复工报审表

工程名称：＿＿＿＿＿＿＿＿＿＿＿＿＿＿＿　　　　　　　　　编号：＿＿＿＿＿＿

致：＿＿＿＿＿＿＿＿＿＿＿＿＿（项目监理机构）

　　编号为＿＿＿＿＿＿＿＿"工程暂停令"所停工的＿＿＿＿部位（工序），现已满足复工条件，我方申请于＿＿＿＿年＿＿＿＿月＿＿＿＿日复工，请予以审批。

　　附：□证明文件资料

施工项目经理部（盖章）＿＿＿＿＿

项目经理（签字）＿＿＿＿＿

年　月　日

审核意见：

项目监理机构（盖章）＿＿＿＿＿

总监理工程师（签字）＿＿＿＿＿

年　月　日

审批意见：

建设单位（盖章）＿＿＿＿＿

建设单位代表（签字）＿＿＿＿＿

年　月　日

填报说明：本表一式三份，项目监理机构、建设单位、施工单位各一份。

表 B.0.4 分包单位资格报审表

工程名称：_____ 编号：_____

致：_____（项目监理机构）

　　经考察，我方认为拟选择的 _____
（分包单位）具有承担下列工程的施工或安装资质和能力，可以保证本工程按施工合同第_____条款的约定进行施工或安装。请予以审查。

分包工程名称（部位）	分包工程量	分包工程合同额
合计		

附件：1. 分包单位资质材料

　　　2. 分包单位业绩材料

　　　3. 分包单位专职管理人员和特种作业人员的资格证书

　　　4. 施工单位对分包单位的管理制度

施工项目经理部（盖章）_____

项目经理（签字）_____

年　月　日

审查意见：

专业监理工程师（签字）_____

年　月　日

审核意见：

项目监理机构（盖章）_____

总监理工程师（签字）_____

年　月　日

填报说明：本表一式三份，项目监理机构、建设单位、施工单位各一份。

表 B.0.5 施工控制测量成果报验表

工程名称：_____ 编号：_____

致：_____（项目监理机构）

我方已完成_____的施工控制测量，经自检合格，请予以查验。

附件：1. 施工控制测量依据资料
　　　2. 施工控制测量成果表

施工项目经理部（盖章）_____

项目技术负责人（签字）_____

年　月　日

审查意见：

项目监理机构（盖章）_____

专业监理工程师（签字）_____

年　月　日

填报说明：本表一式三份，项目监理机构、建设单位、施工单位各一份。

表 B.0.6 工程材料、构配件、设备报审表

工程名称：_____   编号：_____

致：_____（项目监理机构）
于_____年_____月_____日进场的拟用于工程_____部位的_____，经我方检验合格。现将相关资料报上，请予以审查。   　　附件：1. 工程材料、构配件、设备清单 　　　　　2. 质量证明文件 　　　　　3. 自检结果   　　　　　　　　　　　　　　　　　　　施工项目经理部（盖章）_____ 　　　　　　　　　　　　　　　　　　　　　项目经理（签字）_____ 　　　　　　　　　　　　　　　　　　　　　　　　年　月　日
审查意见：   　　　　　　　　　　　　　　　　　　　项目监理机构（盖章）_____ 　　　　　　　　　　　　　　　　　　专业监理工程师（签字）_____ 　　　　　　　　　　　　　　　　　　　　　　　年　月　日

　　填报说明：本表一式三份，项目监理机构、建设单位、施工单位各一份。

表 B. 0. 7 _____**报审、报验表**

工程名称：_____ 编号：_____

致：_____（项目监理机构）

我方已完成_____工作，经自检合格，请予以审查或验收。

附件：□隐蔽工程质量检验资料

□检验批质量检验资料

□分项工程质量检验资料

□施工试验室证明资料

□其他

施工项目经理部（盖章）_____

项目经理或项目技术负责人（签字）_____

年 月 日

审查或验收意见：

项目监理机构（盖章）_____

专业监理工程师（签字）_____

年 月 日

填报说明：本表一式三份，项目监理机构、建设单位、施工单位各一份。

表 B.0.8 分部工程报验表

工程名称：＿＿＿＿＿＿＿＿＿＿＿＿＿＿＿＿＿ 　　　　　　　　　编号：＿＿＿＿＿＿

致：＿＿＿＿＿＿＿＿＿＿＿＿＿＿（项目监理机构）

　　我方已完成＿＿＿＿＿＿＿＿＿＿＿＿＿＿＿＿（分部工程），经自检合格，请予以验收。

附件：分部工程质量资料

施工项目经理部（盖章）＿＿＿＿＿

项目技术负责人（签字）＿＿＿＿＿

年　　月　　日

验收意见：

专业监理工程师（签字）＿＿＿＿＿

年　　月　　日

验收意见：

项目监理机构（盖章）＿＿＿＿＿

总监理工程师（签字）＿＿＿＿＿

年　　月　　日

填报说明：本表一式三份，项目监理机构、建设单位、施工单位各一份。

表 B.0.9　监理通知回复单

工程名称：＿＿＿＿＿＿＿＿＿＿＿＿＿＿＿　　　　　　　　编号：＿＿＿＿＿＿

致：＿＿＿＿＿＿＿＿＿＿＿＿＿（项目监理机构）

　　我方接到编号为＿＿＿＿＿＿＿＿＿＿＿＿＿＿＿＿＿＿的监理通知单后，已按要求完成相关工作，请予以复查。

　　附件：需要说明的情况

施工项目经理部（盖章）＿＿＿＿＿＿

项目经理（签字）＿＿＿＿＿

年　　月　　日

复查意见：

项目监理机构（盖章）＿＿＿＿＿＿

总监理工程师/专业监理工程师（签字）＿＿＿＿＿

年　　月　　日

填报说明：本表一式三份，项目监理机构、建设单位、施工单位各一份。

表 B.0.10 单位工程竣工验收报审表

工程名称：_____　　　　　　　　　　　　　　　　　编号：_____

致：_____（项目监理机构）

　　我方已按施工合同要求完成_____工程，经自检合格，现将有关资料
报上，请予以验收。

　　附件：1. 工程质量验收报告
　　　　　2. 工程功能检验资料

施工单位（盖章）_____

项目经理（签字）_____

年　月　日

预验收意见：

　　经预验收，该工程合格/不合格，可以/不可以组织正式验收。

项目监理机构（盖章）_____

总监理工程师（签字、加盖执业印章）_____

年　月　日

　　填报说明：本表一式三份，项目监理机构、建设单位、施工单位各一份。

表 B.0.11　工程款支付报审表

工程名称：_____　　　　　　　　编号：_____

致：_____（项目监理机构）

　　根据施工合同约定，我方已完成_____工作，建设单位应在_____

年_____月_____日前支付该项工程款共（大写）_____（小写：_____），

请予以审核。

　　　　附：□已完成工程量报表

　　　　　　□工程竣工结算证明材料

　　　　　　□相应支持性证明文件

　　　　　　　　　　　　　　　　　　　　　　　施工项目经理部（盖章）_____

　　　　　　　　　　　　　　　　　　　　　　　　　项目经理（签字）_____

　　　　　　　　　　　　　　　　　　　　　　　　　　　　年　　月　　日

审核意见：

　　1. 施工单位应得款为：

　　2. 本期应扣款为：

　　3. 本其应付款为：

　　附件：相应支持性材料

　　　　　　　　　　　　　　　　　　　　　　专业监理工程师（签字）_____

　　　　　　　　　　　　　　　　　　　　　　　　　　　　年　　月　　日

审核意见：

　　　　　　　　　　　　　　　　　　　　　　项目监理机构（盖章）_____

　　　　　　　　　　　　　　　　总监理工程师（签字、加盖执业印章）_____

　　　　　　　　　　　　　　　　　　　　　　　　　　　　年　　月　　日

审批意见：

　　　　　　　　　　　　　　　　　　　　　　　　建设单位（盖章）_____

　　　　　　　　　　　　　　　　　　　　　　建设单位代表（签字）_____

　　　　　　　　　　　　　　　　　　　　　　　　　　　　年　　月　　日

　　填报说明：本表一式三份，项目监理机构、建设单位、施工单位各一份；工程竣工结算报审时本表一式四份，项目监理机构、建设单位各一份、施工单位二份。

表 B.0.12　施工进度计划报审表

工程名称：_____　　　　　　　　　　编号：_____

致：_____（项目监理机构） 　　根据施工合同约定，我方已完成_____工程施工进度计划的编制和批准，请予以审查。 　　附件：□施工总进度计划 　　　　　□阶段性进度计划   <div align="right">施工项目经理部（盖章）_____ 项目经理（签字）_____ 年　　月　　日</div>
审查意见：   <div align="right">专业监理工程师（签字）_____ 年　　月　　日</div>
审核意见：   <div align="right">项目监理机构（盖章）_____ 总监理工程师（签字）_____ 年　　月　　日</div>

　填报说明：本表一式三份，项目监理机构、建设单位、施工单位各一份。

表 B. 0. 13 费用索赔报审表

工程名称：_____ 编号：_____

致：_____（项目监理机构）

　　根据施工合同_____条款，由于_____的原因，我方申请索赔金额（大写）_____，请予批准。

　　索赔理由：_____

_____

_____

　　附件：□索赔金额的计算

　　　　　□证明材料

施工项目经理部（盖章）_____

项目经理（签字）_____

年　月　日

审核意见：

　　□不同意此项索赔

　　□同意此项索赔，索赔金额为（大写）_____

　　同意/不同意索赔的理由：_____

_____

　　附件：□索赔审查报告

项目监理机构（盖章）_____

总监理工程师（签字、加盖执业印章）_____

年　月　日

审批意见：

建设单位（盖章）_____

建设单位代表（签字）_____

年　月　日

填报说明：本表一式三份，项目监理机构、建设单位、施工单位各一份。

表 B.0.14 工程临时/最终延期报审表

工程名称：_____ 编号：_____

致：_____（项目监理机构）

根据施工合同_____（条款），由_____的原因，我方申请工程临时/最终延期_____（日历天），请予批准。

附件：1. 工程延期依据及工期计算
2. 证明材料

施工项目经理部（盖章）_____

项目经理（签字）_____

年　月　日

审核意见：

□同意临时/最终延期_____（日历天）。工程竣工日期从施工合同约定的____年_____月_____日延迟到_____年_____月_____日。

□不同意延期，请按约定竣工日期组织施工。

项目监理机构（盖章）_____

总监理工程师（签字、加盖执业印章）_____

年　月　日

审批意见：

建设单位（盖章）_____

建设单位代表（签字）_____

年　月　日

填报说明：本表一式三份，项目监理机构、建设单位、施工单位各一份。

表 C.0.1　工作联系单

工程名称：_____ 编号：_____

致：_____

　

　

　

　

　

　

　

　

　

　

　

　

　

发文单位（盖章）_____

负责人（签字）_____

年　　月　　日

表 C.0.2　工程变更单

工程名称：_____　　　　　　　　　　　编号：_____

致：_____	
由于_____原因，兹提出_____ 工程变更，请予以审批。 　　　附件：□变更内容 　　　　　　□变更设计图 　　　　　　□相关会议纪要 　　　　　　□其他 　　　　　　　　　　　　　　　　　　变更提出单位（盖章）_____ 　　　　　　　　　　　　　　　　　　负责人（签字）_____ 　　　　　　　　　　　　　　　　　　　年　月　日	
工程量增/减	
费用增/减	
工期变化	
施工项目经理部（盖章） 项目经理（签字）	设计单位（盖章） 设计负责人（签字）
项目监理机构（盖章） 总监理工程师（签字）	建设单位（盖章） 负责人（签字）

　填报说明：本表一式四份，建设单位、项目监理机构、设计单位、施工单位各一份。

表 C.0.3　索赔意向通知书

工程名称：_____　　　　　　　　编号：_____

致：_____

　　根据施工合同_____（条款）约定，由于发生了_____

_____事件，且该事件的发生非我方原因所致。为此，我方向_____

____（单位）提出索赔要求。

　　附件：索赔事件资料

　　　　　　　　　　　　　　　　　　　　　　　　提出单位（盖章）_____

　　　　　　　　　　　　　　　　　　　　　　　　负责人（签字）_____

　　　　　　　　　　　　　　　　　　　　　　　　　　　　年　月　日

附录三

基础练习答案

第一章

一、单项选择题：ABADB CBDCB ACADA B

二、多项选择题：BCD BCD ABDE ADE AD BC ABCD

三、简答题（略）

第二章

一、单项选择题：BACCD CDBAD CCCAB ABDA

二、多项选择题：ABCE ADE ABE ABCD BC ABCE ACDE AC AD ACE BDE ABC ABCD BE ABCE

三、简答题（略）

第三章

一、单项选择题：BBDBD DDDBB

二、多项选择题：BD ADE ADE ABCE ABDE

三、简答题（略）

第四章

一、单项选择题：DCBBD DCCDB

二、多项选择题：ABE ABDE CDE ABCD ABCD AD CE BDE AE DE

三、简答题（略）

第五章

一、单项选择题：ADBCB DBABC

二、多项选择题：BCDE ACD CDE BCDE BE AC BE

三、简答题（略）

第六章

一、单项选择题：DAABD DBDDC CADBC AACBC

二、多项选择题：BCE ABCE ABD ABCE ABDE ABD ACD

三、简答题（略）

第七章

一、单项选择题：CDDBC DABAC ACD

二、多项选择题：ABE BCE AD ABD ABE BCE AC AB

三、简答题（略）

第八章

一、单项选择题：CACC

二、多项选择题：BCDE ACE ACD

三、简答题（略）

第九章

一、单项选择题：CADBD　BABCD

二、多项选择题：ADE　AE　CDE　BCD　ABC　ADE　ADE　CDE　CE　BE　ACE ABCD　BCE

三、简答题（略）

第十章

一、单项选择题：BBACB　A

二、多项选择题：AD　AD　BCD

三、简答题（略）

参 考 文 献

［1］中国建设监理协会．建设工程监理概论［M］．北京：中国建筑工业出版社，2023．

［2］中国建设监理协会．建设工程信息管理［M］．北京：中国建筑工业出版社，2003．

［3］中华人民共和国住房和城乡建设部，中华人民共和国国家市场监督管理总局（GB/T 50319—2013）建设工程监理规范［S］．北京：中国建筑工业出版社，2013．

［4］中国建设监理协会．建设工程监理规范（GB/T 50319—2013）应用指南［M］．北京：中国建筑工业出版社，2013．

［5］中国建设监理协会．建设工程监理相关法规文件汇编［M］．北京：知识产权出版社，2023．

［6］中国建设监理协会．建设工程投资控制（土木建筑工程）［M］．北京：中国建筑工业出版社，2023．

［7］中国建设监理协会．建设工程进度控制（土木建筑工程）［M］．北京：中国建筑工业出版社，2023．

［8］中国建设监理协会．建设工程质量控制（土木建筑工程）［M］．北京：中国建筑工业出版社，2023．

［9］中国建设监理协会．建设工程合同管理［M］．北京：建筑工业出版社，2023．

［10］刘涛，方鹏．建设工程监理概论［M］．北京：北京理工大学出版社，2017．

［11］全国二级建造师执业资格考试用书编写委员会．建设工程施工管理［M］．北京：中国建筑工业出版社，2022．

［12］中华人民共和国住房和城乡建设部．2021年全国建设工程监理统计公报，2022.9.15．